COURS COMPLET

D'INSTRUCTION ÉLÉMENTAIRE

A L'USAGE DE LA JEUNESSE

BOTANIQUE

COURS COMPLET
D'INSTRUCTION ÉLÉMENTAIRE

PUBLIÉ SOUS LA DIRECTION DE MM.

A. RIQUIER	l'abbé COMBES
Ancien proviseur,	Vicaire général
Ancien professeur agrégé d'histoire	de Mgr l'évêque de Poitiers

COURONNÉ PAR L'ACADÉMIE FRANÇAISE (PRIX MONTYON)

Approuvé et recommandé par plusieurs cardinaux, archevêques et évêques

---

JOLIS VOLUMES IN-18, CARTONNÉS

ENRICHIS DE NOMBREUSES ILLUSTRATIONS
ET DE CARTES GÉOGRAPHIQUES GRAVÉES SUR ACIER ET COLORIÉES

PETIT COURS

A L'USAGE DE L'ENFANCE DANS LES ÉCOLES ET DANS LES PENSIONNATS

HISTOIRE

Histoire sainte (RIQUIER et COMBES). Nouv. édit.............. « 80
Histoire de l'Église (RIQUIER et COMBES)..................... 1 »
Histoire ancienne (RIQUIER). » 80
Histoire grecque (RIQUIER).. » 80
Histoire romaine (RIQUIER). 1 25
Mythologie (TIVIER, doyen de la Faculté des lettres de Besançon, et RIQUIER)..................... » 80

Histoire de France (RIQUIER). 1 25
Histoire du moyen âge (RIQUIER)..................... 1 25
Histoire des temps modernes (RIQUIER et LAUNAY).......... 1 25

GRAMMAIRE

Grammaire, théorie et exercices (BERGER. inspecteur généra. de l'enseignement primaire). In-12, cart....................... » 0
Livre du maître. In-12, cart.. 2 »

COURS ÉLÉMENTAIRE

A L'USAGE DE LA JEUNESSE DANS LES COLLÉGES ET DANS LES
INSTITUTIONS DE JEUNES PERSONNES

HISTOIRE ET GÉOGRAPHIE

Histoire sainte (RIQUIER et COMBES). Nouv. édit.............. 1 25
Histoire de l'Église (RIQUIER et COMBES). Nouv. édit.......... 2 50
Histoire ancienne (RIQUIER). 1 »
Histoire grecque (RIQUIER). 1 25
Histoire romaine (RIQUIER). 1 50
Mythologie (TIVIER, doyen de la Faculté de Besançon, et RIQUIER). 1 25
Histoire de France(RIQUIER). 1 50
Histoire du moyen âge (RIQUIER). Prix..................... 1 50
Histoire moderne et contemporaine(RIQUIER et LAUNAY, professeur agrégé d'histoire)............. 2 »
Géographie (J.-H. FABRE).... 1 50

GRAMMAIRE

Grammaire, Théorie et exercices (BERGER), in-12........... 1 25

LITTÉRATURE

Principes de composition et de style (DELTOUR, inspecteur général des lettres)..................... 1 50
Histoire de la littérature française (TIVIER)............... 1 50
Recueil de morceaux choisis (RABSAT) :
Prosateurs..................... 1 50
Poètes..................... 1 50

SCIENCES

Arithmétique (J.-H. FABRE, docteur ès-sciences)..................... 1 50
Physique (J.-H. FABRE)....... 1 50
Chimie (J.-H. FABRE).......... 1 50
Astronomie (J.-H. FABRE).... 1 50
Histoire naturelle, Physiologie, Zoologie, Botanique, Géologie. (J.-H. FABRE)..................... 1 50
Zoologie (J.-H. FABRE)........ 1 50
Botanique (J.-H. FABRE)...... 1 50
Géologie (J.-H. FABRE)........ 1 50

COURS COMPLET
D'INSTRUCTION ÉLÉMENTAIRE

A L'USAGE DE LA JEUNESSE

DANS LES COLLÈGES ET DANS LES INSTITUTIONS DE JEUNES PERSONNES

PAR MM.

<table>
<tr><td>A. RIQUIER
Ancien proviseur,
Ancien professeur agrégé d'histoire.</td><td>l'Abbé COMBES
Vicaire général
de Mgr l'évêque de Poitiers</td></tr>
</table>

Couronné par l'Académie française.

BOTANIQUE

Par J.-H. FABRE

DOCTEUR ÈS SCIENCES
MEMBRE CORRESPONDANT DE L'INSTITUT

SEPTIÈME ÉDITION

PARIS

LIBRAIRIE CH. DELAGRAVE

15, RUE SOUFFLOT, 15

1895

Tout exemplaire de cet ouvrage non revêtu de ma griffe sera réputé contrefait.

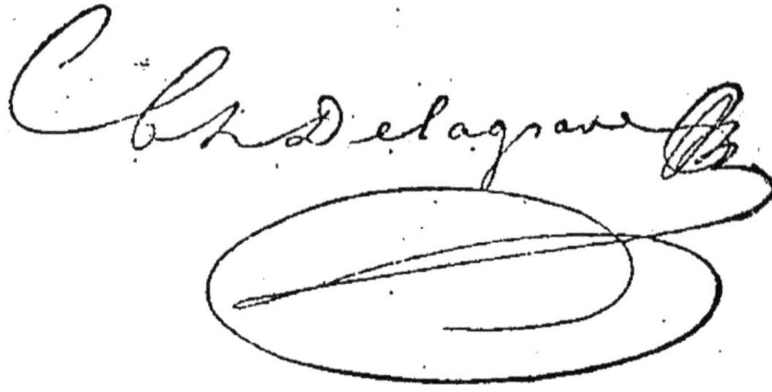

COURS COMPLET D'ENSEIGNEMENT LITTÉRAIRE ET SCIENTIFIQUE

Publié sous la direction de MM. Deltour, docteur ès lettres, inspecteur général de l'instruction publique, et H. Fabre, docteur ès sciences, professeur de sciences au lycée et aux écoles municipales d'Avignon.

16 volumes (format in-12, cartes et vignettes).

LITTÉRATURE

Principes de composition et de style (M. Deltour)....... 2 75

Histoire de la l.ttérature française (M. Tivier)............ 3 75

Histoire de la littérature grecque (Deltour), br............ 4 »

Histoire de la littérature latine (Deltour), br................ 4 »

Choix de morceaux traduits des auteurs grecs (Deltour et Rinn)....................., 3 75

Choix de morceaux traduits des auteurs latins (Deltour et Rinn...................... 4 »

GÉOGRAPHIE

Géographie générale (M. H. Fabre...................... 2 50

SCIENCES

Arithmétique théorique et pratique (J.-H. Fabre).......... 1 50

Solutions de ladite............. 1 75

Algèbre et trigonométrie (J.-H. Fabre)...................... 2 50

Geométrie (J.-H. Fabre), avec figures....................... 2 50

Éléments de physique (J.-H. Fabre), avec figures.......... 3 50

Éléments de chimie (J.-H. Fabre), avec figures................ 3 50

Cours de cosmographie (J.-H. Fabre), avec figures et un planisphère céleste................ 3 50

Cours de mécanique (H. Fabre). avec figures dans le texte..... 2 »

Histoire naturelle (J.-H. Fabre), avec figures.................. 4 »

8506-94. — Corbeil. Imprimerie Crété.

AVERTISSEMENT.

Nos arrière-grands-pères seraient certes bien étonnés, s'ils voyaient toutes les transformations que notre terre a subies, depuis qu'ils l'ont quittée pour un autre monde : les voyages accomplis sans chevaux sur les routes, sans voiles sur les mers, avec la rapidité du vent ; nos messages franchissant comme l'éclair les pays, les continents, l'Océan lui-même ; la main de l'homme partout remplacée, dans l'industrie, par ces puissantes machines que la vapeur met en mouvement nuit et jour ; nos villes et nos demeures splendidement illuminées, sans que l'œil aperçoive rien de ce qui produit et entretient la lumière ; des portraits d'une ressemblance frappante tracés à peu de frais en quelques secondes ; les montagnes percées, les isthmes creusés, et les relations des hommes et des peuples affranchies de tout obstacle et de toute barrière. L'homme se sent aujourd'hui plus que jamais le roi et le maître de la nature, et c'est à ces conquêtes sur la nature que notre époque doit un de ses caractères les plus originaux, une de ses gloires les plus incontestées. Descartes, Pascal, Leibnitz, Képler, Newton, Galilée, Harvey au xviie siècle, Euler, Linné, Lavoisier, Haüy, au xviiie, avaient eu l'incomparable grandeur de poser tous les principes de la science. Le nôtre, non content de fonder avec Cuvier une science nouvelle, la géologie, et de reconstituer avec lui le monde primitif et les races perdues, a fait sortir de ces principes des applications sans nombre ; il a montré, par d'éclatants exemples, tout ce que peuvent renfermer d'utile à la vie pratique les spéculations abstraites et les recherches, en apparence oiseuses, des savants. Nous avons cru qu'à une pareille époque, il était nécessaire à tout esprit cultivé de connaître, d'une manière nette et précise, les éléments de ces sciences dont il est question partout et sans cesse, et nous y avons consacré cinq volumes de notre cours (arithmétique, physique, chimie, astronomie, histoire naturelle).

Dans cette force unique qui devient tour à tour mouvement, chaleur, électricité, lumière ; dans ces lois, si grandes et si simples, qui régissent l'univers entier, depuis les astres des cieux jusqu'aux plus infimes atômes de la matière ; dans ces incessantes combinaisons et transformations des corps ; dans cette organisation des êtres vivants, animaux ou plantes, non moins admirable par l'unité du plan que par l'infinie variété des espèces ; dans ces instincts si étonnants qu'il est difficile parfois de les distinguer de l'intelligence ; partout enfin dans la création, nos enfants reconnaîtront à chaque pas la main de Dieu et sa Providence. L'histoire leur montre son action souveraine sur la vie des peuples : « L'homme s'agite, mais Dieu le mène, » a dit Fénelon. La science à son tour, et mieux encore, leur montrera la sagesse et la puissance divines dans l'harmonie et l'immensité de l'univers. Que les savants pénètrent par leurs calculs dans les profondeurs de cet espace peuplé de soleils et de mondes, ou qu'armés de la loupe ils étudient les organes de ces êtres infiniment petits qui échappent à nos regards, toujours leur pensée reste confondue, et la création leur paraît plus merveilleuse encore dans l'infini de la petitesse que dans l'infini de la grandeur : *Magnus in magnis*, a-t-on dit de Dieu, *Maximus in minimis*. Képler, après de longs travaux, trouve enfin le secret de l'équilibre et de la marche des corps célestes, et c'est par une sorte d'hymne qu'il nous apprend comment .a vérité s'est révélée par degrés à son génie : « Il y a huit mois, « dit-il, j'entrevoyais un rayon de la lumière ; il y a « trois mois, le jour s'est fait ; aujourd'hui, c'est comme « un soleil resplendissant que je vois cette loi divine. « Grand est le Seigneur! grande est sa puissance! « Cieux, chantez ses louanges! Astres et soleil, glo- « rifiez-le dans votre langue ineffable! » Le plus grand des naturalistes, Linné, pousse le même cri d'adoration en exposant le système du monde : « J'ai vu Dieu, j'ai vu son passage et ses traces, et je « suis demeuré saisi et muet d'admiration. Gloire. « honneur, louange infinie à Celui dont l'invisible bras « balance l'univers et en perpétue tous les êtres! à « ce Dieu éternel, immense, infini, sachant tout, pou- « vant tout, gouvernant tout, que tu ne peux ni définir « ni comprendre, mais que le sens intime te révèle et « que l'univers et ses lois te prouvent! Que tu l'ap- « pelles Destin, tu n'erres point : il est Celui de qui « tout dépend. Que tu l'appelles Nature, tu ne te « trompes point : il est Celui de qui tout est né. Que

« tu l'appelles Providence, tu dis vrai : c'est la sagesse
« de ce Dieu qui régit le monde. » Les hommes dont
le cœur s'élançait ainsi vers le Ciel en transports de
reconnaissance, ne pouvaient que se sentir bien
pauvres et bien petits, tout grands qu'ils étaient, en
présence de Dieu et de ses œuvres. Ils ne préten-
daient point, comme d'autres ont fait parfois, tout pénétrer et comprendre tout, et c'est avec une touchante
humilité que ces illustres génies parlent de leurs glo-
rieuses découvertes : « Je suis, disait Newton, comme
« un enfant qui s'amuse sur le rivage, et qui se réjouit
« de trouver de temps en temps un caillou plus uni ou
« une coquille plus jolie que d'ordinaire, tandis que le
« grand océan de la vérité reste voilé devant mes yeux. »

C'est dans cet esprit, avec le sentiment de la su-
prême perfection de l'œuvre de Dieu, et celui des
bornes étroites de l'intelligence humaine, reine du
monde et faible roseau tout ensemble, que seront
rédigés nos petits livres de science. M. Fabre, qui a
bien voulu se charger de ce modeste travail, a largement et depuis longtemps fait ses preuves de savant
du premier ordre et d'incomparable vulgarisateur.
Nous sommes heureux que, pour mettre avec nous
son vaste savoir à la portée des plus humbles, il ait
consenti à se détourner quelque peu d'une œuvre de
plus haute portée, où quinze années de patientes
recherches sur l'instinct des animaux lui fourniront
une nouvelle démonstration de la Providence divine.

A. RIQUIER.

COURS ÉLÉMENTAIRE
DE BOTANIQUE

CHAPITRE PREMIER

ORGANES ÉLÉMENTAIRES

1. Objet de la Botanique. — La Botanique [1], la plus agréable des sciences naturelles, a pour objet l'histoire des végétaux. Elle étudie l'organisation des plantes, leur mode de vie, leur classification, leurs usages.

2. Organes élémentaires. — Examinée au microscope, la structure intime des végétaux est d'une remarquable simplicité et se résout en un petit nombre de matériaux primitifs, toujours les mêmes pour toutes les plantes et pour toutes leurs parties. Permettons-nous une comparaison familière. Le drap est un tissu de fils entrecroisés, les uns dirigés en long, les autres dirigés en travers. Avec une épingle, analysons le tissu, séparons un à un ses fils constitutifs. L'étoffe maintenant n'est plus étoffe ; c'est une pincée de fils grossiers. La décomposition peut être amenée plus loin. Prenons un fil en particulier. Il résulte de menus filaments tordus ensemble, dont chacun est un brin

1. Du grec : *botané*, plante.

de laine, un poil de la toison du mouton. Nous les isolons l'un de l'autre; et, cela fait, la décomposition s'arrête : le poil forme un tout qui ne comporte pas de subdivision ultérieure. Eh bien, le brin de laine est, en quelque sorte, l'organe élémentaire du drap; c'est lui qui, *toujours le même quant à la substance, le même où à peu près, quant à la finesse*, constitue, suffisamment répété de fois, d'abord le fil et puis l'étoffe.

Pareillement, la plante décomposée pièce à pièce se réduit à quelque chose de simple, de non susceplible de dédoublement ultérieur, et qui, accumulé en nombre suffisant, forme tout, feuilles et fleurs, graines et fruits, écorce et bois indistinctement. Cette parcelle finale est de même substance dans toutes les plantes et dans toutes leurs parties ; elle est encore de même forme et de mêmes dimensions ou à peu près. On lui donne le nom d'*organe élémentaire*, et l'on appelle *tissu* ce qui résulte des organes élémentaires assemblés entre eux.

3. **Cellule.** — L'organe élémentaire des végétaux est un globule creux, d'une extrême finesse, et qui, pour être vu, exige l'emploi du microscope. Formé d'une délicate membrane close de partout, il ressemble à une outre, à un sac sans ouverture. Pour ce motif on lui donne le nom de *cellule*.

4. **Mode de formation des cellules.** — Au sein de la séve, qui est en quelque sorte le sang de la plante, au sein de la séve fluide sans trace aucune encore d'organisation, d'abord une fine poussière apparaît en trainées nuageuses. C'est le premier pas vers la cellule. Puis cette poussière s'amasse autour de centres d'attraction et se condense en noyaux isolés l'un de l'autre. Sur chacun de ces noyaux (fig. 1) une

ampoule se forme, s'élève graduellement, se gonfle et déborde son support qu'elle finit par englober. Le noyau n'est bientôt plus qu'un point enchassé dans la paroi membraneuse; il disparaît enfin, utilisé sans doute pour l'épaississement de la paroi, et la cellule est formée.

Les cellules se forment et s'agencent en tissu avec une inconcevable rapidité. On a calculé qu'une seule feuille de haricot, à l'époque de sa croissance, produit, en une heure, deux mille cellules pour le moins. Une ci-trouille augmente en poids d'un kilo-

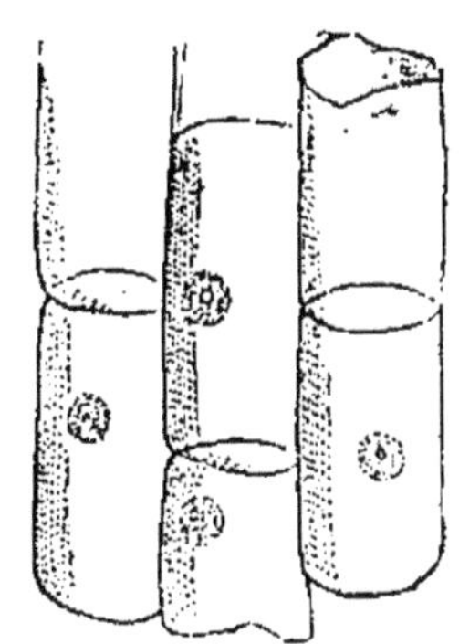

Fig. 1. — Cellules allongées (Lis).

gramme et plus par jour, d'un kilogramme de cellules, points invisibles. Le botaniste Jungius parle d'un champignon qui, en une seule nuit, parvint de la grosseur d'une noisette à celle d'une gourde. De la dimension d'une cellule à la grosseur acquise, il conclut que le champignon s'était accru de soixante-six millions de cellules par minute, ou d'un total de quarante-sept mille millions dans l'intervalle d'une nuit.

5. **Forme des cellules.** — Au moment où elles apparaissent dans la séve en travail, les cellules sont de petits sacs clos, formés d'une pellicule transparente. En principe leur forme est ronde ou ovalaire ; mais généralement gênées par leurs voisines, pressées l'une contre l'autre, elles se déforment et se taillent à facettes pour occuper du mieux l'espace disputé. L'angle s'ajuste avec l'angle, l'arête saillante s'emboîte

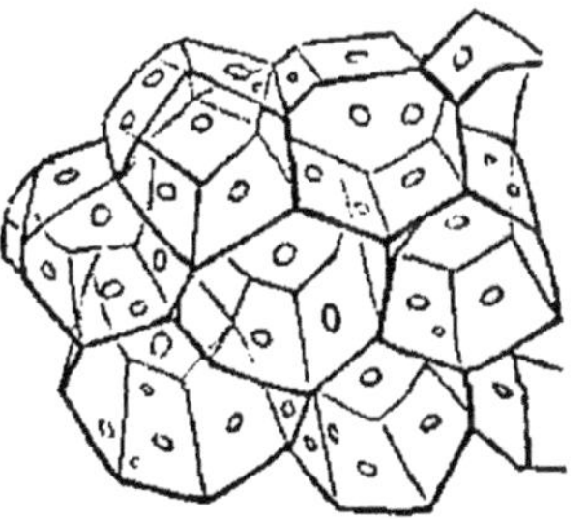

Fig. 2. — Tissu cellulaire de la moelle centrale. (Sureau).

dans le creux, les inégalités de l'une se font un lit parmi les inégalités des autres (fig. 2).

6. **Diverses espèces de cellules.** — Quelquefois la cellule persiste dans son initiale simplicité; elle n'ajoute rien à la membrane gonflée en ampoule sur le noyau générateur. C'est le cas des champignons, de croissance très-rapide et de courte durée. Plus fréquemment chez les végétaux à longue existence la cellule se double à l'intérieur d'une nouvelle membrane tapissant la première. Cette seconde membrane peut être suivie d'une troisième, d'une quatrième, etc., toujours à l'intérieur; de sorte que la paroi cellulaire gagne en épaisseur par l'addition de nouvelles couches et que la cavité centrale se rétrécit d'autant.

Or ces enveloppes successives, à partir de la seconde, au lieu de s'étendre en nappe continue, sont fendues çà et là suivant des points, des traits irréguliers, des lignes circulaires ou spirales. Comme ces déchirures se correspondent toutes exactement, la paroi y est plus transparente, puisque le sac extérieur n'y est doublé par rien, et de là résultent des aspects assez variés.

Tantôt la cellule se montre couverte de points

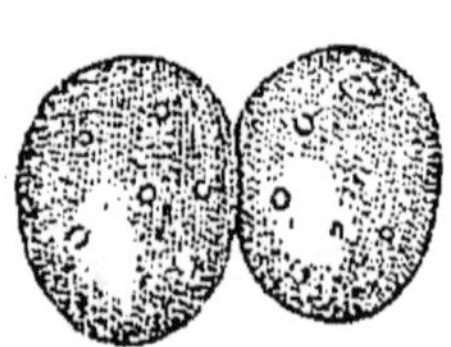

Fig. 3. — Cellules ponctuées (grossies).

Fig. 4. — Cellules rayées (Sureau).

Fig. 5. —Cellules annulaires (Gui).

arrondis ou de courtes raies transversales. Dans le premier cas, elle est dite *ponctuée* (fig. 3); dans le second, *rayée* (fig. 4). D'autres fois elle est cerclée de bandelettes en forme d'anneaux, ce qui lui a valu le nom de *cellule annulaire* (fig. 5); ou bien doublée d'un fil en tire-bouchon, ce qui lui a valu l'appellation de cellule *spirale* (fig. 6). D'autres fois encore, elle est couverte de traits irré-

Fig. 6. — Cellules spirales (Orchidée).

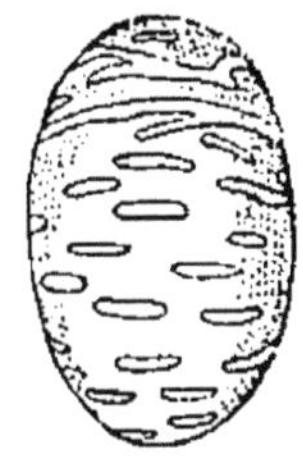

Fig. 7. — Cellules rayées et réticulées (Gui).

guliers qui simulent les mailles d'un réseau. Dans ce cas, on l'appelle *cellule réticulée* (fig. 7).

7. Transformation des cellules. — Pour s'accommoder aux fonctions diverses qu'elles ont à remplir, les cellules perdent, en des points déterminés du végétal, leur forme originelle et en prennent une très-allongée. Ou bien encore elles s'ajustent bout à bout en série, s'ouvrent aux extrémités pour communiquer entre elles, et constituent ainsi des canaux plus ou moins longs.

8. Fibres. — Les fibres sont des cellules allongées qui vont en se rétrécissant aux extrémités à la manière d'un fuseau. Elles forment la majeure partie du bois. Comme les cellules ordinaires, dont elles ne sont qu'une variété, elles affectent diverses apparences provenant des déchirures de leurs couches internes tapissant la première membrane. Il y en a donc de ponctuées, de rayées, de réticulées, etc. Mais le trait le plus remarquable des fibres, c'est leur tendance à empiler rapidement couche sur couche dans leur intérieur; aussi, tôt ou tard, les assises surajoutées comblent la cavité centrale (fig. 8).

9. Vaisseaux. — Dans ses attributions ordinaires,

la cellule est close. Quand elle concourt à la formation d'un vaisseau, elle s'ouvre à ses extrémités pour communiquer avec celle qui la précède et celle qui la suit, et former ensemble un canal libre. La figure 9

Fig. 8. — Fibre ponc-
tuée (Clématite).

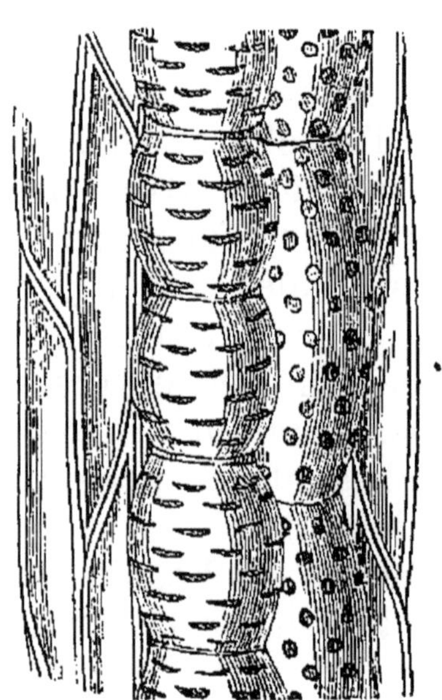

Fig. 9. — Deux vaisseaux au
milieu de fibres.

représente deux tronçons de vaisseaux entourés de quelques fibres. Aux étranglements qui les resserrent de distance en distance, on voit bien que ces deux vaisseaux résultent, en effet, de cellules assemblées à la file l'une de l'autre. L'un d'eux est *rayé*, l'autre est *ponctué*, absolument comme le sont les cellules ordinaires.

D'autres fois, tout étranglement disparaît; et sur

le vaisseau, partout d'un égal calibre, il est impossible de retrouver la moindre ligne de démarcation entre les cellules constitutives. Tels sont les deux vaisseaux de la figure 10. Le premier est doublé intérieurement d'un réseau de mailles, il est *réticulé* ; le second est fortifié, de distance en distance, par des bandelettes en cerceau, il est *annulaire.* Nous avons déjà trouvé ces deux structures dans les cellules ordinaires, chose toute naturelle puisque le vaisseau dérive de la cellule.

Les vaisseaux ne se ramifient point et ne s'abouchent jamais l'un avec l'autre. Disséminés çà et là dans le bois, ordinairement réunis en petits groupes, ils vont tout droit des racines aux feuilles,

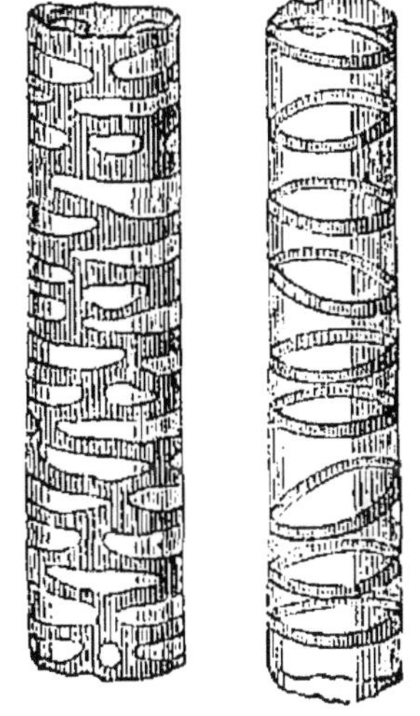

Fig. 10. — Vaisseau réticulé et vaisseau annulaire.

sans communiquer entre eux, sans émettre des tubes secondaires. Leur longueur est indéfinie, mais leur diamètre est généralement à peu près invisible. Dans quelques espèces de bois pourtant, leur canal est perceptible à la vue simple. Sur une branche de Chêne nettement coupée, par exemple, on distingue, en séries concentriques, une foule de très-petites ouvertures qui sont les orifices d'autant de canaux. Sur un rameau sec de Vigne ou de Clématite, l'observation est encore plus facile. Le sarment est criblé d'orifices dans lesquels il serait possible d'engager un crin délié.

10. **Trachées.** — Ce sont des tubes doublés à l'intérieur d'une bandelette ou d'un fil roulé en spirale serrée (fig. 11). Les trachées ne se trouvent jamais dans le bois, si ce n'est au voisinage immédiat de la moelle,

mais elles sont très-fréquentes dans les feuilles et dans les fleurs. Si l'on déchire une feuille de Rosier avec délicatesse, on aperçoit entre les deux lambeaux de menus fils défiant en finesse ceux de la plus légère toile d'araignée. Ce sont les bandelettes des trachées rompues qui se déroulent.

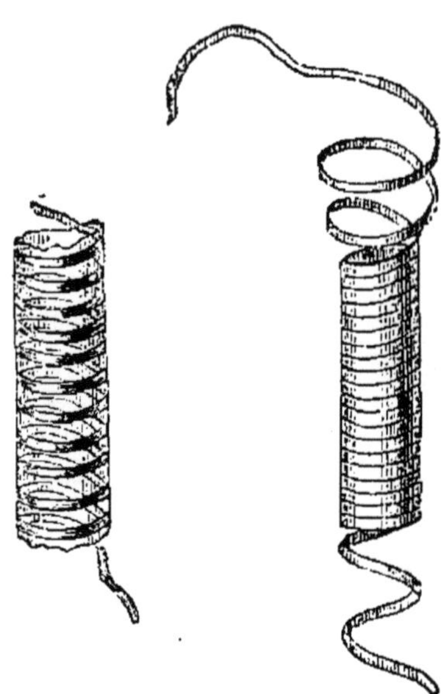

Fig. 11. — Fragments de trachées.

11. Cellulose. — Des organes élémentaires, nous ne connaissons encore que la configuration en cellule, fibre, vaisseau ou trachée: il nous reste à connaître la substance qui compose leur paroi et la nature des matériaux renfermés dans leur cavité. Occupons-nous de la première.

L'ensemble de la trame végétale se ramène à la cellule qui donne son nom à la *cellulose*. On nomme ainsi la substance qui forme les parois des cellules, des fibres et des vaisseaux. Cette substance est identique de composition chimique dans toute l'étendue de la plante et dans toutes les espèces végétales; elle est la matière première du monde végétal, elle forme la majeure partie du bois. Ses éléments sont: le carbone, l'hydrogène et l'oxygène. Néanmoins elle est accompagnée de diverses substances qui l'imprègnent, qui l'incrustent, qui remplissent les cavités cellulaires et communiquent aux diverses parties d'une plante moelle, feuilles, chair molle et pulpeuse, écorce fibreuse, bois tenace, des propriétés fort différentes.

Quand ces substances sont éliminées, la cellulose es
de composition et de propriétés constantes, quelle que
soit son origine. Les vieux chiffons de toile et de
coton, le papier fabriqué avec ces chiffons, sont de la
cellulose à peu près pure, car les traitements nombreux et énergiques que ces corps ont subis, ont éliminé
presque en totalité les matières étrangères, tout en
laissant intacte la cellulose, douée d'une grande résistance à l'altération.

12. **Contenu des organes élémentaires.** — Les
vaisseaux ne contiennent que de l'eau et de l'air. Destinés à porter aux bourgeons l'humidité du sol, ils ne
s'obstruent que fort tardivement, lorsque le bois déjà
s'altère. — Les fibres ont un autre rôle : celui de con-
solider la charpente végétale. Aussi de bonne heure
leur cavité centrale s'obstrue par l'addition de nouvelles couches superposées l'une à l'autre. Ces assises
multiples s'imprègnent en outre de principes colo-
rants, de matières minérales et surtout d'une substance
remarquable appelée *ligneux*. Les grains durs, pareils
à du sable, que l'on rencontre dans la chair de certaines poires de mauvaise qualité, la robuste coque
qui protége l'amande de la pêche et de l'abricot, doivent leur dureté à un ciment de ligneux. Il est visible
qu'une fois encroûtées de cette substance et minéralisées pour ainsi dire, les fibres ne peuvent plus prendre
part au travail vital de la plante; leur rôle se borne
à celui de matériaux de consolidation. Quand elles
sont obstruées de ligneux, les fibres forment le cœur
du Chêne, du Noyer, de l'Acajou, de l'Ébénier, enfin
de tous les bois durs recherchés pour nos usages. Le
ligneux qui les engorge, donne au bois sa dureté, sa
résistance à la décomposition, ses propriétés de bon
combustible. C'est lui qui, par sa plus grande propor-

tion dans les bois durs que dans les bois tendres, rend le Chêne préférable au Saule pour le chauffage, et le cœur d'un arbre préférable au bois de l'extérieur pour la menuiserie.

Quelquefois, mais rarement, la cellule s'imprègne de ligneux. C'est elle qui, incrustée de la dure matière, forme comme des grains de sable dans la chair de certaines poires et bâtit la solide coque de la pêche et de l'abricot. Mais, en général, la paroi des cellules se conserve souple et perméable. Quant au contenu de la cavité cellulaire, il est extrêmement variable. Quelques cellules contiennent uniquement de l'air, par exemple, les cellules de la vieille moelle du Sureau; d'autres sont gonflées d'un liquide à peine différent de l'eau pure. Il y en a qui renferment de la résine (le Pin), de la gomme (le Cerisier), des jus acides (le Raisin vert), d'âcres laitages (le Figuier), un liquide sucré (la Canne à sucre), des poudres farineuses (la Pomme de terre), des essences (l'écorce d'orange), des gouttelettes d'huile (la Noix, l'Olive), des poisons atroces (certains champignons), des granules verts (presque toutes les feuilles), des matières colorantes (les fleurs), etc., etc. On en trouve encore avec des cristaux (fig. 12), ici d'une excessive finesse et groupés comme des paquets d'aiguilles, là en tablette confusément empilées, ailleurs amassés en miroitantes têtes de chou-fleur. Les cristaux configurés en aiguilles paraissent composés d'oxalate de chaux et se nomment *raphides* [1]. Tous ces matériaux, si divers de composition, d'aspect, de propriétés, n'arrivent pas du dehors déjà préparés. Ils se forment dans les cellules avec la séve qui suinte à travers la

---

[1]. Du grec: *raphis*, aiguille.

membrane du suc. Sucre, acide, résine, huile, essence, gomme, farine, poisons, tout provient de ce

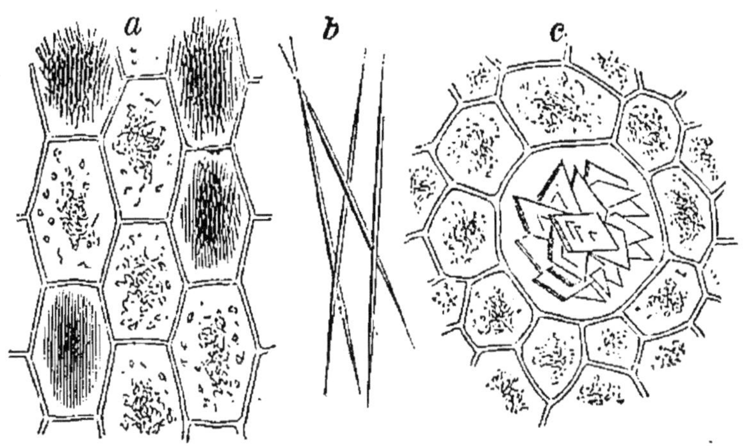

Fig. 12. — *a* Cellules dont quatre contiennent des paquets de raphides. — *b* Raphides isolées. — *c* La cellule centrale contient un amas de cristaux en tablettes.

liquide travaillé dans l'incomparable laboratoire de la cellule.

13. **Fécule.** — Or, de tous les matériaux élaborés dans les poches cellulaires, le plus remarquable est la fécule. L'amidon, cette belle matière blanche avec laquelle se fait l'empois, qui sert à donner de la consistance au linge, est de la fécule, extraite par l'industrie du grain des céréales. Cette substance est amassée en nombreux petits grains dans les cellules d'une foule de plantes, tantôt dans les racines, les tubercules, tantôt dans les fruits, les semences. Elle est notamment abondante dans la pomme de terre.

Pour l'extraire, il suffit de déchirer les cellules qui la contiennent et de séparer après les grains de fécule ainsi mis en liberté. A cet effet, la pomme de terre est réduite en pulpe avec une râpe. On dispose cette pulpe sur un linge au-dessus d'un grand verre et l'on arrose avec un filet d'eau, tout en remuant. Les grains sortis des cellules déchirées sont entraînés par l'eau à travers les mailles du linge; la pulpe, trop grossière, reste sur le filtre. L'eau amassée dans le verre laisse déposer, par le repos, une matière blanche, pulvérulente, qui craque sous les doigts. C'est la fécule.

Les grains de fécule sont d'une excessive finesse. Les plus volumineux sont ceux de la pomme de terre et néanmoins il en faudrait cent cinquante environ pour remplir la capacité d'un millimètre cube. Ceux du blé sont bien moindres : dix mille suffiraient à peine pour faire un millimètre cube. Ceux du maïs devraient être au nombre de soixante-quatre mille pour occuper le même espace; ceux de la betterave au nombre de dix millions. Cependant ces grains si menus sont fort compliqués. Chacun débute par un point autour duquel la matière féculente se dépose par feuillets superposés, de sorte que le grain parvenu à maturité se compose d'une suite de sacs emboîtés l'un dans l'autre (fig. 13).

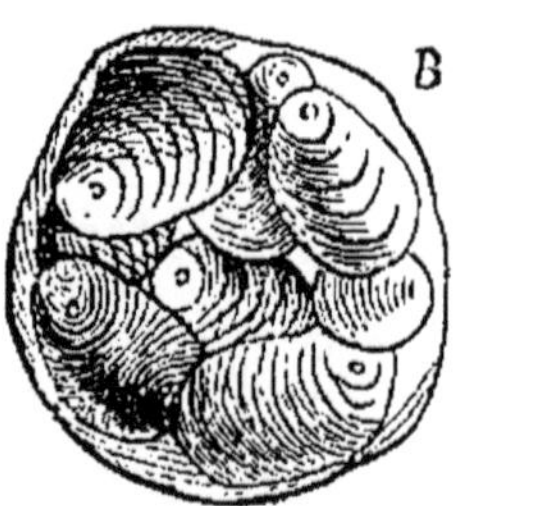

Fig. 13. — Fécule de Pomme de terre très-grossie;
a Grain de fécule isolé. — *b*. Cellule remplie de grains

14. Rôle de la fécule. — La fécule est une réserve alimentaire destinée à servir de première nourriture aux jeunes plantes. Tout germe destiné à se

développer seul en est approvisionné. Au moment de
l'éveil de la vie, cette substance, par elle-même inerte,
insoluble, non nutritive parce que son insolubilité
l'empêche de se répandre dans les tissus naissants
et de les imbiber, se transforme en une autre, soluble
dans l'eau et apte de la sorte à s'infiltrer partout où
le travail d'organisation demande des matériaux. On
nomme *glucose* le résultat de cette admirable transformation. C'est une substance de saveur douce, très-
voisine du sucre par sa composition et ses propriétés. Mettons du blé dans une soucoupe et tenons-le
humide. En quelques jours le blé germera. Lorsque
la pointe verte des jeunes pousses commence à se montrer, les grains se trouvent tout ramollis; ils s'écra-
sent sous les doigts et laissent écouler une espèce de
lait de saveur très-douce. Pour allaiter pour ainsi dire
la jeune plante, la fécule du grain est devenue glucose, qui dissous dans l'humidité dont la semence s'est
gonflée et mélangé de granules farineux non encore
transformés, fournit une espèce de laitage. Avec ce
laitage, des cellules se font, et des fibres et des vaisseaux. C'est d'autant plus facile que le glucose renferme juste en carbone, hydrogène et oxygène, ce
que renfermait la fécule, contenant à son tour juste
ce que contient la cellulose. Les trois substances, si
différentes de propriétés cependant, contiennent les
mêmes principes. Une délicate retouche, qui n'ajoute
rien, qui ne retranche rien, suffit pour convertir en
fécule ce qui serait devenu cellulose, et pour convertir finalement en une espèce de sucre ce qui
était fécule. Une retouche en sens inverse va amener
une métamorphose rétrograde : le glucose va devenir
fécule s'il le faut, ou, ce qui est plus pressé pour
la plante naissante, il va devenir de la cellulose

pour former des cellules, des fibres et des vaisseaux.

15. **Tissus**. — Assemblés entre eux, les organes élémentaires forment ce qu'on nomme le *tissu* des végétaux. Le tissu peut être uniquement composé de cellules juxtaposées ; il prend alors le nom de *tissu cellulaire*. Il y en a dont les cellules ne se touchant que par un point ou une très-petite surface, conservent leur forme ronde originelle et constituent un assemblage peu consistant et comme spongieux ; il y en a d'autres, où déformées par leur pression mutuelle et collées l'une à l'autre par de larges faces, les cellules prennent des formes polyédriques très-variées. Les intervalles inoccupés que les cellules peuvent laisser entre elles, surtout dans les tissus lâches, portent le nom de *méats intercellulaires* (fig. 14). Parfois encore les cellules circonscrivent des

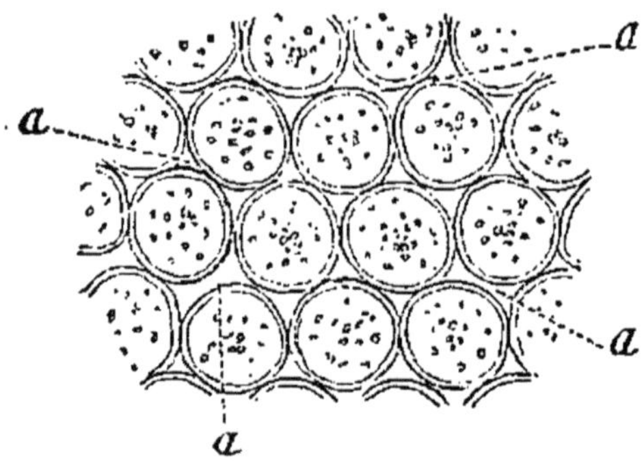

Fig. 14. — Tissu cellulaire. — *aa* Méats intercellulaires.

intervalles vides, plus ou moins larges, auxquels on donne le nom de *lacunes*. S'il est composé de fibres, le tissu est gratifié de *fibreux* (fig. 15) ; s'il est composé de fibres et de vaisseaux, il est appelé tissu *fibro-vasculaire*.

16. **Végétaux cellulaires**. — La vie ne laisse aucun point inoccupé. Pour peupler le roc nu, les laves récemment refroidies, les mares croupissantes,

les vieilles écorces, le bois pourri, les fruits en décomposition et toutes les matières animales ou végétales corrompues, elle crée, avec
des cellules empilées d'une infinité
de manières, des myriades de végétaux infimes, première ébauche de
la matière organisée. Dans la charpente de ces végétaux, il n'entre que
la cellule; jamais la fibre ni le vaisseau. Aussi les nomme-t-on *végétaux cellulaires*. Ce sont, dans les
eaux stagnantes, les mucosités vertes et les crinières filamenteuses
des Algues; sur les vieilles écorces,
sur les rochers, sur les coulées vol-
caniques, les croûtes des Lichens;
sur les vieux arbres, le roc fendillé
par les intempéries, les murs en rui-
nes, de verts coussinets de Mousse;
sur le bois pourri, les feuilles mortes, des Champignons à forme bi-

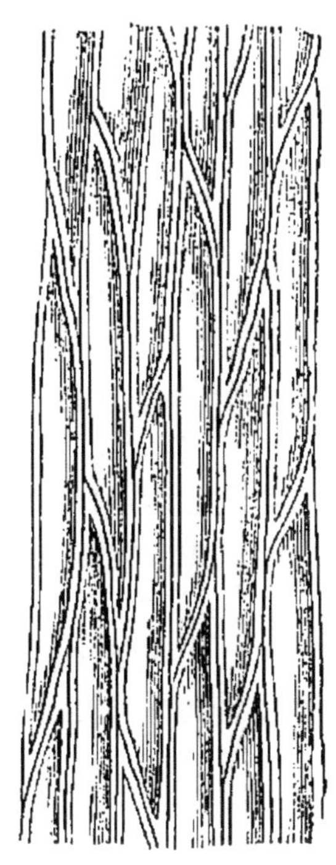

Fig. 15. — Dispoistion
du tissu fibreux.

zarre; sur les fruits gâtés, des houppes de Moisissu-
res; dans les liquides fermentés tournant à l'aigre,
des feutres glaireux, nommés la *mère du vinaigre*; à la
surface du vin qui s'altère, des poussières blanches
appelées *fleurs du vin*; enfin sur toutes les matières
en décomposition, des pellicules végétales, des du-
vets, inséparables compagnons de la pourriture. Les
plus importants des végétaux cellulaires sont les
Algues, qui forment surtout la végétation de la mer,
les Mousses, les Lichens et les Champignons.

17. Végétaux vasculaires [1]. — S'il y a de nom-

1. Du latin : *vasculum,* vaisseau.

breux végétaux composés uniquement de cellules, il n'y en a aucun qui soit exclusivement formé de fibres, ou de vaisseaux, ou même de leur assemblage. C'est de l'association de la cellule, tantôt à la fibre seulement, tantôt et plus souvent à la fibre et au vaisseau à la fois, que résultent tous les végétaux supérieurs. Les végétaux formés de cellules et de fibres, à l'exclusion des vaisseaux, constituent le groupe des Conifères, ou des arbres résineux qui pour fruits ont des cônes, tels que le Pin, le Cèdre, le Mélèze, le Cyprès, le Sapin. Enfin les végétaux qui dominent dans nos contrées, depuis le simple brin d'herbe jusqu'aux grands arbres, tels que le Chêne, le Hêtre, le Peuplier, contiennent dans leur structure les trois genres d'organes élémentaires : la cellule, la fibre et le vaisseau. On leur donne le nom de *végétaux vasculaires* pour rappeler le vaisseau (*vasculum*) qui leur est spécial.

QUESTIONNAIRE.

1. Quel est l'objet de la botanique? — Quelle est l'étymologie du mot botanique? — 2. Qu'appelle-t-on organes élémentaires des végétaux? — Précisez, au moyen d'un exemple familier, ce qu'il faut entendre par organes élémentaires. — 3. Qu'est-ce que la cellule? — 4. Comment se forme une cellule? — Citez quelques exemples de la rapidité avec laquelle se forment les cellules. — 5. Quelle est la configuration originelle des cellules? — Comment se déforment-elles? — 6. Quelles espèces de cellules distingue-t-on? — Comment se forment ces diverses cellules? — 7. Quelle est l'origine des fibres et des vaisseaux? — 8. Quelle est la forme des fibres? — Où trouve-t-on ces organes élémentaires? — Quel est le trait le plus re-

marquable des fibres?—9. Comment se forment les vaisseaux? — Quelles espèces de vaisseaux distingue-t-on? — Quelle est leur forme et leur longueur? — Se ramifient-ils? — Citez quelques végétaux où il soit possible à la vue simple de distinguer l'orifice des vaisseaux. — 10. Qu'appelle-t-on trachées? — Où en trouve-t-on? — 11. Qu'est-ce que la cellulose? — De quels éléments chimiques est-elle composée? — Est-elle identique dans tous les végétaux? — Citez des exemples de cellulose à peu près pure. — 12. Que contiennent les vaisseaux? — Qu'est-ce que le ligneux? — Que deviennent les fibres en vieillissant? — Quelles propriétés le ligneux donne-t-il au bois? — Donnez quelques exemples de cellules encroûtées de ligneux. — Quelles substances renferment les cellules? — Qu'appelle-t-on raphides? — 13. Qu'est-ce que la fécule? — Comment peut-on l'extraire de la pomme de terre? — Quelle dimension ont les divers grains de fécule? — Quelle est la structure d'un grain? — 14. Quel rôle remplit la fécule dans le végétal? — Que devient la fécule pendant la germination? — Quelle est l'utilité de ce changement? — Comment la fécule peut-elle devenir glucose ou cellulose? — 15. Qu'appelle-t-on tissu? — Qu'est-ce que le tissu cellulaire? — Qu'appelle-t-on méats intercellulaires, lacunes? — Qu'est-ce que le tissu fibreux et le tissu fibro-vasculaire? — 16. Qu'appelle-t-on végétaux cellulaires? — Citez les principaux. — 17. De quels organes élémentaires les conifères sont-ils formés? — Quels sont les végétaux vasculaires?

CHAPITRE II

DIVISIONS PRIMORDIALES DU RÈGNE VÉGÉTAL

1. Différences dans la structure générale de la tige. — Toute plante débute par l'état cellulaire;

qu'elle soit destinée à devenir un chêne ou un maigre brin d'herbe à un certain moment, elle est en entier composée de cellules. Mais à peine sortie des enveloppes de la graine, la jeune plante qui doit devenir un végétal vasculaire, ajoute des fibres et des vaisseaux à sa charpente initiale de cellules. Ici deux groupes se présentent, nettement caractérisés par la manière dont sont mis en usage ces nouveaux organes élémentaires dans la structure générale de la tige.

Le premier groupe assemble les fibres et les vaisseaux en couronnes régulières, en zones concentriques; le second les dissémine d'ici et de là sans arrangement régulier. Voici (fig. 16 et 17) en regard l'une

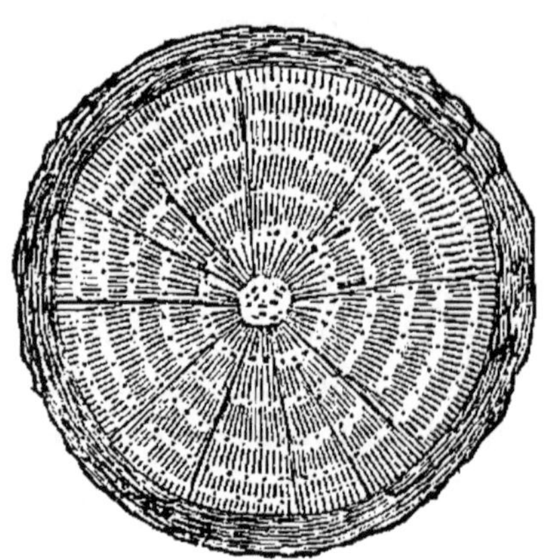

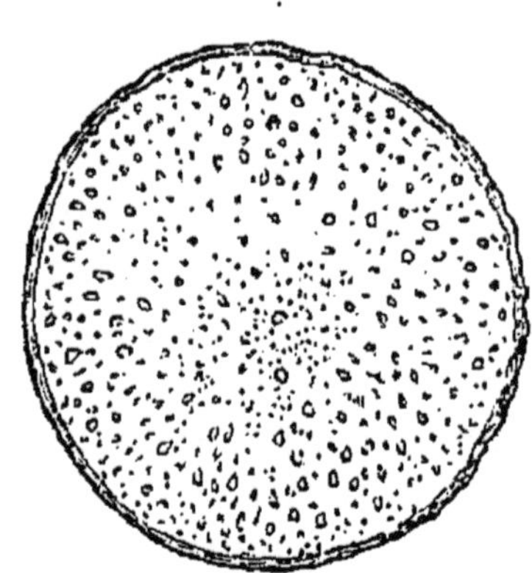

Fig. 16.   Fig. 17.

de l'autre la section d'une tige du premier groupe et celle d'une tige du second. Dans la première figure, outre les zones concentriques formées de fibres pour la majeure partie, nous remarquons de petits points noirs disposés en rangées circulaires sur la ligne de séparation de deux couches consécutives. Ce sont les orifices d'autant de vaisseaux. — Dans la seconde figure, les ponctuations correspondent à des paquets déliés de fibres et de vaisseaux ; les parties laissées en blanc sont formées de cellules seules.

La première structure se retrouve dans le Chêne, l'Orme, le Hêtre, le Tilleul et tous nos arbres enfin. On le retrouve aussi, mais avec une seule zone, dans beaucoup de nos végétaux qui ne vivent qu'un an, comme la Campanule, la Belle de nuit, la Pomme de terre, par exemple. — La seconde structure appartient à la tige du Palmier, du Roseau, de l'Asperge, du Lis, de l'Iris, de la Jacinthe et de bien d'autres.

2. Différences dans la structure générale de la fleur. — A ces différences de structure de la tige en correspondent d'autres pour les fleurs, les feuilles, les graines. — Comparons la fleur du Rosier sauvage, de l'Eglantier, avec celle du Lis. L'Eglantier appartient à la catégorie des végétaux qui assemblent leurs fibres en couronnes régulières; le Lis, à celle des végétaux qui les disposent sans ordre. — La fleur de l'Eglantier se compose de cinq feuilles colorées, autrement dit de cinq *pétales*, dont l'ensemble forme ce qu'on nomme la *corolle*. Les pétales, d'un tissu très-délicat, sont enveloppés dans le bouton, et plus tard protégés au dehors lorsque la fleur est épanouie, par cinq autres feuilles, mais fermes et vertes, qui forment ce qu'on nomme le *calice*. En somme, la fleur de la rose sauvage comprend deux enveloppes différentes : l'une intérieure, la *corolle*, fine, délicate, richement colorée; l'autre extérieure, le *calice*, de texture robuste, de couleur verte et protégeant la première. La fleur du Lis, au contraire, est formée de six pétales, tous également blancs, également délicats, sans aucune enveloppe verte extérieure; elle a une corolle mais n'a pas de calice (fig. 18 et 19).

3. Différences dans la structure générale des

feuilles. — Une feuille est formée d'une mince lame de tissu cellulaire, consolidée par des cordons, des faisceaux tenaces de fibres et de vaisseaux, enclavés dans son épaisseur et nommés *nervures* de la feuille. Or si l'on compare les feuilles du Rosier avec

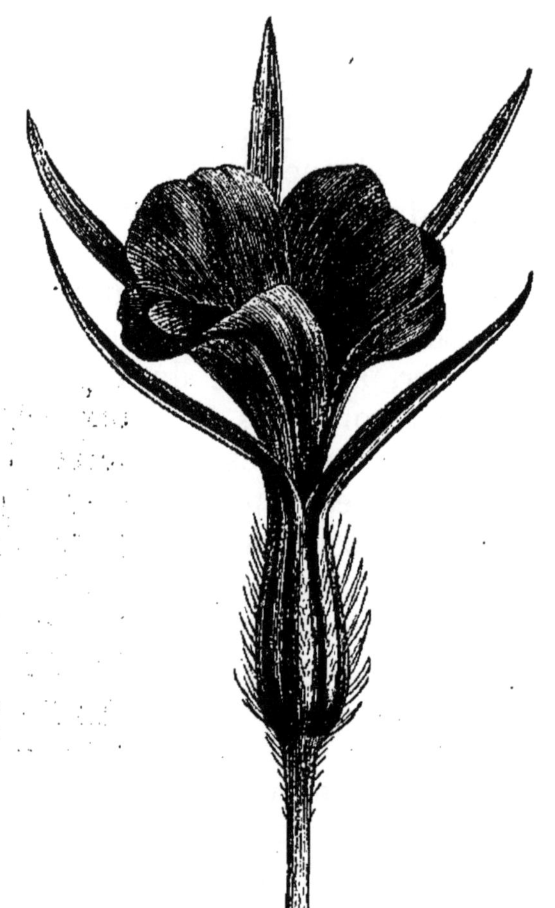

Fig. 18. — Nielle des blés. — Fleur avec corolle et calice.

celles du Lis, on reconnaît que dans les premières les nervures se subdivisent, se ramifient, se rejoignent entre elles et forment ainsi un réseau à mailles très-serrées; tandis que dans les secondes, les nervures ne se ramifient point et restent parallèles entre elles sans former un réseau de mailles. Nous trouverions les mêmes différences de charpente entre les feuilles de l'Orme, du Peuplier, du Platane, et celles de l'Iris, du Narcisse, de la Tulipe. Lorsque, par la pour-

Fig. 19. — Lis blanc. — Fleur avec corolle sans calice.

riture, le tissu cellulaire a disparu, les nervures, plus résistantes à la décomposition, persistent et figurent une élégante dentelle dans les végétaux de la première catégorie; un faisceau de filaments parallèles dans ceux de la seconde (fig. 20 et 21).

4. Différences dans la structure générale de la graine. — Considérons maintenant le fruit de l'Amandier. Nous cassons la coque pour en retirer l'amande, la graine. Celle-ci est recouverte d'une peau roussâtre, puis d'une autre plus fine et blanche. Ces enveloppes enlevées, opération facile à faire sur l'amande fraîche, il nous reste un corps d'un beau blanc, ferme, savoureux, destiné à devenir un Amandier (fig. 22 et 23). Ce corps blanc se partage de lui-même en deux moitiés égales; et, cela fait, on voit à l'extrémité effilée de la graine un mamelon conique tourné

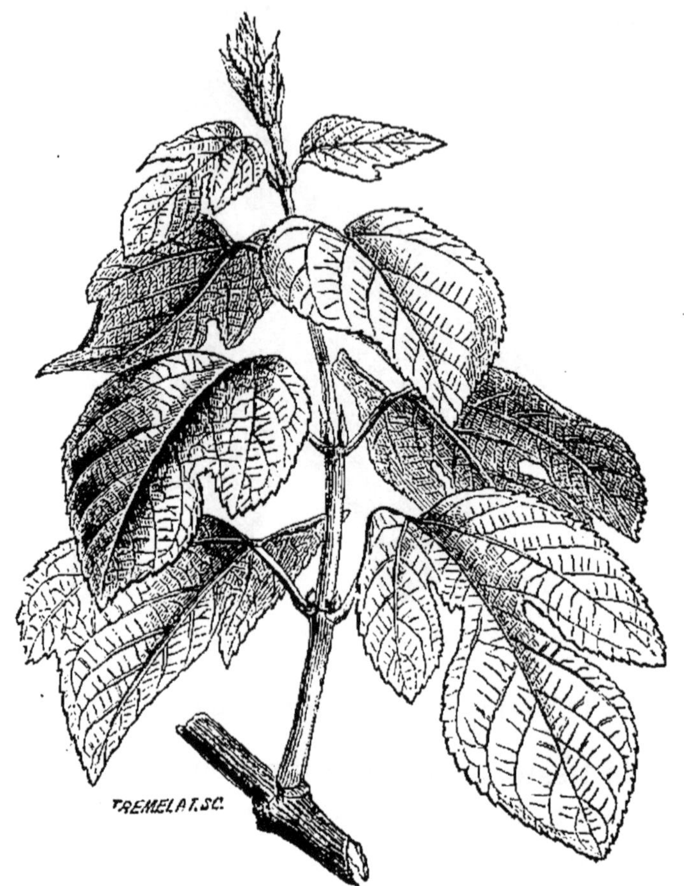

Fig. 20. — Mûrier à papier. — Feuilles à nervures en réseau.

en dehors et un bouquet serré de très-petites feuilles naissantes, une espèce de bourgeon tourné en dedans. Le mamelon doit devenir la racine et prend le nom de *radicule* [1]; le bourgeon, appelé *gemmule* [2], doit se déployer en feuilles et s'allonger en tige. Quant aux

1. Diminutif de *radix*, racine. — 2. Diminutif de *gemma*, bourgeon.

deux gros organes charnus qui forment à eux seuls la graine presque entière, ce sont les deux premières feuilles de la plante, mais des feuilles d'une structure spéciale, vrais réservoirs alimentaires de la plantule naissante. Au moment de la germination, ces deux grosses feuilles, gorgées de fécule, fournissent les premiers matériaux nutritifs à la plante encore trop peu développée pour se suffire à elle-même. On pourrait les appeler les feuilles nourricières; les botanistes leur donnent le nom de *cotylédons* [1].

On constate que le pois, le haricot, la fève, le gland, enfin toutes les graines des végétaux dont les fibres de la tige sont arrangées en couron-

1. Du grec : *cotylé,* écuelle.

Fig. 21. — Orchis. — Feuilles à nervures parallèles.

nes concentriques, ont deux feuilles nourricières.
deux cotylédons, et quelquefois, mais rarement, plus
de deux. Mais le Lis, la Tulipe, la Jacinthe, le Fro-

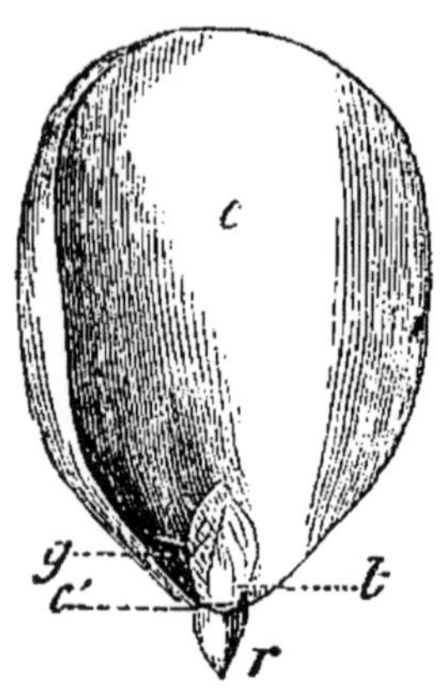

Fig. 22.
Graine de l'Amandier.

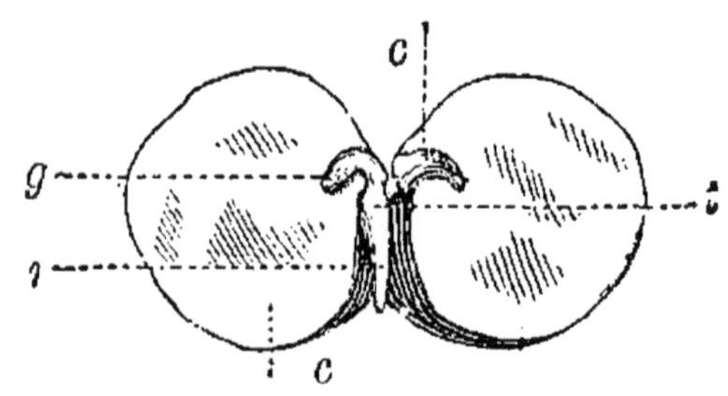

Fig. 23.
Graine du Pois.

c Cotylédons; *r* Radicule; *g* Gemmule; *t* Tigelle.

ment, l'Iris et tous les végétaux qui disposent sans
ordre les fibres de leur tige, n'ont jamais à leurs graines qu'un seul cotylédon.

5. **Feuilles séminales.** — Il n'est pas toujours
très-facile, surtout quand les graines sont petites, de
constater si le germe est pourvu d'une seule feuille
nourricière ou de deux; mais en faisant germer ces
graines, la difficulté d'observation disparaît. On voit
les graines à deux cotylédons lever avec deux feuilles,
les premières de toutes, placées en face l'une de l'autre et très-souvent différentes de forme de celles qui
suivent. Dans le Radis, par exemple, elles sont en
forme de cœur. Ces deux feuilles, qui devancent les
autres dans leur apparition et prennent le nom de
feuilles séminales [1], ne sont autre chose que les deux
cotylédons qui s'étalent et verdissent tout en nour-
rissant la plantule d'une partie de leur substance. Au

1. De *semen, seminis,* semence, graine.

contraire, les graines à un seul cotylédon lèvent avec une seule feuille séminale, généralement de forme étroite et allongée. C'est ce qu'on peut observer en faisant germer du Blé dans une soucoupe (fig. 24 et 25).

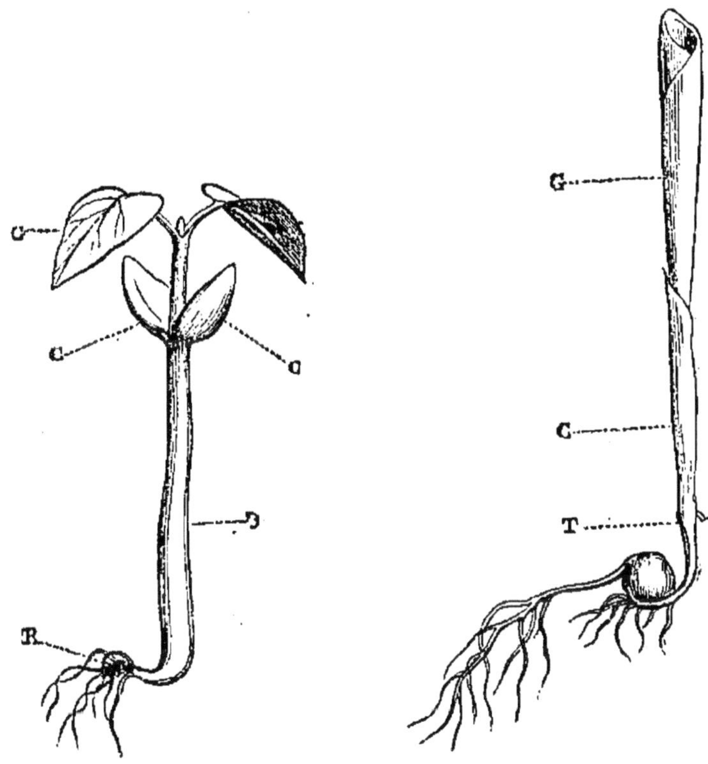

Fig. 24.
Haricot en germination.

Fig. 25.
Maïs en germination.

c Cotylédons ou feuilles séminales ; ɢ Les feuilles suivantes; ᴛ Tigelle; ʀ Radicule.

6. Végétaux inférieurs. — Enfin, bien au-dessous de ces deux groupes de végétaux ayant les uns deux cotylédons à leurs graines, les autres un seul, s'en trouve un troisième se propageant au moyen de semences dont la structure n'a rien de commun avec celle de la graine telle qu'elle vient d'être sommairement décrite. Dans ce troisième groupe, pas de mamelon qui devienne la racine, pas de bouquet de petites feuilles naissantes, enfin pas de cotylédons. La semence est une simple cellule sans parties distinctes. Les végétaux de ce groupe sont le plus souvent composés uniquement de cellules, tels sont les Champignons, les Lichens, les Mousses, les Algues; quelques-uns, comme les Fougères et les Prêles, ont des fibres et des vaisseaux; mais aucun ne possède des fleurs, et souvent même, comme dans les Champignons et les Lichens, on n'y trouve rien qui puisse se comparer à des feuilles, à des racines, à des tiges.

7. **Les trois embranchements du règne végétal.** — Le règne végétal se partage ainsi en trois embranchements d'après le nombre de cotylédons de la semence, savoir :

1° Les Dicotylédonés [1], dont le germe a deux cotylédons, quelquefois plus. Exemple: Chêne, Amandier, Rosier, Lilas, Mauve, Œillet, Sapin, Cèdre, Radis.

2° Les Monocotylédonés [2], dont le germe est accompagné d'un seul cotylédon. Exemple : Palmier, Froment, Roseau, Lis, Tulipe, Jacinthe, Iris.

3° Les Acotylédonés [3], dont le germe n'a pas de cotylédons. Exemple : Fougères, Mousses, Prêles, Algues, Lichens, Champignons.

Laissons pour un moment les Acotylédonés dont l'organisation n'est pas comparable à celle des autres végétaux, et mettons en parallèle les Dicotylédonés avec les Monocotylédonés. Voici, sur deux colonnes, les caractères différentiels.

---

1. Du grec : *dis*, deux fois. — 2. Du grec : *monos*, seul. — 3. *a* en grec marque la privation.

Dicotylédonés	*Monocotylédonés*
La graine a deux cotylédons.	La graine a un seul cotylédon.
La plante lève avec deux feuilles séminales.	La plante lève avec une seule feuille séminale.
Les nervures des feuilles sont disposées en réseau.	Les nervures des feuilles sont parallèles.
La fleur a généralement un calice et une corolle.	La fleur généralement n'a que la corolle, sans calice.
Les fibres et les vaisseaux sont disposés dans la tige en couronnes concentriques.	Les fibres et les vaisseaux sont répartis sans ordre dans la tige.

QUESTIONNAIRE.

1. Comment sont disposés les vaisseaux et les fibres dans la tige du Chêne ?—Comment sont-ils disposés dans la tige du Palmier ?—Citez des végétaux dont la structure de la tige se rapporte à l'un ou l'autre groupe. —2. Quelles enveloppes distingue-t-on dans la fleur de l'Églantier ? — Qu'appelle-t-on corolle et calice ? — La fleur du Lis a-t-elle la même structure ? — Citez des fleurs se rapportant au type de l'Églantier. — Citez des fleurs se rapportant au type du Lis. — 3. Qu'appelle-t-on nervures ? — Quelle est la disposition des nervures dans la feuille du Rosier, de l'Orme ? — Quelle est la disposition des nervures dans la feuille de l'Iris ? — Citez des feuilles de l'un et l'autre groupe. — 4. Que remarque-t-on dans la graine de l'Amandier ? — Qu'est-ce que la radicule, la gemmule? — Qu'appelle-t-on cotylédons? — Quel est le rôle des cotylédons? — Citez des graines douées de deux cotylédons. — Citez des graines ne possédant qu'un seul cotylédon. — 5. Comment peut-on constater sans difficulté, même dans les graines les plus petites, le nom bre des cotylédons? — Qu'appelle-t-on feuilles séminales? — D'où proviennent-elles? — Combien de feuilles séminales a le Radis? — Combien en a le Froment? — 6. En quoi la semence des végétaux inférieurs diffère-t-elle de la semence des végétaux supérieurs? — Citez quelques autres différences entre les deux groupes de végétaux. — 7. En combien de groupes principaux ou embranchements se divise le règne végétal? — Que signifient les mots dicotylédoné, monocotylédoné, acotylédoné? — Mettez en parallèle les végétaux dicotylédonés et les végétaux monocotylédonés sous le rapport de leurs différences fondamentales.

CHAPITRE III

STRUCTURE DE LA TIGE DICOTYLÉDONÉE

1. Tige annuelle. — La *tige* est le support commun des diverses parties du végétal; par son extrémité inférieure, elle donne naissance aux racines qui puisent dans le sol certains principes alimentaires; à son extrémité supérieure, elle se subdivise en branches et rameaux, qui se couvrent de bourgeons, de feuilles et de fleurs. Quand elle ne doit durer qu'un an, elle est dite *annuelle* ou *herbacée*. Elle se compose alors d'un amas de cellules vertes, dans lequel plongent quelques paquets de fibres et de vaisseaux, formant une couronne étroite facile à reconnaître à sa couleur d'un blanc mat. L'élément dominant est ici la cellule, le plus simple de tous, le plus prompt à se former et le mieux en rapport avec une vie active, mais de courte durée.

2. **Structure de la tige annuelle.** — Deux régions sont à distinguer dans la masse cellulaire d'une tige herbacée (fig. 26). La partie *m*, comprise dans l'intérieur de la couronne ligneuse, s'appelle la *moelle centrale* ; la partie située à l'extérieur de cette couronne, sur le pourtour de la tige, s'appelle *moelle externe*. Des bandes *r*, également de nature cellulaire, font communiquer la moelle externe avec la moelle centrale. On les nomme *rayons médullaires* [1]. Enfin une assise de ro-

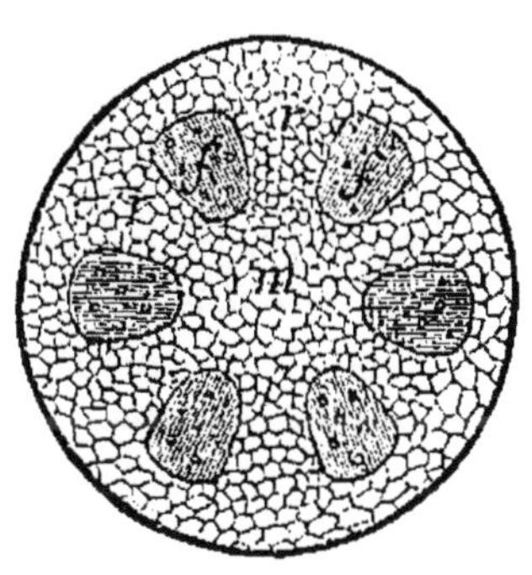

Fig. 26. — Tige herbacée dicotylédonée.

bustes cellules, étroitement ajustées l'une à l'autre, enveloppe la tige pour la défendre des ardeurs du soleil, de l'accès de l'air, et s'opposer à la déperdition des liquides qui l'imbibent. C'est ce qu'on nomme l'*épiderme* [2]. Sur les jeunes pousses, il est facile de l'enlever par lambeaux, sous forme de pellicule incolore. La figure le représente par un gros trait noir cernant le tout. Enfin les parties en forme de coin *ɟ*, *ɟ*, sont des amas de fibres et de vaisseaux. Elles se détachent en blanc mat sur le fond verdâtre du reste de la tige.

Quelques plantes herbacées s'arrêtent là pour la structure de leur tige ; d'autres complètent plus ou moins leur couronne ligneuse. Alors, entre les piliers

---

[1]. Du latin : *medulla*, moelle. — [2]. Du grec : *épi*, sur et *derma*, peau.

primitifs de fibres et de vaisseaux, de nouveaux piliers se développent; les rayons médullaires se rétrécissent en fines cloisons et la zone de bois se trouve à peu près continue (fig. 27).

3. **Tige ligneuse, première année.** — Toute tige, n'importe la durée, la grosseur, la consistance qu'elle doit acquérir, débute par des états pareils à ceux qui viennent d'être décrits; puis, à la fin de la première année de végétation, elle a déjà une structure assez avancée et assez consistante pour mériter la qualification de *ligneuse*. La figure 28 représente, de grandeur naturelle, un tronçon de la tige de Marronnier La partie *ab* de ce tronçon est reproduite à part, grossie au microscope.

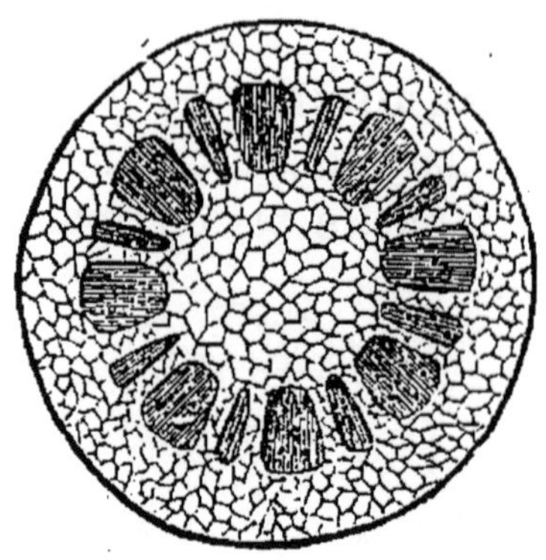

Fig. 27. — La même tige plus avancée.

Elle comprend une *moelle centrale* (1), toujours composée de cellules seules ; puis une *zone ligneuse* (3), divisée en un grand nombre de coins par des *rayons médullaires* très-étroits, également de nature cellulaire. Dans cette zone se voient les orifices de gros vaisseaux ponctués ; et dans la région (2), au voisinage immédiat de la moelle, d'autres orifices correspondant à des trachées. C'est uniquement là, au contact de la moelle centrale, que la tige est pourvue de trachées ; nulle autre part on n'en trouve, ni dans l'écorce ni dans le bois. Au-delà de la zone ligneuse se montre une mince couche (4) formée d'un liquide visqueux et de cellules naissantes. Si peu apparente qu'elle soit, cette couche demi-fluide est d'une importance capitale, car elle est un laboratoire permanent d'organes élémentaires. On lui donne le nom de *cambium*.

Par-delà vient l'écorce. Elle comprend, en allant toujours de l'intérieur à l'extérieur, une couche (5) appelée *liber*[1], formée de fibres longues et tenaces;

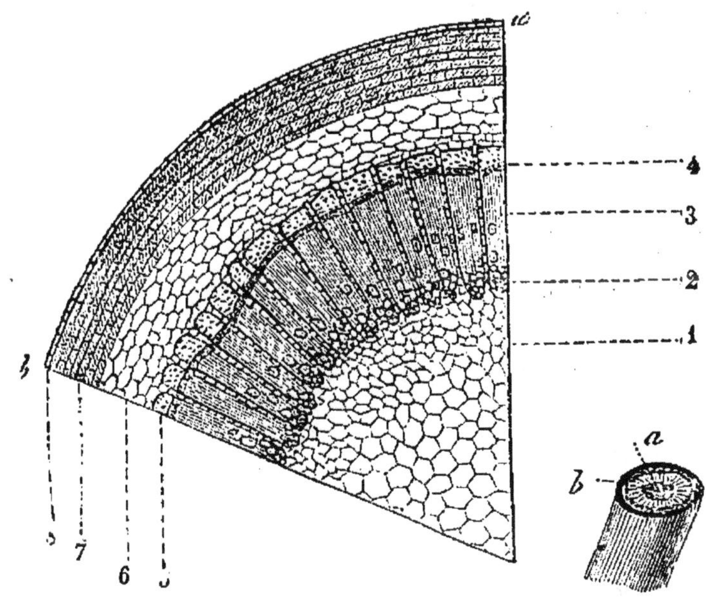

Fig. 28. — Coupe horizontale d'une jeune tige de Marronnier.

puis une zone (6) de tissu cellulaire formant la moelle externe, analogue à celle des tiges herbacées et communiquant avec la moelle centrale par des rayons médullaires qui traversent de part en part le liber et la zone de bois; plus loin une zone brunâtre (7), également cellulaire, appelée enveloppe *subéreuse*[2]; et enfin une assise de cellules protectrices, l'*épiderme* (8)

4. **Même tige vue sur une tranche longitu-**

1. Du latin : *liber*, livre, soit parce que dans l'écorce âgée il se compose de feuillets superposés analogues à ceux d'un livre, soit parce que ses fibres servent à la fabrication du papier. — 2. Du latin : *suber*, liége, parce que cette zone, très-développée dans le Chêne-liége, fournit le liége ordinaire.

dinale. — Sous un grossissement plus fort et vue suivant une section longitudinale, la même tige de Marronnier, âgée d'un an, présente la structure que reproduit la figure 29.

La moelle centrale est indiquée par le chiffre 1. Elle est composée de cellules irrégulières. Sur son

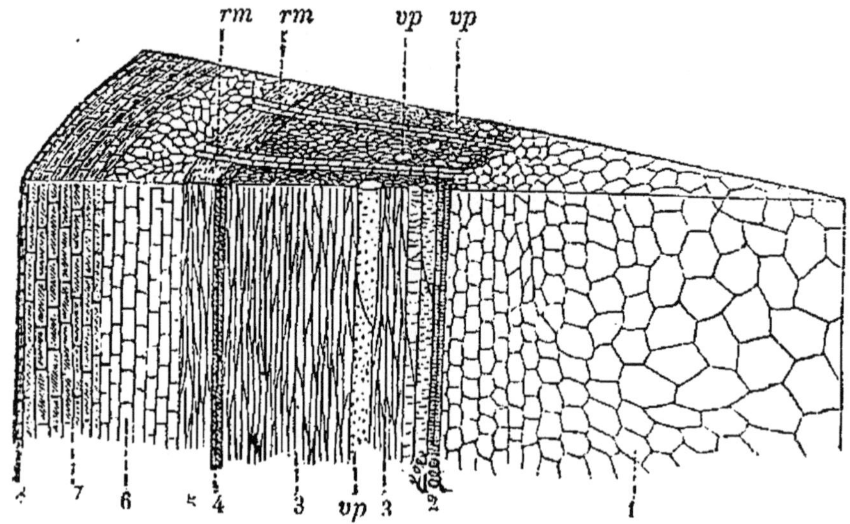

Fig. 29. — Coupe verticale d'une portion du même rameau de Marronnier.

pourtour se voient quelques trachées (2) dont les fils en spirale sont un peu déroulés à l'extrémité. La zone ligneuse commence immédiatement après. On y reconnaît quelques gros vaisseaux *vp* à surface ponctuée et une multitude de fibres (3), toutes rigoureusement assemblées suivant la longueur de la tige. Deux rayons médullaires *rm* s'étendent en ligne droite de la moelle externe (6) à la moelle centrale (1) et les font communiquer au moyen de leur cloison de cellules. La couche de bois en travail de formation, le cambium (4), limite à l'extérieur la zone ligneuse. Puis viennent les fibres de l'écorce, le liber (5). Aude là se trouvent la moelle externe (6) formée de cellules d'un vert pâle, et l'enveloppe subéreuse dont les cellules sont encroûtées d'un ciment brunâtre (7). Enfin l'épiderme (8) enveloppe le tout.

5. **Tige ligneuse, seconde année.** — Au retour de la belle saison, un liquide nutritif, la *séve*, élaboré par les feuilles, descend entre le bois et l'écorce, s'épaissit en cambium, s'organise et forme peu à peu, du côté du bois, une nouvelle couche ligneuse moulée sur la précédente ; du côté de l'écorce, une nouvelle couche de fibres, superposée intérieurement à la première assise de liber. Ce travail fini, le bois comprend deux zones emboîtées l'une dans l'autre, la plus vieille au dedans, la plus récente au dehors : le liber aussi comprend deux feuillets fibreux, l'ancien au dehors, le jeune en dedans. La figure 30 nous

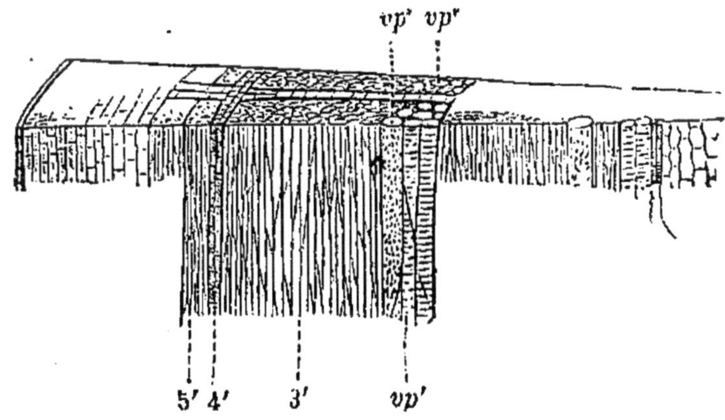

Fig. 30. — Coupe verticale des parties développées pendant la seconde année.

montre l'accroissement de la tige pendant la seconde année. Tout ce qui déborde dans la figure est de formation récente ; tout ce qui est en retrait appartient, du côté droit, au vieux bois ; du côté gauche, à la vieille écorce.

La nouvelle couche ligneuse (3′) est construite sur le modèle de la précédente. On y voit un amas serré de fibres et quelques gros vaisseaux ponctués $v\,p'$; mais les trachées y manquent, comme elles doivent manquer dans toutes les couches futures. Des rayons médulaires la traversent de part en part. L'un d'eux est figuré. Nous remarquerons que d'un côté il va rejoindre la moelle externe, mais que de l'autre il s'arrête à l'ancienne zone ligneuse, sans parvenir à la moelle centrale. Le liber, c'est-à-dire le feuillet de fibres longues et tenaces, s'est pareillement accru d'une seconde assise (5′). Enfin une couche de cambium (4′) est interposée entre l'écorce et le bois pour renouveler, l'année suivante, le même travail, et former d'un côté une zone de bois, de l'autre un feuillet de liber.

6. **Couches annuelles.** — Il y a donc, chaque année, autant pour l'écorce que pour le bois, formation d'une nouvelle assise; seulement l'assise ajoutée est disposée des deux parts en sens inverse; au dehors pour le bois, au dedans pour l'écorce. Le bois, enveloppé d'une année à l'autre d'un étui ligneux nouveau, vieillit au centre et rajeunit à la surface; l'écorce, doublée chaque année à l'intérieur d'un feuillet de liber, rajeunit au dedans et vieillit au dehors.

7. **Preuves expérimentales de la formation d'une couche ligneuse chaque année.** — Nous venons d'exposer qu'avec les matériaux fournis par le cambium, premier état d'organisation du fluide nourricier du végétal, il se forme, chaque année, une couche de bois qui se superpose aux précédentes, et un feuillet de liber qui s'ajoute à l'épaisseur de l'écorce. Ce fait peut se vérifier ainsi. Sur un arbre en sève on soulève une bande d'écorce, et contre le bois

ainsi mis à nu, une mince feuille métallique est appliquée. L'écorce est remise en place et assujettie avec des ligatures afin que la place se cicatrise. Dix années s'écoulent, supposons. On revient soulever l'écorce au même point. La feuille de métal ne se voit plus ; pour la retrouver, il faut creuser dans l'épaisseur du bois. Or, si l'on compte les couches ligneuses enlevées avant d'atteindre la lame métallique, on en trouve précisément dix, autant qu'il s'est écoulé d'années.

On connaît une foule d'observations dans le genre de la suivante. Des forestiers abattirent un Hêtre portant gravée sur l'écorce la date de 1750. La même inscription se retrouvait dans l'intérieur du bois, et, pour y arriver, il fallait franchir cinquante-cinq couches où rien n'apparaissait. Or, en ajoutant 55 à 1750, on obtient juste l'année où l'arbre fut abattu, 1805. — L'inscription gravée sur le tronc en 1750 avait traversé toute l'écorce et atteint la couche de bois la plus extérieure alors. Depuis, cinquante-cinq années s'étaient écoulées, et des couches nouvelles, exactement en nombre égal, avaient enveloppé la première. Les arbres de nos climats produisent donc une nouvelle couche ligneuse chaque année. Des expérimentations semblables appliquées au liber, établissent qu'il s'accroît par an d'un feuillet.

8. Évaluation de l'âge d'un arbre. — Sur la section du tronc d'un arbre nettement coupé, les diverses couches annuelles se dessinent assez bien et se distinguent l'une de l'autre, soit par de légères différences de teintes, soit par le groupement des vaisseaux sur la ligne de séparation de deux couches consécutives. Il suffit donc de compter le nombre de ces zones annuelles pour avoir l'âge du tronc. Jetons les yeux sur la figure 31 représentant la coupe transversale de la tige d'un jeune Chêne. Depuis la moelle jusqu'à l'écorce on compte six zones ligneuses. Les points figurés sur les limites de deux couches consécutives représentent les orifices des vaisseaux; ce sont ces orifices qui par leur ensemble tracent en général les lignes de démarcation. On compte, disons-nous, six zones concentriques; l'arbre est alors âgé de six ans. Cette règle s'applique à tous les arbres de nos régions : le nombre de couches ligneuses dont le tronc est formé donne l'âge de l'arbre. Pareillement, pour avoir l'âge d'une branche quelconque, il suffit de compter le nombre de zones ligneuses dont elle est formée.

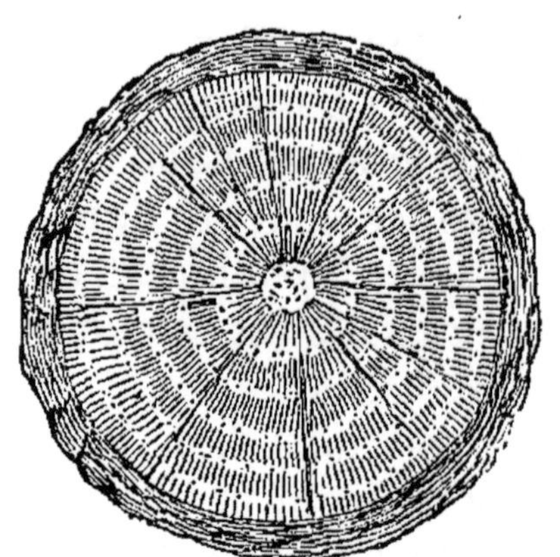

Fig. 31. — Coupe transversale d'une tige de Chêne de six ans.

9. **Renseignements fournis par les zones annuelles.** — Si le dénombrement des couches ligneuses permet d'établir la chronologie de l'arbre, leur examen permet aussi de retrouver les traits fondamentaux de son histoire. Les zones empilées dans l'épaisseur du tronc sont les feuillets d'un livre où la vie de l'arbre est écrite. Voici les principaux renseignements que fournissent ces archives végétales.

Lorsque sur un tronc coupé en travers, nous comptons cent cinquante couches ligneuses, par exemple, cela signifie que l'arbre a cent cinquante ans, puisque chaque couche correspond à une année. Connaissant l'année de son abattage, on remonte ainsi à l'année de la germination de la graine qui l'a produit.

Les diverses zones de bois n'ont pas toutes la même épaisseur, il y en a de plus larges, il y en a de plus minces. Les zones minces correspondent aux années où l'arbre a donné beaucoup de fruits, les zones épaisses aux années où il en a peu ou point donné. Si l'arbre, en effet, utilise en faveur des fruits la majeure partie des matériaux dont il peut disposer, par une balance inévitable, il doit réduire la formation du bois nouveau ; s'il les convertit, au contraire, en bois, il doit diminuer la quantité de ses fruits. Qu'un Pommier, qu'un Chêne produisent une année des fruits en abondance, et, pour balancer l'excès de matériaux dépensés, leurs tiges grossiront peu. Il y aura prospérité pour les fruits, détresse pour le bois. Aussi pour rétablir la tige dans sa force, l'arbre se repose par périodes et cesse plus ou moins de fructifier. Presque tous nos arbres fruitiers mettent une année d'intervalle entre deux récoltes abondantes; le Chêne et le Châtaignier en mettent deux ou trois; le Hêtre cinq ou six. Les arbres, au contraire, dont les semences fines exigent peu de nourriture, fructifient tous les ans, et, malgré cela, ils produisent des couches de bois toujours à peu près de la même épaisseur. Tels sont le Saule, l'Orme, le Platane, le Peuplier.

L'inégalité en épaisseur des zones ligneuses reconnaît encore une autre cause. Il y a des années de pénurie générale pour la végétation : ce sont les années de grande sécheresse. Il ne se forme alors qu'une mince zone ligneuse. Au contraire, les zones larges sont le signe des années où le sol s'est trouvé dans un état convenable d'humidité.

Au milieu des zones saines, tantôt larges, tantôt minces, d'autres peuvent se montrer brunâtres, à demi désorganisées, cariées par places. Elles correspondent aux hivers d'une exceptionnelle rigueur. Le bois de l'année, alors placé au dehors de la tige, a été frappé de mort par le froid en quelques points ; mais les années suivantes, des couches en bon état ont recouvert la zone maltraitée. Si par le dénombrement des couches, à partir de l'extérieur, on remonte à la date d'une zone désorganisée, on est sûr de trouver une année exceptionnelle par ses froids.

Une zone d'épaisseur égale dans tout son circuit annonce une végétation régulière. Rien ne gênait l'arbre, cette année, ni dans le sol, ni dans l'air ; les racines, les branches s'étendaient en liberté, et la nourriture affluait égale de partout. Une succession de zones pareilles est le signe de cet état favorable maintenu plusieurs années.

Une zone inégale, mince d'un côté, large de l'autre, dénote une végétation irrégulière. Du côté mince, l'arbre a souffert ; les racines ont rencontré un mauvais terrain, un filon caillouteux ; l'essor des branches a été entravé par des arbres voisins, l'ombre a étouffé le feuillage. Si l'inégalité des zones disparaît tout-à-coup pour faire place à la régularité, c'est que l'ordre a été rétabli. L'obstacle a été surmonté et les racines ont repris leur marche en avant ; les arbres voisins ont été abattus, et la ramée, que l'ombre étouffait, a repris sa vigueur.

10. **Influence de l'âge sur les zones ligneuses.** — Un tronc d'arbre se compose d'une suite d'étuis ligneux engaînés l'un dans l'autre. Les branches en comprennent un nombre plus ou moins grand suivant leur âge ; le tronc les comprend tous. Chacun est le produit de la végétation d'une année. L'étui ligneux de l'année présente occupe l'extérieur de la tige, immédiatement sous l'écorce ; ceux des années

passées en occupent l'intérieur et sont d'autant plus reculés vers le centre qu'ils sont de plus vieille date. La végétation future produira, d'année en année, des couches de bois qui viendront se superposer une à une à leurs aînées, et la couche superficielle actuelle se trouvera à son tour enclavée dans l'épaisseur du tronc.

De tous ces étuis ligneux, d'âge inégal, le plus nécessaire aujourd'hui, le plus actif dans le travail de la végétation, est celui de la superficie ; il met en rapport les bourgeons avec le sol où doit se puiser une grande partie de la nourriture. La destruction de cette couche amènerait inévitablement la perte de l'arbre. En leur temps, les couches de l'intérieur ont tour à tour, quand elles occupaient la surface, rempli le même rôle actif ; mais aujourd'hui leurs fonctions sont très secondaires, même nulles. Les plus voisines de la superficie conservent encore quelque aptitude au travail, et viennent en aide à la couche de l'année pour amener aux rameaux les sucs de la terre. Quant aux plus centrales, elles ont perdu à jamais toute activité ; leurs sucs se sont desséchés, leurs vaisseaux se sont obstrués, leurs fibres se sont encroûtées de ligneux et minéralisées pour ainsi dire, leur bois s'est enfin durci et rembruni. Dans leur décrépitude, elles ne prennent aucune part à l'activité de la végétation ; tout au plus par l'appui de leur bois tenace donnent-elles de la solidité à l'édifice général. L'activité vitale décroit donc de la superficie au centre du bois. A la surface, c'est la jeunesse, la vigueur, le travail ; au centre, la vieillesse, la décrépitude, l'inertie. Tandis que le bois enfoui au cœur du tronc ses couches cimentées de ligneux et mortes, l'écorce rejette au dehors ses anciennes assises qui se crevassent et tombent en grossières écailles. Au bout d'un nombre plus ou moins grand d'années la décrépitude est simultanément à la superficie de l'écorce et au centre du bois; mais sur les limites du bois et de l'écorce la vie est toujours à l'œuvre pour de nouvelles formations.

11. Aubier et bois parfait. — L'ensemble des zones ligneuses se divise ainsi en deux parts : l'une centrale, d'où la vie est entièrement retirée; l'autre extérieure, où la vie réside à des degrés divers. Ces deux parts se distinguent par une coloration différente sur la section d'une tige un peu âgée : la première est de couleur foncée, la seconde est blanchâtre. On donne à la première le nom de *cœur* ou *bois parfait*, à la seconde le nom d'*aubier* [1].

Dans l'aubier, le bois est pâle, tendre, imprégné de sucs ; c'est du bois vivant. Dans le cœur, il est fortement coloré, dur, désséché; c'est du bois mort. Ce dernier n'a plus de valeur pour la vie de l'arbre, mais il réunit des qualités qui nous le rendent précieux pour la menuiserie et l'ébénisterie. Sa coloration est plus riche que celle de l'aubier, son bois est plus compacte et à grain plus fin. L'ébène, si dure et si noire, l'acajou rougeâtre et à contexture si fine, proviennent de deux arbres dont l'aubier est mou et blanc. Le santal et le campêche, qui fournissent à la teinture des matières colorantes, sont enveloppés d'aubier incolore. Le bois que sa dureté a fait comparer au fer, et, pour ce motif nommé bois de fer, est le cœur d'un arbre dont l'aubier n'a rien de remarquable. Qui ne connait les différences de dureté et de coloration entre le cœur et l'aubier du Chêne, du Noyer, du Poirier ? **Jamais**

_____

1. Du latin · *albus*, blanc.

l'aubier ne peut être employé ni comme bois de teinture, ni comme bois d'ébénisterie; il faut l'enlever à coups de hache pour mettre à nu le cœur, où se trouvent uniquement la matière colorante et le tissu compacte. Enfin, par la forte proportion de ligneux qui encroûte ses fibres, le cœur du bois est un meilleur combustible et développe plus de chaleur en brûlant.

12. Bois blancs. — Le bois parfait débute par l'état d'aubier, et l'aubier actuel est destiné à devenir de proche en proche bois parfait, à mesure qu'il vieillit et que de nouvelles couches le recouvrent. La coloration et la dureté se propagent donc du centre vers la circonférence, tandis que de nouvelles couches blanches et tendres se forment au dehors. Dans quelques arbres, la transformation de l'aubier en bois parfait est très-incomplète; le cœur tombe en pourriture plutôt que de durcir. On les nomme *bois blancs*. De ce nombre sont le Saule et le Peuplier. Les bois blancs sont de mauvaise qualité; ils n'ont pas de consistance et se détruisent vite.

13. Arbres creux. — Parvenus à un âge avancé, les arbres, surtout ceux dont le cœur ne durcit pas, ont fréquemment la tige caverneuse. Tôt ou tard les couches intérieures, consumées par la pourriture, se réduisent en terreau, et le tronc finit par devenir creux, ce qui ne l'empêche pas de porter une vigoureuse couronne de branchage. Rien de plus étrange, au premier abord, que ces vieux Saules qui, rongés par les larves d'insectes, excavés par la pourriture, éventrés par les années, se couvrent, malgré tant de ravages, d'une puissante végétation. La singularité s'explique si l'on considère que les couches centrales sont maintenant inutiles à la prospérité de l'arbre. Elles peuvent donc être détruites par la pourriture sans que le reste de l'arbre en souffre ; il suffit que les couches extérieures se conservent saines, car là seulement réside la vitalité.

QUESTIONNAIRE.

1. Qu'est-ce que la tige ? — Qu'appelle-t-on tige annuelle ou herbacée ? — De quoi se compose-t-elle ? — **2.** Dans une tige annuelle, qu'appelle-t-on moelle centrale, moelle externe, rayons médullaires, épiderme ? — Comment sont distribués les faisceaux ligneux ? — S'il se forme de nouveaux faisceaux ligneux, où apparaissent-ils ? — **3.** Qu'est-ce qu'une tige ligneuse ? — Comment débute-t-elle ? — Quelle est sa structure à la fin de la première année ? — Où se trouvent les trachées ? — Où se trouvent les vaisseaux ? — Qu'est-ce que le cambium ? — Combien de parties comprend l'écorce jeune ? — Qu'est-ce que le liber ? — D'où vient ce nom ? — Qu'est-ce que la moelle externe ou enveloppe cellulaire ? — Qu'est-ce que la zone subéreuse ? — Qu'est-ce que l'épiderme ? — **4.** Comment sont assemblées les fibres ? — Comment sont disposés les rayons médullaires ? — De quoi se compose la moelle centrale ? — Quelle est la région occupée par les trachées ? — **5.** Que se passe-t-il, la seconde année, dans une tige ligneuse ? — Où se forme la nouvelle couche ligneuse ? — Où se forme le nouveau feuillet de liber ? — Quelle est la composition de la nouvelle couche ligneuse ? — Cette couche et les suivantes ont-elles des trachées ? — Aux dépens de quoi se forment la nouvelle couche de bois et la nouvelle couche de liber ? — **6.** Que se passe-t-il les années suivantes ? — Qu'appelle-t-on couches annuelles ? — Où se forment ces couches annuelles ? — Dans un tronc d'arbre, où se trouvent les couches vieilles, où se trouvent les couches récentes ? — Quelle est la partie la plus vieille d'un tronc d'arbre ? — Quelle est la partie la plus jeune? — 7. Par quelles expériences peut-on établir qu'il se forme, chaque année, une couche de bois? — Qu'a-t-on observé au sujet des inscriptions gravées sur des troncs d'arbres? — 8. Comment peut-on reconnaître l'âge d'un arbre? — Comment peut-on reconnaître l'âge d'une branche, d'un rameau? — 9. Que se passe-t-il au sujet des couches ligneuses dans les arbres qui produisent des fruits volumineux? — Pourquoi nos arbres fruitiers ne donnent-ils pas une abondante récolte chaque année? — Combien d'années s'écoule-t-il généralement entre deux abondantes récoltes, pour nos arbres fruitiers, pour le Chêne et le Châtaignier, pour le Hêtre? — Que se passe-t-il au sujet des couches ligneuses, dans les arbres à semences menues? — Comment une année de sécheresse se traduit-elle dans les couches ligneuses? — Comment se traduit un hiver rigoureux? — Qu'annonce une zone d'épaisseur égale? — Qu'annonce une zone d'épaisseur inégale? — 10. Que deviennent en vieillissant les zones ligneuses? — Où réside l'activité végétale du tronc? — Où sont, pour l'écorce et pour le bois, les parties décrépites? — 11. Qu'appelle-t-on aubier et bois parfait? — Comment l'aubier devient-il bois parfait? — Quelles sont les propriétés ordinaires du bois parfait? — Citez quelques exemples du bois parfait. — 12. Qu'appelle-t-on bois blancs? — 13. Expliquez comment un arbre à tronc caverneux peut cependant être très-vigoureux.

CHAPITRE IV

STRUCTURE DE L'ÉCORCE

1. Epiderme. — Nous venons de reconnaître dans l'écorce quatre couches différentes, savoir : l'*épiderme*, l'*enveloppe subéreuse*, l'*enveloppe cellulaire* ou moelle externe, le *liber*. C'est là du moins ce que l'on observe dans les tiges jeunes; mais avec l'âge des modifications profondes surviennent et quelques-unes des couches disparaissent en entier.

L'épiderme est la couche la plus extérieure de l'écorce. C'est une mince membrane transparente formée d'une seule assise de cellules étroitement assemblées entre elles. On le trouve sur toutes les tiges indistinctement, pourvu qu'elles soient assez jeunes, car son existence est temporaire. A mesure que la tige grossit, par la formation de nouvelles couches sous l'écorce, il se distend, se gerce et tombe sans se renouveler.

2. **Couche subéreuse. Liége.** — Après la chute de l'épiderme, quelques arbres ont pour enveloppe superficielle la seconde couche de l'écorce complète, autrement dit l'enveloppe subéreuse, dont le liége ordinaire, le liége des bouchons, n'est qu'une variété. A mesure que l'arbre grossit, cet étui subéreux, refoulé de dedans en dehors, se crevasse et tombe peu à peu en plaques de vieille écorce, mais de nouvelles assises subéreuses le remplacent. Dans tous les arbres la couche subéreuse est l'analogue du liége ordinaire, et se compose, comme lui, d'un tissu spongieux de cellules brunâtres.

Le liége véritable, celui que nous utilisons pour notre usage, est le produit d'un chêne particulier appelé Chêne-liége. C'est un bel arbre, toujours feuillé, comparable à l'Yeuse ou Chêne vert du midi de la France. Comme l'Yeuse, il appartient à la région méditerranéenne, mais il remonte moins vers le Nord. On le trouve particulièrement dans le Var, dans quelques parties des Pyrénées et surtout en Algérie. Il se distingue des autres Chênes par une espèce de cuirasse subéreuse qui donne au tronc un aspect boursouflé. Nous avons dans nos pays plus froids une variété d'Orme dont les jeunes tiges sont couvertes d'un liége aussi fin, aussi souple que le liége usuel, mais disposé en crêtes longitudinales, en verrues difformes dont il est impossible de tirer parti

3. Couche cellulaire. — Lorsque l'enveloppe subéreuse d'une tige quelconque multiplie activement ses cellules, et remplace les assises que la poussée de l'accroissement détache chaque année, l'arbre est couvert de véritable liége ; mais si le travail de rénovation y est peu actif ou nul, cette couche disparaît tôt ou tard, refoulée au dehors par l'expansion des couches sous-jacentes. Alors la couche cellulaire en prend la place. De ses cellules extérieures, durcies et rembrunies, il se forme un faux liége, qui tantôt s'amasse en plaques épaisses, comme le Sapin, tantôt se réduit à des feuillets renouvelés tous les ans, comme dans le Platane.

4. Liber. — D'autres fois, le liber seul est en travail. Il refoule et chasse sans retour les deux couches extérieures et revêt lui-même la tige d'un grossier tissu de fibres. Tel est le cas de la Vigne qui, tous les ans, renouvelle son écorce extérieure avec les vieux feuillets de liber et rejette l'ancienne enveloppe sous forme de loques filamenteuses.

Chez d'autres, le Chêne et le Tilleul par exemple, le liber et l'enveloppe cellulaire prennent part à la fois à la confection de l'écorce. De leur travail commun résulte une enveloppe complexe dont les parties hors d'usage se détachent du tronc en grossières écailles de cellules et de fibres associées.

5. Travail de l'enveloppe cellulaire. — Des

diverses zones de l'écorce, c'est en général l'enveloppe cellulaire qui déploie le plus d'activité, non dans ses assises externes, desséchées et converties en fourreau grossier, mais dans ses assises internes toujours pénétrées de sucs. La sève en imbibe largement le tissu spongieux et s'y transforme en substances variées. C'est, avec les feuilles, le grand laboratoire de l'arbre, où les matériaux liquides affluent pour y acquérir les propriétés nouvelles. Là s'élaborent et se tiennent en réserve des substances particulières, très variables d'une espèce végétale à l'autre et fréquemment douées de propriétés énergiques qui les font rechercher par la médecine, les arts, l'industrie. C'est là, pour nous borner à quelques exemples, que le Cannelier produit l'arome de son écorce, que le Quinquina prépare la quinine, un des médicaments les plus précieux, que le Chêne élabore son tannin, substance acerbe qui sert aux tanneurs pour rendre les peaux incorruptibles et les convertir en cuir.

6. **Vaisseaux laticifères.** — L'élaboration de ces substances est favorisée par la circulation dans des vaisseaux particuliers nommés *vaisseaux laticifères* [1]. Ils se trouvent au sein de l'écorce, à la jonction de l'enveloppe cellulaire et du liber. Ils diffèrent des vaisseaux que nous connaissons déjà autant par la forme que par le contenu. Au lieu de constituer des canaux droits, sans rapports entre eux, sans ramifications, ils se subdivisent à la manière des veines de l'animal (fig. 32), s'abouchent l'un avec l'autre et forment ainsi un réseau irrégulier dont toutes les branches communiquent.

Les vaisseaux ordinaires font partie du bois; ils

____

1. Du latin : *latex, laticis*, liquide; *fero*, je porte.

servent à l'ascension des liquides puisés dans le sol par les racines. Les vaisseaux laticifères font partie de l'écorce; ils puisent dans la séve du végétal, modifient ce liquide et se remplissent ainsi d'un fluide fréquemment d'apparence laiteuse, auquel on a donné le nom de *latex* ou de *suc propre*, parce que chaque espèce végétale en possède un de nature particulière, qui lui appartient en propre.

7. **Latex.** — Le latex est blanc comme du lait dans le Figuier, les Euphorbes, le Pavot, le Pissenlit; il est d'un jaune rougeâtre dans la Chélidoine, mauvaise herbe nauséabonde qui vient sur

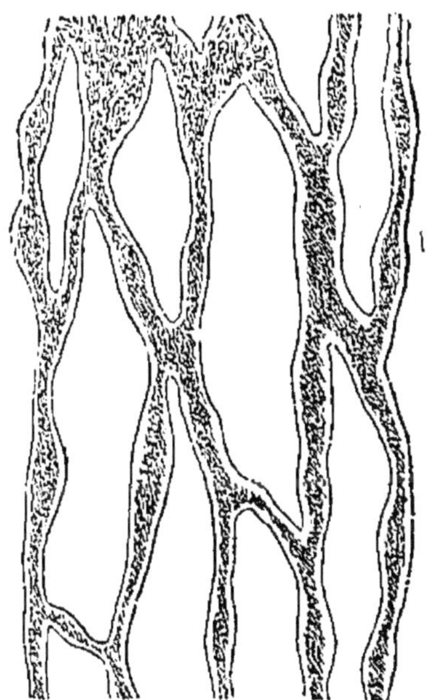

Fig. 32. — Vaisseaux laticifères.

les décombres et les vieux murs. Malgré son bel aspect laiteux, le latex est fréquemment un liquide à propriétés énergiques et même redoutables. Celui des Euphorbes est corrosif au point de mettre la bouche en feu; celui du Figuier est assez âcre pour endolorir la langue, et même les doigts délicats pendant la récolte des figues; celui du Pavot contient de l'opium, qui à faible dose endort, et à dose plus forte tue; celui de l'Antiar des Javanais est le terrible liquide avec lequel les naturels des îles de la Sonde empoisonnent leurs flèches et la pointe de leurs poignards.

Par un revirement remarquable, le latex, presque toujours vénéneux, devient dans certains cas un aliment agréable et salubre. On trouve dans l'Amérique du Sud, en Colombie, un arbre appelé vulgairement Arbre à la vache, et par les botanistes Galactodendron [1]. Quand on entaille son écorce, il s'écoule des vaisseaux laticifères ouverts un copieux liquide blanc qui, pour l'aspect, la saveur et les propriétés nourrissantes, diffère à peine du lait ordinaire. Évaporé à une douce chaleur, ce lait végétal fournit une délicieuse frangipane à légère odeur baisamique.

8. — **Caoutchouc**. — La substance la plus communément contenue dans le latex est le caoutchouc ou gomme élastique, non à l'état solide comme dans les tablettes qui nous servent à effacer le crayon, mais à l'état de dissolution. Le latex renfermant du caoutchouc dissous est visqueux ; exposé à l'air, il se prend en une masse élastique. Le lait de nos Euphorbes est dans ce cas, celui surtout des grandes espèces méridionales. Ce serait là cependant une maigre source de gomme élastique : on trouve beaucoup mieux dans divers arbres étrangers, en particulier dans les Siphonies, végétaux de la famille des Euphorbes, qui croissent à la Guyane et au Brésil : dans le Figuier élastique de l'Inde, et dans l'Urcéole élastique, arbuste de la Malaisie. Pour obtenir le caoutchouc on entaille l'écorce du tronc, et le suc laiteux qui s'écoule de la blessure est reçu dans des calebasses ou dans de grandes feuilles ployées en bonnet. Ce suc est d'abord fluide, mais il prend bientôt la consistance et l'aspect de la crême et finit par se coaguler en entier. Tandis qu'il est encore coulant, on l'applique couche par couche sur des moules en terre de la forme d'une gourde ou d'une poire ; et à mesure qu'une couche est appliquée, on la met sécher au soleil

---

1. Du grec : *gala, galactos*, lait ; *dendron*, arbre.

avant d'en ajouter une autre. Les diverses couche superposées se soudent parfaitement entre elles et forment un tout indivisible. Lorsque l'épaisseur est suffisante, on brise entre les mains le moule fragile de terre, on en fait sortir les débris par un goulot ménagé exprès et l'opération est terminée. Le caoutchouc est alors sous forme de poires creuses. D'autres fois encore on le coule simplement en feuilles plus ou moins épaisses sur des plaques de terre.

9. **Liber.** — Au-dessous de la couche cellulaire se trouve le *liber*, composé de fibres plus ou moins allongées. Ces fibres filamenteuses se groupent en faisceaux, qui se rejoignent, se séparent, se réunissent encore et forment ainsi un grossier réseau dont les mailles sont occupées par la terminaison des rayons médullaires, traversant de part en part cette couche de l'écorce. La figure 33 représente un lambeau du liber du Marronnier. En *f* sont les fibres régulièrement assemblées à côté les unes des autres; en *r* sont les rayons médullaires, qui plongent dans le bois leurs cloisons de cellules. Chaque année, aux dépens du cambium, et par

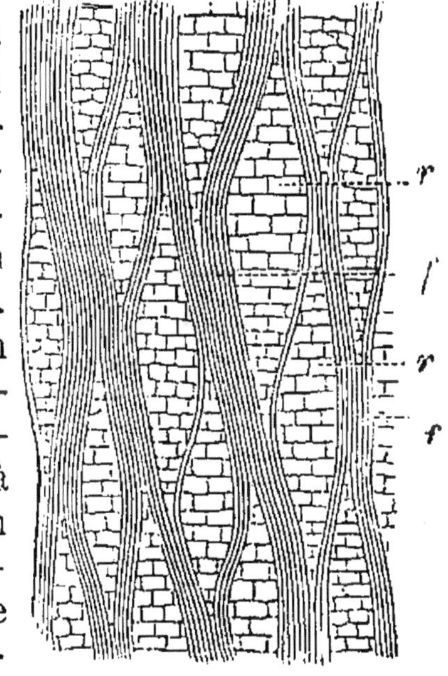

Fig. 33.— Liber du Marronnier

conséquent de la séve élaborée par l'arbre, le liber s'accroît d'une mince couche qui se superpose à l'intérieur des précédentes. De là résulte pour cette partie de l'écorce une contexture feuilletée qui a fait comparer le liber à un livre et lui a valu son nom [1].

10. Fibres textiles. — Dans quelques plantes les fibres du liber sont longues, souples et tenaces, réunion de qualités qui nous les rend précieuses pour notre usage personnel. Les tissus de luxe : batiste, tulle, gaze, dentelles, malines, sont empruntés à l'écorce du Lin ; les tissus plus forts, jusqu'à la grossière toile à sac, sont retirés de l'écorce du Chanvre. Nous passons sous silence les tissus de coton, parce que les fibres textiles du Cotonnier ne se trouvent pas dans le liber de la plante, mais forment une bourre qui remplit les coques de ses fruits.

QUESTIONNAIRE.

1. Quelles sont les quatre couches dont se compose l'écorce au complet? — Quelle est la structure de l'épiderme? — Sur quelles tiges le trouve-t-on? — Que devient-il quand la tige grossit? — 2. Une fois l'épiderme disparu, quelle est la couche superficielle de l'écorce? — Qu'est-ce que le liége? — Quel arbre produit le liége usuel? — Où se trouve le Chêne-liége? — Quel est l'aspect de son tronc? — Quel est l'arbre qui, dans nos climats, a son enveloppe subéreuse assez développée? — 3. Quelle est la couche qui forme l'enveloppe extérieure du Sapin? — D'où proviennent les écailles qui se détachent de l'écorce du Platane? — 4. De quoi est formée l'enveloppe extérieure de la Vigne? — Quelles couches prennent part à la formation de l'enveloppe extérieure dans le Chêne et le Tilleul? — 5. Dans quelle couche de l'écorce le travail vital est-il le plus actif? — Citez quelques substances élaborées dans l'enveloppe cellulaire. — 6. Qu'est-ce que les vaisseaux laticifères? — Où les

---

1. Du latin : *liber*, livre.

trouve-t-on? — Quelle est leur forme? — Que contiennent-ils? — 7. Qu'est-ce que le latex? — En général quelle est son apparence? — Que savez-vous sur le latex des Euphorbes, du Figuier, de la Chélidoine, du Pavot, de l'Antiar? — Quelles sont généralement les propriétés du latex? — Que savez-vous sur le latex de l'Arbre à la vache? — 8. Quelle est la substance la plus communément contenue dans le latex? — Y a-t-il dans nos pays des plantes dont le latex contienne du caoutchouc? — Quelles sont les principales plantes qui fournissent le caoutchouc? — En quel état est cette substance en sortant des vaisseaux laticifères? — Comment s'obtiennent les poires et les feuilles de caoutchouc? — 9. Quelle est la structure du liber? — Que présentent de remarquable ses fibres? — 10. Qu'appelle-t-on fibres textiles? — Quelles sont les deux principales plantes dont le liber nous fournit des fibres textiles? — Quels tissus fait-on avec la filasse de lin? — Quels tissus fait-on avec la filasse de chanvre?

CHAPITRE V

FORMES DE LA TIGE

1. Tige monocotylédonée. Absence d'écorce distincte. — Dans les tiges monocotylédonées, il n'y a plus de démarcation nette entre le bois et l'écorce. On trouve bien à l'extérieur des grands arbres dont les semences ont un seul cotylédon, une grossière enveloppe formée de cellules endurcies et des bases des vieilles feuilles, mais ce fourreau protecteur ne rappelle en rien l'écorce des tiges dicotylédonées; il n'en a pas la structure complexe, il fait corps avec le bois sans pouvoir se détacher isolément. Dans nos contrées nous n'avons, hors des cultures des jardins, aucun des grands arbres à un seul cotylédon ; ils sont tous propres aux pays chauds. Nous avons le Roseau, qui leur ressemble un peu. Eh bien, jamais sur le roseau nous ne parviendrons à détacher un cylindre d'écorce, ce que l'on fait au printemps avec tant de facilité sur nos divers arbres en séve. Son écorce e' son bois ne font qu'un ; ils sont inséparables. Il faut en dire autant de tous les végétaux à un seul cotylédon.

2. **Absence de zones ligneuses.** — Les tiges monocotylédonées sont, en outre, dépourvues de zones ligneuses concentriques. Au milieu d'un tissu de cellules, plongent, sans ordre, de minces paquets de fibres et de vaisseaux, ainsi que le montre le morceau de Palmier que représente la figure 34. Les ponctuations correspondent à autant de ces faisceaux ligneux ; les parties laissées en blanc sont du tissu cellulaire. Enfin la couche brune extérieure est composée de cellules endurcies et constitue une enveloppe protectrice, sans pouvoir cependant être comparée à l'écorce des végétaux dicotylédonés puisqu'elle n'est pas isolable.

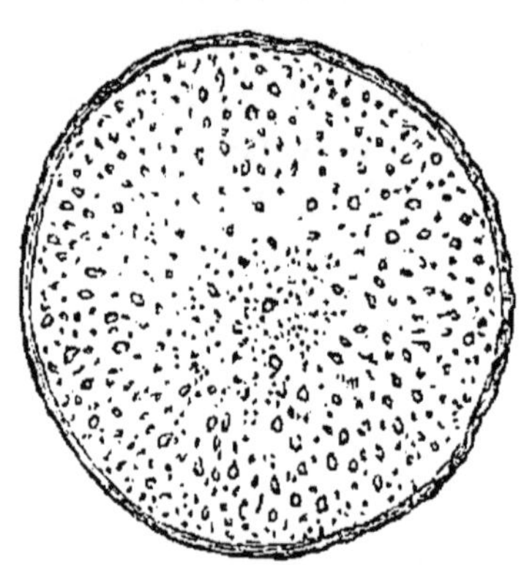

Fig. 34. — Coupe transversale de la tige d'un Palmier.

Sur la figure 35 nous constaterons que les faisceaux ligneux plongent obliquement dans la masse cellulaire et vont en se rapprochant du centre de la tige. Nous remarquerons en outre que ces faisceaux ligneux sont plus nombreux, plus serrés vers l'extérieur de la tige ; ils y sont également plus colorés Or,

comme ce sont eux qui donnent au bois sa coloration
et sa dureté, une tige de Palmier est dure et de teinte
sombre dans ses parties extérieures, tendre et de
couleur claire dans ses parties centrales. C'est préci-

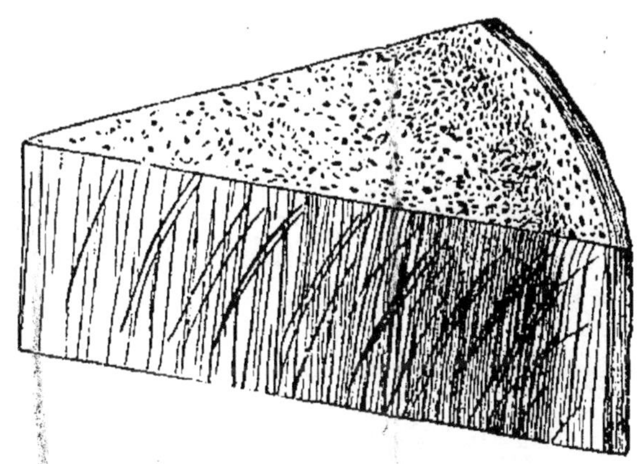

Fig. 35. — Portion de la même tige.

sément l'inverse de ce qui a lieu dans le tronc des
végétaux à deux cotylédons, dont le centre ou le
cœur est dur et fortement coloré, et dont l'extérieur,
l'aubier, est tendre et de teinte claire.

3. **Structure d'un faisceau ligneux.** — Malgré
sa disposition toute différente, la tige des Palmiers n'a
rien de nouveau dans ses matériaux premiers. Chacun de ses faisceaux ligneux comprend dans sa charpente l'ensemble des organes élémentaires d'une tige
dicotylédonée. En voici un (fig. 36) coupé d'abord en
travers, puis en long et fortement grossi. En *a* se voit
un peu du tissu cellulaire interposé entre les divers
faisceaux; en *b* se trouvent des fibres à parois épais-
sies par des couches multiples; en *c* une trachée; en
d des vaisseaux rayés; en *e* des vaisseaux laticifères,
qu'on trouve uniquement au sein de l'écorce dans les
tiges dicotylédonées. En somme, ce filament, dont il
faut des milliers pour constituer la tige d'un Palmier,

est un abrégé de la tige entière des végétaux supérieurs. Il contient à la fois les trachées du pourtour

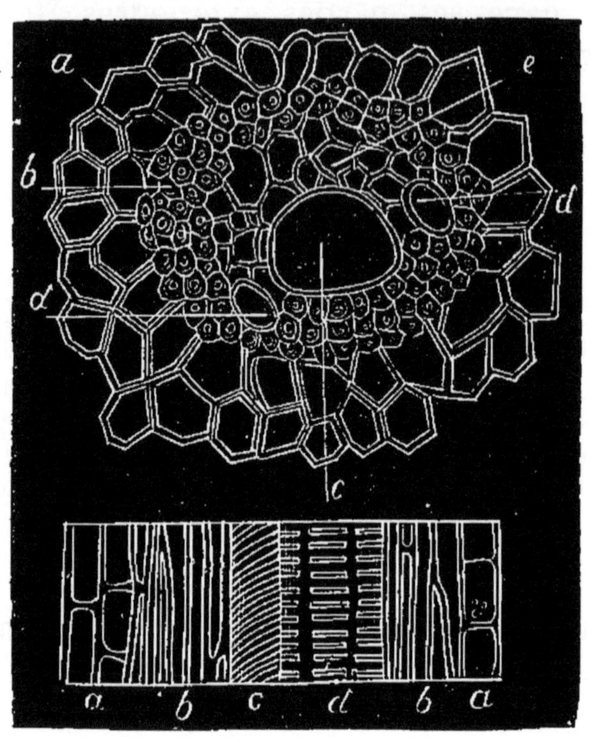

Fig. 36. — Coupe d'un faisceau fibro-vasculaire du Palmier.

de la moelle, les vaisseaux aticifères de l'écorce, les fibres à parois dures et les vaisseaux du bois.

4. Parallèle entre la tige dicotylédonée et la tige monocotylédonée. — Si nous mettons en opposition l'un avec l'autre les caractères les plus saillants d'une tige dicotylédonée et d'une tige monocotylédonée, d'un Chêne et d'un Palmier, par exemple, nous obtiendrons le tableau suivant :

Tige dicotylédonée.	*Tige monocotylédonée.*
Des zones ligneuses concentriques.	Aucune trace de zones concentriques, mais des faisceaux ligneux dispersés au milieu d'un tissu cellulaire uniformément répandu.
Des rayons médullaires.	Pas de rayons médullaires.
Une écorce distincte du bois.	Pas d'écorce distincte du bois.
Dureté et coloration du bois décroissant du centre à la circonférence.	Dureté et coloration du bois croissant du centre à la circonférence.

5. Tige des Fougères arborescentes. — Au milieu des végétaux acotylédonés, uniquement composés de cellules pour la plupart, les Fougères font une remarquable exception par leur structure ligneuse, la présence de la fibre et du vaisseau, la configuration en arbre du moins pour certaines espèces des pays tropicaux. Les Fougères de l'Europe sont

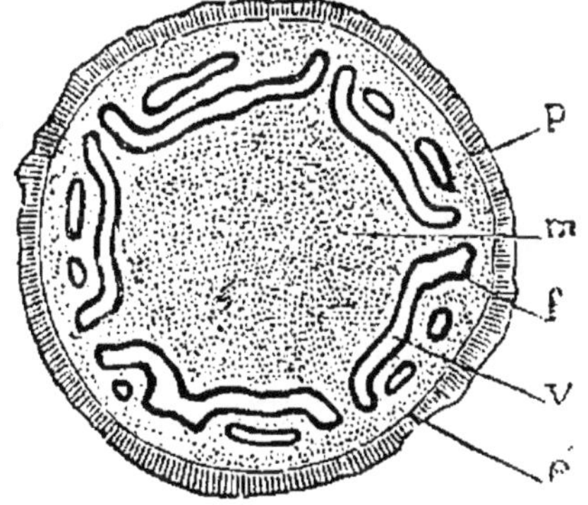

Fig. 37. —Coupe transversale de la tige d'une Fougère arborescente.

d'humbles plantes, d'une paire de mètres au plus de hauteur, souvent de quelques pouces. Leur tige est réduite à une courte souche rampant sous terre; mais dans les archipels des mers équatoriales les Fougères deviennent des arbres d'un port comparable à celui des Palmiers. Leur tige s'élance d'un seul jet à quinze ou vingt mètres d'élévation, et se couronne au sommet d'une touffe de grandes feuilles élégamment découpées.

La structure de ces tiges s'écarte beaucoup de celle des Palmiers, malgré une même apparence extérieure. Au milieu d'une masse cellulaire m, p, constituant la majeure partie de la tige, plongent des faisceaux ligneux bizarrement contournés en traits blancs bordés de noir. La partie blanche v est formée par un amas de vaisseaux; la partie noire f par des couches de fibres imprégnées d'une matière noirâtre. Une enveloppe dure e, non séparable de la tige, tient lieu d'écorce. Elle est formée par les bases des vieilles feuilles qui sont tombées à mesure que la tige s'est élevée.

Dans les souches des Fougères de nos pays on peut observer quelque chose de cette curieuse structure. C'est ainsi que la souche de la Fougère commune reproduit avec ces faisceaux ligneux noirâtres le dessin grossier d'un aigle héraldique à deux têtes.

6. **Tronc.** — On nomme tronc la tige du Chêne, du Hêtre, du Tilleul, du Sapin et en général des arbres dicotylédonés. Il diminue peu à peu de la base au sommet, supérieurement, il se divise en branches, rameaux et ramilles. Il s'accroit en diamètre par la formation annuelle d'une couche ligneuse, superposée à celles des années précédentes.

7. **Tige.** — Pour les végétaux herbacés et même les végétaux ligneux qui, par leur faible taille, ne méritent pas le nom d'arbre, on emploie simplement le mot de *tige*. Le végétal ligneux est appelé *arbrisseau* lorsque la tige, ramifiée presque au niveau du sol, s'élève à une hauteur qui peut varier de un à cinq mètres environ. Ses bourgeons sont enveloppés d'écail-

les protectrices comme dans les arbres; ses pousses
deviennent ligneuses jusqu'à l'extrémité. Tels sont le
Lilas, le Troëne. — Un *sous-arbrisseau* est un végétal ligneux qui se ramifie dès sa base et ne dépasse
guère un mètre de hauteur. Ses bourgeons sont dépourvus d'enveloppes écailleuses; l'extrémité de ses
pousses reste herbacée et périt chaque année par les
rigueurs de l'hiver. La Lavande et le Thym appartiennent à cette catégorie.

8. Stipe. — On nomme *stipe* la tige des Palmiers
et des Fougères arborescentes. C'est une élégante colonne, de port élancé, de flexibilité gracieuse, à peu
près d'égale grosseur d'un bout à l'autre et couron-
née par un grand faisceau de feuilles, au centre duquel est un gros bourgeon terminal. Ce bourgeon est
unique ; s'il périt, le Palmier décapité meurt. Le stipe
s'accroît donc en longueur sans jamais se ramifier
(fig. 38).

9. Chaume. — On réserve le nom de *chaume*
pour la tige des Graminées, c'est-à-dire des céréales, des Roseaux, des Bambous, du Maïs, du Sorgho
et des différents brins d'herbes qui, généralement,
composent le tapis de la terre, prairies, pelouses et
gazons. Une tige creuse, garnie de distance en distance de nœuds qui interrompent la cavité centrale,
des feuilles à base engaînante partant de ces nœuds,
un tissu cimenté de silice, tels sont les caractères généraux du chaume (fig. 39). Dans quelques Graminées
tropicales l'abondance de la silice est telle que le
chaume étincelle sous le briquet comme le fait la
pierre à fusil. Certains Bambous, gigantesques Graminées des pays tropicaux, ont des chaumes assez
volumineux pour que chaque tronçon compris entre
deux nœuds constitue un véritable barillet d'une

seule pièce, propre à contenir les liquides. Quelques

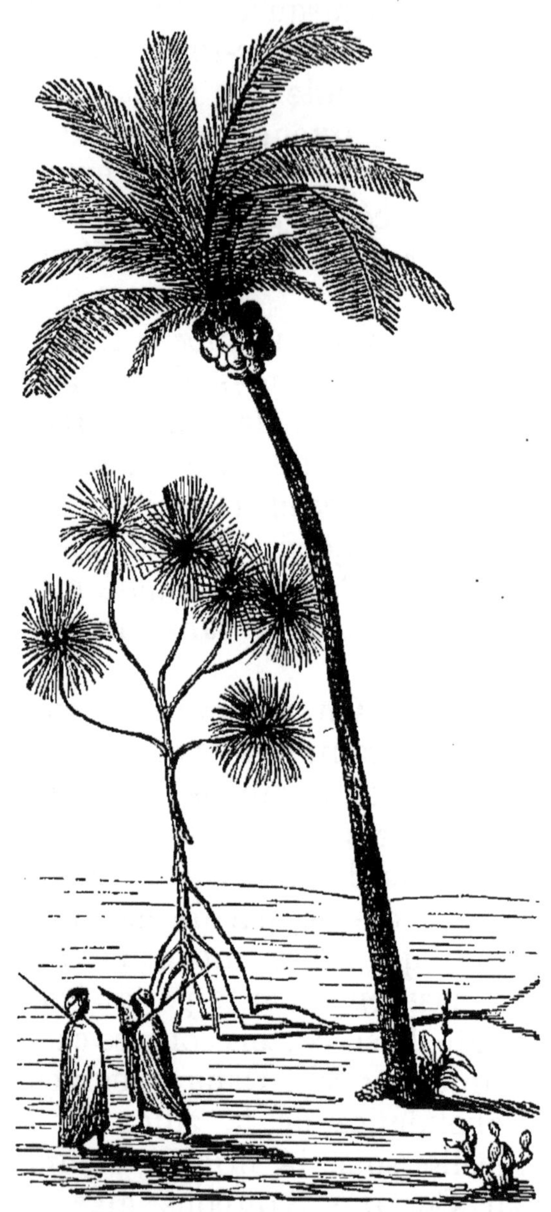

Fig. 38. — Stipe d'un Cocotier.

Graminées, comme le Maïs et le Sorgho, ont l'intérieur de leur tige rempli d'un tissu cellulaire lâche.

10. Rhizome. — De nombreuses plantes, appartenant surtout aux Monocotylédonées, possèdent des
tiges qui se développent sous terre et ont l'aspect

Fig. 39. — Chaume de Graminée

des racines, avec lesquelles il serait facile de les confondre si l'on se laissait guider par de superficielles
apparences. On leur donne le nom de *rhizomes* [1]. Telles sont les tiges souterraines de l'Iris, de l'Asperge,

1. Du grec : *rhiza,* racine ; *omes,* semblable.

du Chiendent, des Carex (fig. 40). Les rhizomes se distinguent des racines à des caractères différentiels d'une netteté parfaite. Jamais, en aucun de ses points, une racine ne porte de feuilles abritant des bourgeons;

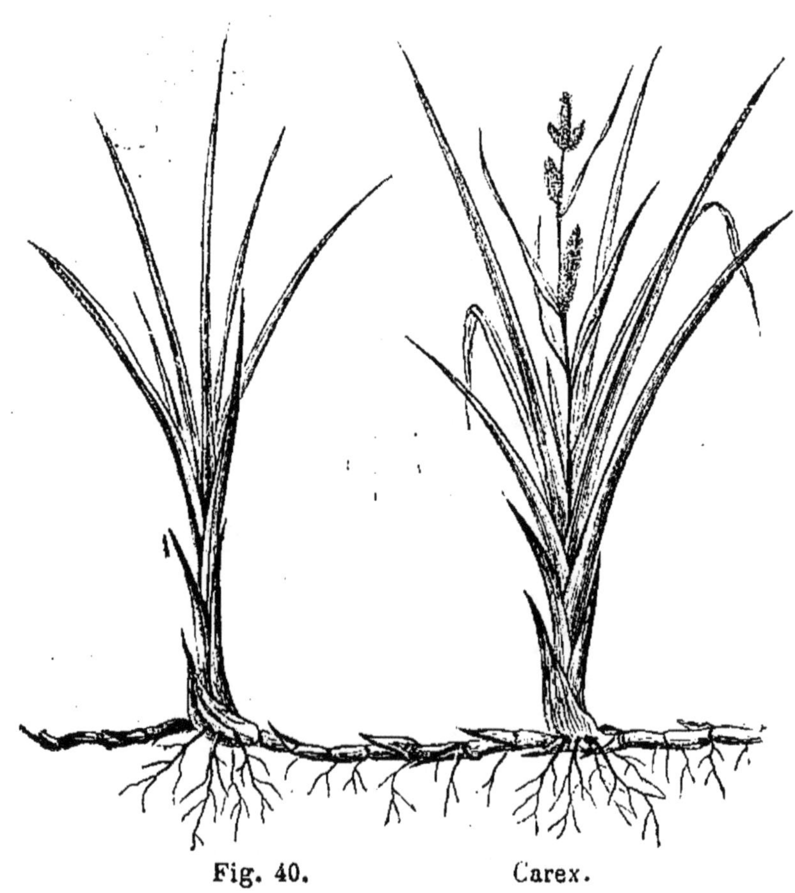

Fig. 40.   Carex.

elle ne porte pas davantage des écailles, si réduites qu'elles soient, parce que ces écailles ne sont autre chose que des feuilles rudimentaires. Mais le rhizome, en réalité véritable tige malgré son aspect de racine, se couvre des productions de la tige : il porte des feuilles, ou plutôt des écailles, ayant un bourgeon à leur aisselle. Quelles que soient les apparences, noureconnaîtrons donc une tige, un rhizome, partout où se montreront des écailles et des bourgeons.

De ces bourgeons, les uns se développent en ramifications qui restent sous terre et accroissent le rhizome; les autres donnent des pousses qui viennent à l'air libre épanouir leur feuillage et leurs fleurs. L'hiver venu, les rameaux aériens périssent en laissant une cicatrice sur le rhizome qui les a produits; mais la tige persiste sous terre à l'abri de la gelée.

11. Rhizomes des Graminées et des Cypéracées. — Deux familles de plantes appartenant aux Monocotylédonées, les Graminées et les Cypéracées, sont remarquables par le développement que parfois atteignent leurs rhizomes. Qui ne connaît le Chiendent (fig. 41), l'envahissante Graminée de nos cultures. Ses tiges souterraines, toujours s'allongeant et se ramifiant, défient la bêche et la charrue lorsqu'on veut les extirper. Dans les terrains limoneux du bord des eaux, dans les vases demi-fluides, une autre Graminée, le Roseau à balais, émet des rhizomes de la grosseur d'une corde, qui, tantôt à fleur de terre, tantôt plongeant dans les boues, parcourent une distance d'une vingtaine de mètres. Dans le sol spongieux des marais et dans les sables mouvants, certaines Cypéracées, des Carex ou Laîches, dépassent cette longueur. Enchevêtrées les unes dans les autres, croisées et recroisées en un réseau inextricable, ces ramifications souterraines forment la meilleure des charpentes pour maintenir en place un sol mouvant. Le Carex des sables est utilisé pour fixer les digues des basses plaines de la Hollande et préserver le pays des irruptions de la mer; avec ses solides rhizomes, il rend stable les terres incertaines de l'embouchure des fleuves. Une Graminée, le Psamma des sables, de concert avec le Pin maritime, a mis fin au fléau des dunes de la Gascogne, en fixant ces collines de sable mouvant.

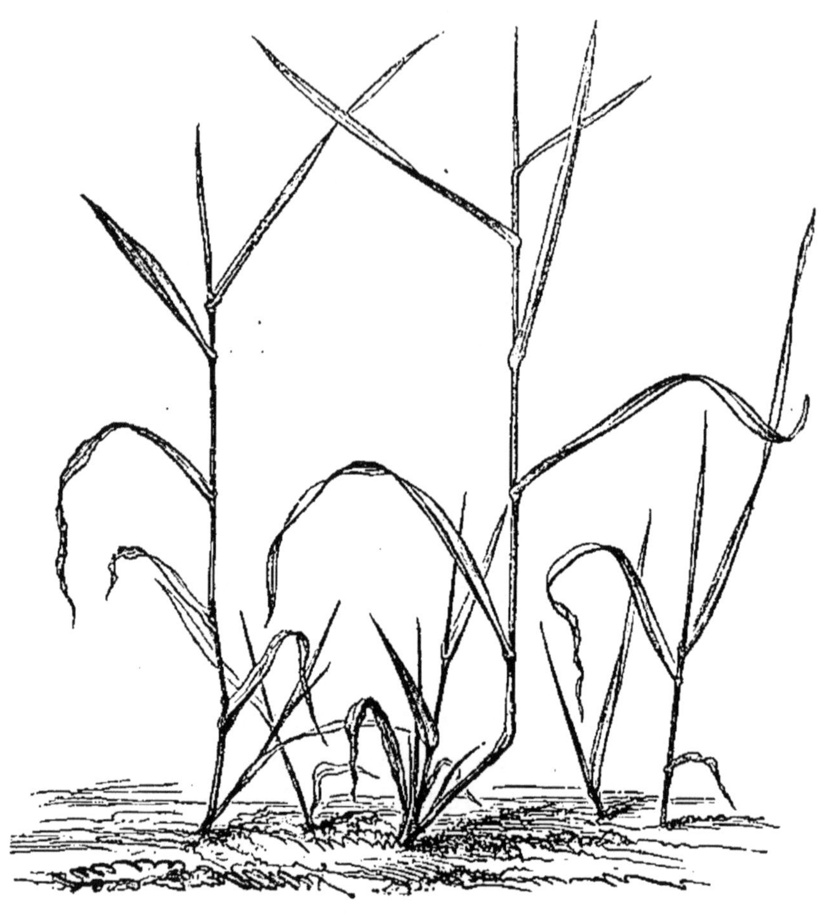

Fig. 41. — Chiendent.

12. Tiges des Cactées. — Les plus bizarres des tiges appartiennent aux Cactées, vulgairement *plantes grasses*. Des formes étranges, des tissus charnus et gonflés de suc, des bouquets d'horribles épines, des feuilles réduites à d'imperceptibles écailles ou même manquant en entier, des fleurs remarquables d'ampleur et d'abondance, tels sont les traits communs

à ces végétaux singuliers, amis des terrains les plus
stériles, les plus calcinés par le soleil du Mexique et
du Brésil. Leur tige, toujours hérissée de faisceaux
de piquants (fig. 42), est tantôt une colonne à profondes

Fig. 42. Echinocactus à dents de peigne.

cannelures longitudinales, tantôt une sphère releveé

de grosses côtes disposées en méridiens, tantôt un échafaudage de pièces aplaties ou de *raquettes* articulées l'une sur l'autre. La première forme appartient aux Cierges, la seconde aux Mamillaires, la troisième aux Opuntia, dont l'un, le Nopal, nourrit sur ses raquettes la Cochenille ou l'insecte qui nous donne le carmin ; et dont un autre, naturalisé en Algérie et en Corse, forme d'impénétrables massifs chargés du fruit aqueux et sucré, vulgairement connu sous le nom de Figue de Barbarie.

13. **Tiges sarmenteuses.** — Un des grands besoins de la tige, c'est de se dresser vers le ciel pour déployer son feuillage à la lumière du grand jour. Le plus communément les plantes se dressent par leurs propres forces, mais il en est qui ne pourraient le faire sans secours. Les unes, dites tiges *sarmenteuses*, prennent appui sur les végétaux voisins. C'est ainsi que les Lianes, courant de branche en branche dans les forêts de l'Amérique du Sud, relient les arbres entre eux par un inextricable réseau de longues guirlandes et de câbles tendus. La Vigne, étalant ses pampres sur une treille, nous donne une idée des Lianes tropicales. Dans le Midi, il n'est pas rare de voir un cep tortueux enlacer de ses replis les branches d'un Figuier et marier son feuillage et ses fruits au feuillage et aux fruits de son rapport. Comme moyen d'ascension, la Vigne fait emploi de vrilles, filaments robustes et flexibles qui s'enroulent en spirale autour du premier objet venu et y fixent le rameau.

14. **Tiges grimpantes.** — Quelques tiges, qualifiées de *grimpantes*, font encore usage de vrilles pour s'élever en s'accrochant aux objets voisins. Exemple : le Pois, la Citrouille, la Bryone, la Passiflore. Nous reviendrons plus loin sur les vrilles pour reconnaître

leur nature et leur mode d'enroulement. D'autres, sur une de leurs faces, se hérissent d'une multitude de crampons serrés l'un contre l'autre et simulant une grossière brosse. Tel est le Lierre, qui grimpe contre les arbres, les murs, les rochers les plus escarpés.

15. **Tiges volubiles.** — Certaines plantes, dépourvues de tout appareil d'escalade, vrilles ou crampons, ont recours, pour s'élever, à un artifice fort remarquable. Elles s'enroulent en serpentant autour du premier support à leur portée. On les nomme *tiges volubiles* [1]. De ce nombre sont le Houblon, le Haricot, le Liseron. Pour chaque espèce de plante volubile l'enroulement de la tige se fait dans un sens invariable. Supposons devant nous la plante enroulée autour de son support, et considérons dans la spirale une portion quelconque traversant le support en avant. Si dans cette portion la tige monte en allant de la droite vers la gauche, on dit que l'enroulement se fait de droite à gauche; si la tige monte en allant de la gauche vers la droite, on dit que l'enroulement est de gauche à droite. Le Haricot, le Liseron s'enroulent constamment de gauche à droite; constamment aussi, le Houblon (fig. 43) et le Chèvre-feuille s'enroulent de droite à gauche.

16. **Tiges traçantes.** — On nomme *tiges traçan tes* celles qui se laissent traîner à terre. Tel est le Fraisier. De la touffe-mère divers rameaux s'échappent, très-allongés, menus et rampant sur le sol. On les nomme *stolons* [2] ou *coulants*. Parvenus à une certaine distance, ils s'épanouissent à l'extrémité en

---

1. Du latin : *volubilis*, qui s'enroule. — 2. Du latin : *stolo*, rejetons venant lui-même du grec: *stellô*, j'envoie.

une petite touffe qui prend racine dans le sol et bientôt se suffit à elle-même. La nouvelle pousse du Fraisier, devenue assez forte, émet à son tour, envoie,

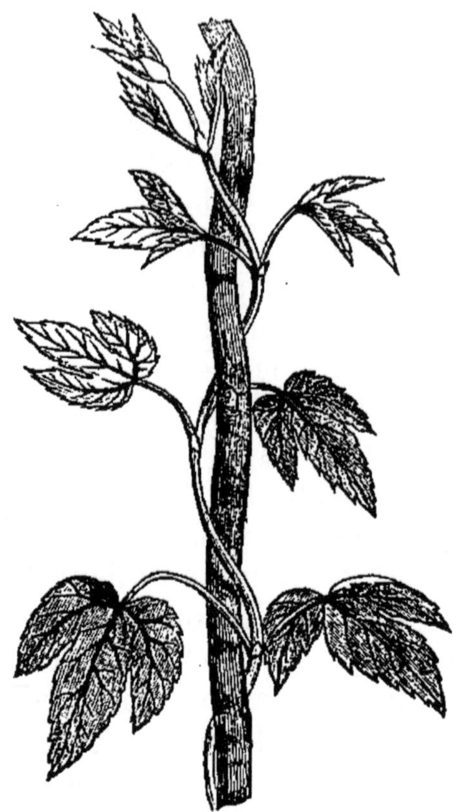

Fig. 43. — Houblon, tige volubile.

des rameaux allongés, qui se comportent comme le premier, c'est-à-dire traînent à terre, se terminent en rosettes de feuilles et s'enracinent (fig. 44). A la suite de pareilles propagations en nombre indéterminé, la plante mère se trouve environnée de jeunes rejetons, espèces de colonies végétales établies çà et là tant que le permettent la saison et la nature du sol. D'abord les rejetons sont reliés à la plante mère par les stolons ; mais une fois bien enracinés, ils deviennent autant de fraisiers distincts par la destruction des coulants. La Violette colonise aussi, comme le Fraisier, au moyen

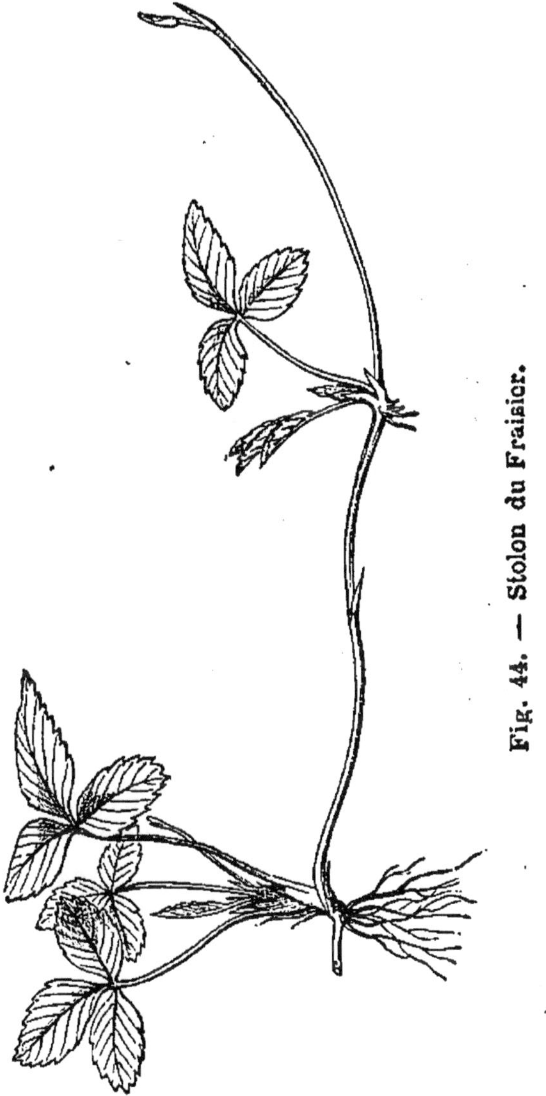

Fig. 44. — Stolon du Fraisier.

de stolons; elle étale à terre des rameaux allongés et les enracine de çà et de là.

17. **Tiges rampantes.** — D'autres tiges, dites *rampantes*, se couchent pareillement à terre et y

prennent racine, mais sans recourir aux longues cordelettes des stolons, si remarquables dans le Fraisier et la Violette. Tantôt les rameaux enracinés ne deviennent pas des plants distincts par la destruction naturelle des liens qui les rattachent à la souche primitive ; tantôt, et c'est le cas le plus fréquent, les vieilles ramifications se détruisent après avoir produit de jeunes ramifications enracinées.

En général, les plantes gênées dans leur développement vertical par des conditions atmosphériques défavorables, s'étalent à terre et émettent des ramifications rampantes pour avoir dans le sol un plus solide appui. Telles sont quelques plantes battues par les vents du large de l'Océan, telles sont surtout les plantes des régions polaires. Des pelouses monotones, composées d'un petit nombre d'espèces, couvrent le sol glacé de l'Islande, de la Laponie, du Spitzberg, du Groënland. Fouettées par l'âpre bise, qui les empêche de s'élever, les plantes restent petites, enlacées l'une à l'autre pour se prêter mutuellement appui, serrées en feutre compacte pour lutter de concert contre la rudesse du climat. Leurs ramifications, couchées par des vents continuels, s'étalent sur le sol tourbeux s'y cramponnent par de fortes racines.

QUESTIONNAIRE.

1. Y a-t-il une écorce distincte dans la tige des monocotylédonées ? — De quoi se compose l'enveloppe extérieure de la tige du Palmier ? — 2. Y a-t-il des zones ligneuses ? — Quelle est la structure d'une tige de Palmier ? — 3. De quoi se compose un faisceau ligneux de Palmier ? — 4. Mettez en parallèle la tige dicotylédonée

et la tige monocotylédonée. — 5. Quelle est la structure de la tige des Fougères arborescentes? — Que présente de remarquable la tige de notre Fougère commune? — 6. Qu'appelle-t-on tronc? — 7. Pour quels végétaux réserve-t-on le nom de tige? — Quels sont les caractères des arbrisseaux et des sous-arbrisseaux? — 8. Qu'est-ce que le stipe? — Quels sont ses caractères? — 9. Comment appelle-t-on la tige creuse des Graminées?— Quelle est la structure du chaume? — Que présentent de remarquable certains Bambous? — 10. Qu'appelle-t-on rhizome? — D'où vient ce nom? — A quels caractères distingue-t-on un rhizome d'une racine? — 11. Citez quelques Graminées remarquables par leurs rhizomes. — Citez quelques Cypéracées. — Comment sont fixées les digues de la Hollande et les dunes de la Gascogne? — 12. Quel est le nom botanique des plantes grasses? — Quels caractères présente la tige des Cactées? — Quelles sont les principales formes de cette tige? — Qu'appelle-t-on raquettes? — Citez les deux principales Cactées à raquettes. — 13. Qu'appelle-t-on tiges sarmenteuses? — Qu'est-ce que les Lianes? — A quelle catégorie de tiges appartient la Vigne? — 14. Comment appelle-t-on les tiges de la Citrouille, de la Bryone? — Avec quels organes ces plantes s'élèvent-elles? — 15. Qu'appelle-t-on tiges volubiles? — Que présentent de remarquable ces tiges? — Comment s'enroulent le Houblon et le Liseron? — 16. Quel nom donne-t-on aux tiges du Fraisier? — Qu'appelle-t-on stolons ou coulants? — Que signifie le mot stolon? — Décrivez le mode de végétation du Fraisier et de la Violette. — 17. Qu'appelle-t-on tiges rampantes? — Que présente de remarquable la végétation des contrées polaires?

CHAPITRE VI

RACINE

1. Structure. — La racine est la partie du végétal qui s'enfonce dans le sol pour y puiser divers matériaux nutritifs en dissolution dans l'eau. En sa structure elle diffère à peine de la tige; elle est formée des mêmes organes élémentaires, cellules, fibres et vaisseaux, disposés dans un ordre exactement semblable. Ainsi dans les végétaux à un seul cotylédon elle comprend des paquets de fibres et de vaisseaux disséminés dans une masse cellulaire; tandis que dans les végétaux à deux cotylédons, elle est formée d'une partie ligneuse et d'une partie corticale où se retrouvent les diverses subdivisions de la tige, zones ligneuses et rayons médullaires pour le bois, liber, couche cellulaire, couche subéreuse et finalement épiderme pour l'écorce. Ces deux parties s'accroissent en épaisseur par des couches annuelles qui se superposent absolument de la même manière que dans la tige.

2. Absence de feuilles et de bourgeons. — Son caractère différentiel le plus net consiste en l'absence de bourgeons et de feuilles. Jamais, si ce n'est dans des circonstances très-exceptionnelles, la racine ne porte de bourgeons; jamais non plus elle ne se couvre de feuilles, pas même de maigres écailles, qui sont après tout des feuilles transformées en vue de fonctions particulières.

3. Mode d'allongement. — Une autre différence bien caractérisée est fournie par le mode d'allongement. Dans toute son étendue, la tige participe à l'accroissement en longueur. Si l'on pratique des marques à sa surface, on reconnaît, après un certain temps, que la distance de l'une à l'autre s'est accrue aussi bien vers la base qu'au milieu et au sommet. La racine, au contraire, ne s'allonge que par son extrémité. On le constate en observant que les traits de repère pratiqués à sa surface conservent uniquement leurs distances respectives, excepté celui du bout terminal qui s'éloigne de plus en plus. L'extrémité de la racine est donc dans un état permanent de formation ; le tissu y est toujours jeune, exclusivement cellulaire, et de la sorte apte par excellence à s'imbiber des liquides dont le sol est imprégné.

4. Direction. — La tige et la racine ont des tendances diamétralement opposées ; à la première il faut la lumière ; à la seconde, l'obscurité. Ces tendances diverses apparaissent dès que la plante germe. A peine issue des enveloppes de la graine, la plantule dirige sans hésitation sa racine de haut en bas pour s'enfoncer dans la terre, et sa tige de bas en haut pour la conduire au grand jour. Dérangeons alors la graine de sa position, renversons-la sens dessus dessous, la racine en haut, la tige en bas. Nous verrons la jeune plante recourber en crochet sa racine et sa tige, et leur faire ainsi reprendre la direction de haut en bas pour la racine, la direction de bas en haut pour la tige. Nous recommençons l'épreuve, nous renversons une seconde fois la graine. La racine et la tige s'infléchissent une seconde fois et reviennent chacune à la direction normale. Un instinct invincible paraît les animer. En dépit de toutes les difficultés que l'expérimentateur peut leur susciter, elles reprennent, l'une sa descente, l'autre son ascension, et périssent plutôt que d'intervenir leurs directions respectives.

5. Expérience de Duhamel. — Des diverses expériences que l'on peut faire à ce sujet, en voici une
bien remarquable pratiquée par Duhamel, à qui l'on
doit de savantes recherches sur la végétation.

Un gland de chêne est semé dans un tuyau vertical
rempli de terre. La semence germe et, suivant l'habituelle loi, la jeune plante dirige sa racine en bas,
sa tige en haut. On renverse alors le tuyau, de manière que le dessus devienne le dessous et le dessous
le dessus. Bientôt la petite tige fait un coude brusque
avec sa primitive direction ; la petite racine en fait autant, et chacune reprend l'orientation conforme à ses
tendances. Autant de fois on retourne le tuyau, autant
de fois les deux parties inverses de la plante se cou-
dent et changent de direction, démontrant ainsi l'insurmontable énergie qui pousse la racine à descendre
et la tige à monter. On constate, en outre, si le tuyau
est en verre, que la racine se coude toujours vers le
côté obscur, vers le côté opposé à la lumière ; tandis
que la tige se coude vers le côté exposé au grand jour.
Lumière et ascension pour la tige, descente et obscurité pour la racine, telles sont les conditions qui font
loi.

Dans cette double tendance vers le ciel et vers la
terre, y a-t-il quelque vague discernement de la part
de la plante ; la racine et la tige sont-elles capables
de chercher et de choisir ? — N'y aurait-il pas plutôt
en action cette mystérieuse puissance qui, préposée
à la sauvegarde des êtres, fait accomplir à la moindre
créature, aveuglément, sans prévisions, des actes d'une
incomparable sagesse ? Le mammifère nouveau-né,
sans expérience acquise, sans essai préalable, sans
tâtonnements, s'attache au mamelon où il suce la vie ;
de même la plante, par un instinct qui lui est propre,

plonge obstinément la racine dans la terre, la grande mamelle des végétaux, et dresse sa tige hors du sol pour déployer ses feuilles à l'air.

6. Direction de la racine et de la tige du Gui. — La direction verticale, racine en bas et tige en haut, est suivie par le plus grand nombre de plantes ; néanmoins quelques-unes font exception mais en confirmant la loi générale d'après laquelle chaque végétal plonge sa racine dans le milieu qui doit l'alimenter et dirige sa tige en sens inverse. Dans cette catégorie se trouvent diverses plantes parasites, dont la plus connue est le Gui.

Le Gui vit aux dépens de la séve de divers arbres, en particulier de l'Amandier, du Pommier. Il plonge sa racine dans le bois de la branche nourricière, l'y incorpore solidement et désormais s'abreuve de la séve de l'arbre. Ses fruits sont des baies blanches, pleines d'un suc visqueux. Les grives, qui en sont friandes, en emportent quelquefois les graines collées aux pattes ou au bec. Un de ces oiseaux, supposons, arrive sur un Pommier, la patte engluée des baies du Gui. La grive frotte la patte contre la branche et la semence de l'arbuste parasite se trouve collée au Pommier, tantôt sur la face supérieure de la branche, tantôt sur le côté ou même sur la face inférieure, suivant la manière dont l'oiseau se sera frotté. Bientôt la graine germe au milieu de la viscosité qui la maintient en place, et, sans hésitation aucune, elle dirige sa racine contre la branche pour l'enfoncer dans le bois, de haut en bas lorsqu'elle est au-dessus, de bas en haut lorsqu'elle est au-dessous, latéralement lorsqu'elle est par côté. Quant à la tige, elle prend une direction exactement inverse.

Ici l'évidence est complète : la jeune plante se comporte comme si elle savait discerner et choisir, comme si elle reconnaissait la branche où doit plonger la racine, et l'air où la tige doit aller. Il y a donc chez les végétaux une obscure ébauche de l'instinct de l'animal. Par des moyens qui resteront, à tout jamais sans doute, le secret de l'ineffable Puissance veillant aux destinées de la Création, les plantes discernent les milieux qu'elles doivent habiter. Quelques-unes destinées à vivre en parasites dans une position quelconque, modifient la direction de leur tige et de leur racine suivant la manière dont la graine s'est trouvée placée au moment de la germination. Les autres, beaucoup plus nombreuses, destinées à vivre implantées dans le sol, dirigent invariablement leur racine de haut en bas et leur tige de bas en haut. Sous la domination de cette tendance inflexible, elles sont assurées de trouver les conditions nécessaires à leur existence : la tige en montant et la racine en descendant trouveront, la première l'air et le jour, la seconde la fraîcheur et l'obscurité.

7. **Collet.** — D'une manière générale, la racine est la partie descendante de la plante ; la tige en est la partie ascendante. La ligne idéale, assez indécise, où la plante cesse d'être tige pour devenir racine, prend le nom de *collet*.

8. **Racine pivotante et racine fasciculée.** — La racine affecte diverses formes qui se rapportent à deux types fondamentaux. Tantôt elle se compose d'un corps principal ou *pivot*, qui donne naissance à des ramifications à mesure qu'il plonge plus avant dans le sol. On lui donne alors le nom de *racine pivotante*. Cette forme appartient aux dicotylédonées (fig. 45). — Tantôt elle comprend une touffe, un faisceau (fig. 46) de divisions simples ou ramifiées, qui, nées à la même

hauteur, marchent à peu près de pair en importance. Cette forme appartient aux monocotylédonées. Néanmoins certaines plantes dicotylédonées, le Melon, par

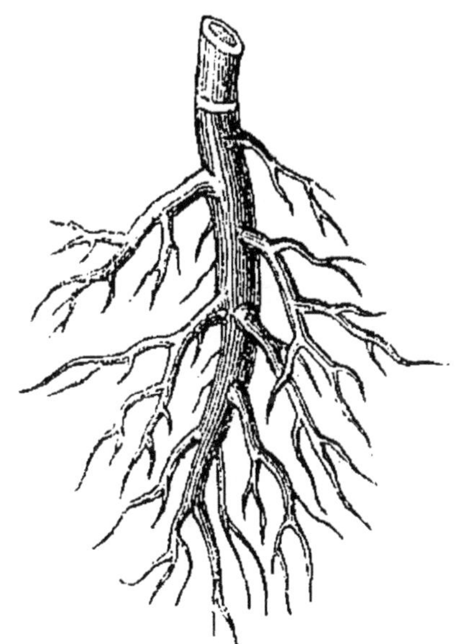

Fig. 45. — Racine pivotante.   Fig. 46.—Racine fasciculée.

exemple, perdent la racine pivotante qu'elles avaient à la germination et la remplacent par une racine fas ciculée; d'autres appartenant aux monocotylédonées comme le Lis et la Tulipe, ont aussi d'abord une racine pivotante mais qui devient plus tard fasciculée.

9. **Dimensions de la racine.** — En général, le développement de la racine est proportionné à celui de la tige. Ainsi le Chêne, l'Orme, l'Erable, le Hêtre et tous nos grands arbres ont une racine vigoureuse, profonde, pour soutenir leur énorme branchage et lui donner appui contre les coups de vent. Mais il ne manque pas d'humbles espèces dont la racine est hors de proportion avec le reste de la plante et devient un vigoureux pivot comme n'en possèdent pas d'autres végétaux bien plus développés dans leur partie

aérienne. De ce nombre sont la Mauve, la Carotte, (fig. 47), le Radis. La Luzerne donne pour support à son maigre feuillage une racine plongeant à deux et trois mètres de profondeur. La Bugrane, mauvaise herbe de nos champs, n'a qu'une tige effilée de deux ou trois pieds de longueur ; elle est cependant fixée au sol par des racines tellement longues et tenaces, qu'elles arrêtent la charrue de labour, ce qui a valu à la plante le nom vulgaire d'*Arrête-Bœuf*.

10. Transformation d'une racine pivotante en une racine rameuse. — Le pivot profond, si convenable pour donner un solide appui, devient un embarras dans la transplantation des arbres. Il faut d'abord creuser profondément pour arracher l'arbre comme pour le replanter ; il faut ensuite veiller à ne pas endommager la racine, car elle est unique, et si elle ne reprend pas la plante périra. Il serait maintenant préférable que l'arbre eût des racines fasciculées, enfouies à peu de profondeur : **on l'arracherait** sans peine, et si quelques racines périssaient dans l'opération, il en resterait d'intactes qui suffiraient pour le succès de la transplantation.

Ce résultat peut s'obtenir ; on parvient aisément à faire perdre à l'arbre sa racine à pivot et à lui faire prendre, non un faisceau régulier de racines égales dans le genre de celui des monocotylédonées, mais

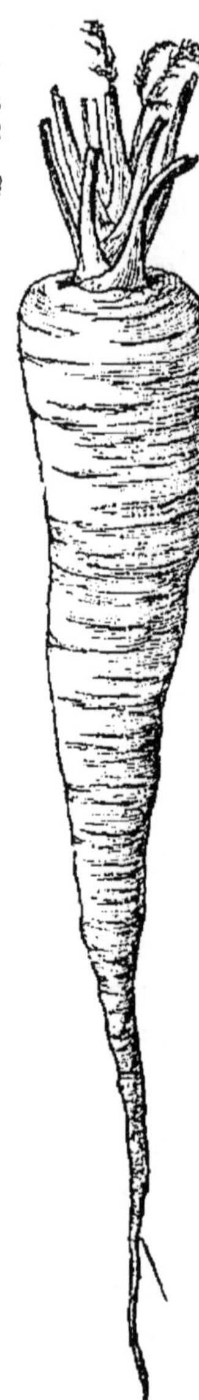

Fig. 47.
Racine pivotante
de la Carotte.

bien une racine très-rameuse et peu profonde, qui présente les avantages de la racine fasciculée sans en avoir la forme. Ainsi dans les pépinières de Chênes, où les jeunes arbres séjournent une dizaine d'années avant d'être transplantés, deux ans après le semis, on passe la bêche sous le sol pour trancher net la racine principale, qui deviendrait un robuste pivot. Le tronçon qui reste se ramifie alors horizontalement sans gagner en profondeur. On peut encore paver de tuiles le sol de la pépinière. Le pivot de l'arbuste s'allonge tant qu'il n'a pas atteint cette barrière; mais arrivé là, forcément il cesse de croître en profondeur pour se ramifier latéralement.

11. Racines adventives. — La racine dont nous nous sommes occupés jusqu'ici est primordiale, originelle; toute plante la possède à l'issue de la graine; elle apparaît dès que la semence germe. Mais beaucoup de végétaux possèdent d'autres racines qui se développent en divers points de la tige, remplacent la racine originelle quand elle vient à périr, ou du moins lui viennent en aide quand elle persiste. On les nomme *racines adventives* [1]. Leur rôle est d'une importance capitale dans certaines opérations d'horticulture que nous examinerons plus tard.

12. Exemples de racines adventives. — C'est par des racines adventives émises à leur face inférieure que les rhizomes du Chiendent, du Roseau à balais, du Carex des sables, de l'Iris, se fixent au sol; c'est encore par des racines adventives que le Fraisier et la Violette enracinent leurs rejetons épanouis à l'extrémité de longs coulants. Le Lierre escalade les rochers et les murs au moyen de brosses de crampons,

----

1. Du latin : *adventitius*, qui vient en surcroît, supplémentaire.

développés sur la face au contact avec le support ; or ces crampons sont des racines adventives, sans utilité, il est vrai, pour la nutrition de la plante tant qu'elles sont en rapport avec une surface aride ; mais si le Lierre rampe à terre, ces filaments s'allongent, plongent dans le sol et prennent la forme et les fonctions des racines réelles.

Le Tussilage (fig. 48), vulgairement nommé Pas-d'Ane à cause de la forme de ses feuilles qui figurent l'empreinte du sabot d'un âne, est une plante commune dans les terres cultivées, humides et marneuses. Ses fleurs jaunes s'épanouissent au premier printemps, bien avant que se montrent les feuilles, vertes en dessus, blanches et cotonneuses dessous. La tige du Tussilage est un rhizome qui dépérit par son extrémité vieillie, tandis qu'il s'allonge par l'autre, toujours rajeunie au moyen de nouveaux bourgeons. Ce tronçon annuel de tige, continuation du tronçon précédent en proie à la pourriture, émet des racines adventives qui remplacent la racine primordiale, depuis longtemps disparue.

13. Racines adventives de la Vanille. — Dans les forêts tropicales de l'Amérique, une plante à tige menue, remarquable par l'arome suave de ses fruits, la Vanille, vit en parasite sur les vieux troncs cariés. De là, semblable à un mince cordage couvert de feuilles charnues d'un beau vert, elle s'élance d'arbre en arbre pour sortir de l'ombre opaque de la forêt et gagner la lumière des hauteurs. Les distances qu'elle franchit ainsi finissent par devenir si considérables, que la nourriture puisée par les racines ordinaires, affluerait bien difficilement aux extrémités supérieures. La Vanille émet alors des racines adventives. Quelques-unes se fixent sur les écorces voisines, dans le terreau amassé au sein de quelque plaie mal cicatrisée ; mais

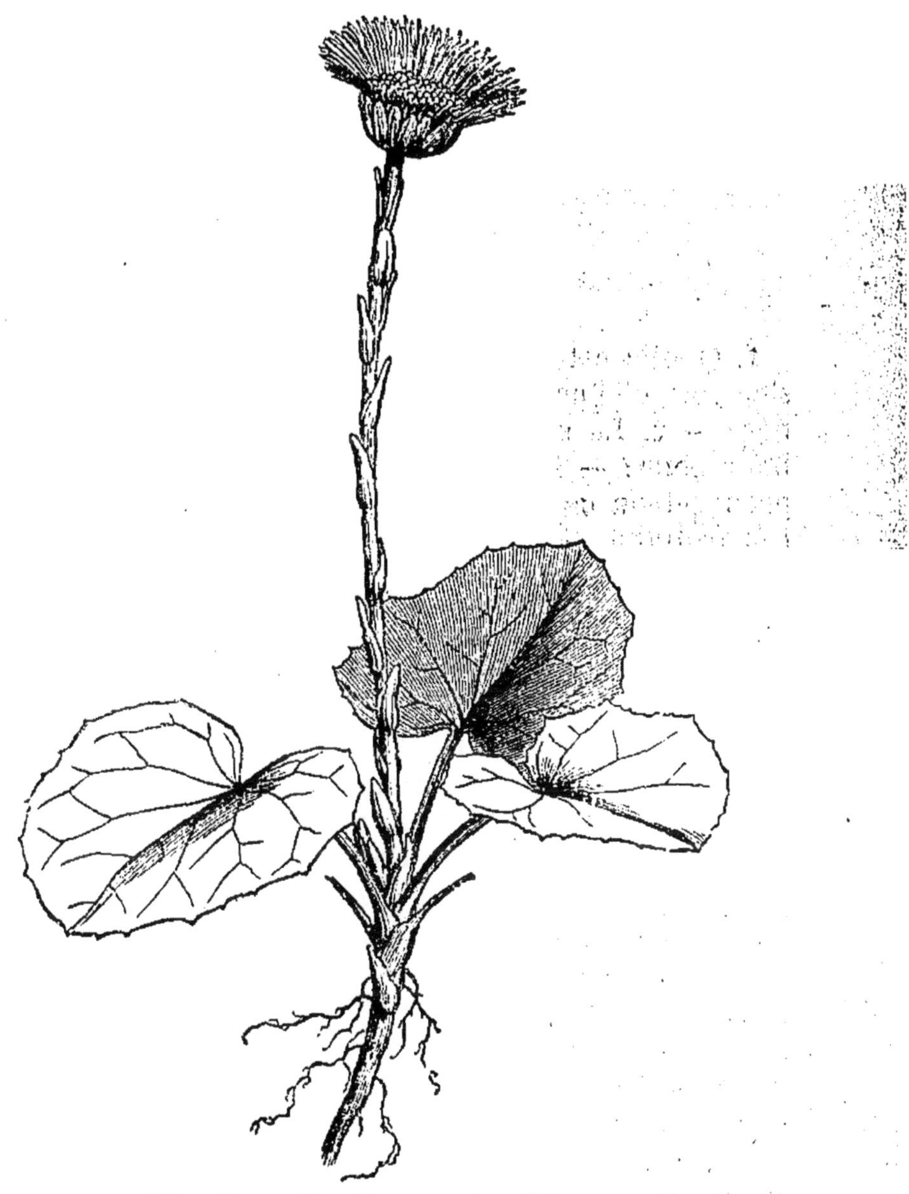

Fig. 48. — Tussilage ou Pas-d'Ane.

la plupart pendent du haut des grands arbres et flottent
dans l'atmosphère humide de la forêt. Dans cet air

attiédi, toujours saturé de vapeurs, elles s'imprègnent de l'humidité nécessaire à l'entretien de la plante. Dans nos serres, où elle est parfois cultivée, la Vanille serpente autour du premier support venu, et laisse pendre à l'air, comme dans ses forêts natales, une multitude de racines adventives.

QUESTIONNAIRE.

1. Quelle est la structure de la racine ? — Comment s'accroît-elle en diamètre dans les végétaux dicotylédonés ? — 2. La racine se couvre-t-elle de feuilles et de bourgeons ? — 3. Comment s'allonge-t-elle ? — Comment prouve-t-on ce mode d'allongement ? — Que présente de remarquable l'extrémité de la racine ? — 4. Quelle est la direction de la racine, et quelle est la direction de la tige ? — Est-il possible d'intervertir ces deux directions ? — 5. En quoi consiste l'expérience de Duhamel ? — 6. Quelle direction prend la tige du Gui ? — Y a-t-il dans les plantes comme un discernement des milieux qu'elles doivent habiter ? — 7. Qu'est-ce que le collet ? — 8. Qu'appelle-t-on racine pivotante et racine fasciculée ? — Dans quels végétaux se trouve principalement la racine pivotante ? — Dans quels végétaux se trouve principalement la racine fasciculée ? — 9. Les dimensions de la racine sont-elles toujours proportionnées aux dimensions du végétal ? — Que savez-vous sur la racine de la Luzerne, de la Bugrane ? — 10. Quels inconvénients la racine pivotante présente-t-elle pour la transplantation ? — Peut-on remplacer une racine pivotante par une racine rameuse ? — 11. Que désigne-t-on par l'expression de racines adventives ? — 12. Donnez quelques exemples de racines adventives. — Donnez quelques détails sur les racines adventives du Fraisier, du Lierre du Tussilage. — 13. Qu'est-ce que la Vanille ? — Que présentent de particulier ses racines adventives ?

CHAPITRE VII

BOURGEONS

**1. Bourgeons axillaires et bourgeons termi-
naux.** — Un bourgeon est un rameau à l'état naissant.
Prenons un rameau de Lilas ou de n'importe quel arbuste. Dans l'angle formé par chaque feuille et le rameau qui la porte, angle qu'on nomme *aisselle de la
feuille*, nous trouvons un petit corps arrondi enveloppé
d'écailles brunes. C'est là un *bourgeon*, ou comme disent
les jardiniers un *œil*. Il est destiné à devenir un rameau implanté sur le premier. Il apparaît d'abord sous
forme d'un petit globule de tissu cellulaire qui perce
l'écorce et se recouvre d'ébauches de feuilles. Puis des
vaisseaux s'y organisent, se mettent en rapport avec
ceux de la tige et le jeune rejeton
se trouve implanté sur la branche
mère.

Les bourgeons naissent en des
points fixes; il est de règle qu'il
s'en forme un à l'aisselle de chaque feuille; il est de règle encore
que l'extrémité du rameau en
porte un (fig. 49). Ceux qui sont
placés à l'aisselle des feuilles se
nomment *bourgeons axillaires* [1],
celui qui termine le rameau se
nomme *bourgeon terminal*. Ils ne
sont pas tous également vigou-
reux; les plus forts occupent le haut du rameau, les

Fig. 49. — Rameau avec
bourgeons axillaires et
bourgeon terminal.

____

1. Du latin · *axilla*, aisselle.

5.

plus faibles le bas. Les feuilles inférieures en abritent même de si petits à leur aisselle, qu'il faut un peu d'attention pour les apercevoir. Ces bourgeons chétifs dépérissent fréquemment sans se développer. Sur un rameau de Lilas on peut aisément constater ces différences de grosseur de bourgeon à bourgeon.

2. **Bourgeons adventifs.** — Les bourgeons axillaires et les bourgeons terminaux sont de formation régulière; ils apparaissent sur toute plante qui doit vivre plusieurs années, si des causes accidentelles ne mettent pas obstacle à leur production. Mais lorsque la plante est en péril, et que, pour des raisons fortuites, les bourgeons normaux font défaut ou sont insuffisants, d'autres se montrent sur tous les points de la tige indifféremment, au hasard, sur la racine même au besoin, pour reconstituer le végétal dans un état de prospérité. Ces bourgeons accidentels sont pour la partie aérienne de la plante ce que les racines adventives sont pour la partie souterraine : les périls du moment les appellent à la vie en tout point menacé. Ainsi les bords de la plaie laissée par la section d'une branche, les régions de la tige étranglées par des ligatures, les parties de l'écorce endommagées par des contusions, sont les points où de préférence ils se montrent. On les nomme *bourgeons adventifs*. Leur structure ne diffère pas de celle des bourgeons normaux. Revenons donc à ceux-ci.

3. **Bourgeons écailleux.** — Pendant toute la belle saison les bourgeons grossissent à l'aisselle des feuilles. Quand viennent les froids, les feuilles tombent, mais les bourgeons restent en place, solidement fixés sur un rebord de l'écorce ou *coussinet* situé au-dessus de la cicatrice qu'a laissée la chute de la feuille voisine (fig. 50).

Pour résister aux injures du froid et de l'humidité, ils

sont vêtus, au-dedans, de chaudes enveloppes de bourre et de duvet; au-dehors, d'un robuste étui d'écailles vernissées. Considérons, par exemple, le bourgeon de Marronnier (fig. 51). Au centre, l'ouate emmaillotte ses délicates petites feuilles; au-dehors une solide cuirasse d'écailles, disposées avec la régularité des tuiles d'un toit, l'enserre étroitement. En outre, pour empêcher l'humidité de pénétrer, les pièces de l'armure écailleuse sont goudronnées d'un mastic résineux, qui, maintenant pareil à du vernis desséché, se ramollit au printemps pour laisser le bourgeon s'épanouir. Alors les écailles, cessant d'être agglutinées l'une à l'autre, s'écartent toutes visqueuses, et les premières feuilles, hérissées de flocons d'un fin duvet, se déploient au centre de leur berceau entr'ouvert.

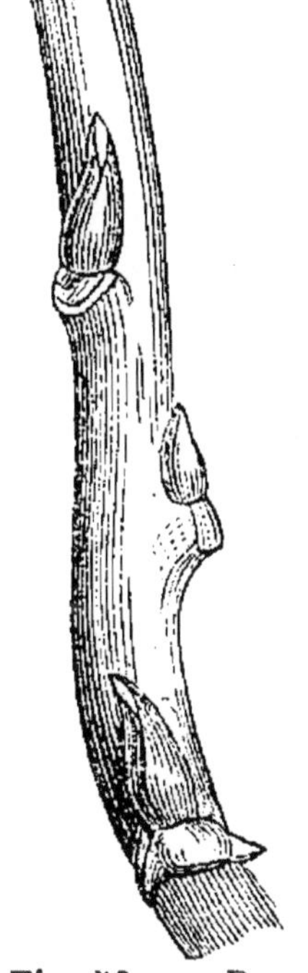

Fig. 50. — Bourgeons de Glycine après la chute des feuilles.

Presque tous les bourgeons, au moment du travail printanier, présentent, à des degres divers, cette viscosité résultant de la fusion de leur enduit résineux. Ainsi les bourgeons du Peuplier, lorsqu'on les presse entre les doigts, laissent suinter une abondante glu jaune et amère. Cette glu est diligemment récoltée par les abeilles, qui en font leur *propolis*, c'est-à-dire le ciment avec lequel elles mastiquent les fissures et crépissent les parois de la ruche, avant de construire leurs rayons.

4. **Origine des écailles.** — Si avec la pointe d'une aiguille nous séparons une à une les écailles d'un bourgeon de Groseillier ou de Rosier, nous verrons

leur forme se modifier graduellement de l'extérieur à l'intérieur et passer de l'écaille la plus simple à la feuille parfaitement reconnaissable. Les écailles des bourgeons ne sont donc autre chose que des feuilles modifiées en vue d'un usage spécial. Pour se faire un abri protecteur contre les intempéries de l'hiver, la pousse naissante métamorphose en écailles ses feuilles inférieures. Dans cette transformation quelques bourgeons utilisent la feuille entière, par exemple, ceux du Lilas ; d'autres emploient la queue de la feuille, ou même la base seule de cette queue, c'est ce que font les bourgeons du Rosier et du Groseillier.

Fig. 51.
Bourgeon de Marronnier.

5. **Préfoliation.** — Les feuilles suivantes, composant le cœur du bourgeon, ont la forme habituelle. Elles sont toutes petites, pâles, délicates et disposées d'une façon merveilleusement méthodique pour occuper le moins de place possible, et tenir toutes, malgré leur grand nombre, dans leur étroit berceau. Elles s'enroulent en cornets ou en volutes, tantôt sur un bord seul, tantôt sur les deux ; elles se plient sur elles-mêmes, soit en long, soit en large ; elles se pelotonnent, se chiffonnent, se plissent en éventail. On donne à l'arrangement des feuilles dans le bourgeon le nom de *préfoliation* [1].

6. **Bourgeons dormants.** — Les bourgeons, apparus au printemps, se fortifient pendant toute la belle saison pour rester ensuite stationnaires et pour ainsi dire dormir tout l'hiver. Il est visible que ces *bourgeons dormants*, c'est ainsi que les appelle l'arboricul-

1. Du latin : *præ*, qui marque l'antériorité ; et *folium*, feuille.

ture dans son langage imagé, destinés à supporter les chaleurs de l'été et les frimas de l'hiver, doivent être vêtus de manière à n'être pas desséchés par le soleil ou meurtris par le froid. Ils sont tous, en effet, couverts d'une enveloppe d'écailles, et portent pour cette raison le nom de *bourgeons écailleux*. Exemples : le Lilas, le Marronnier, le Poirier, le Pommier, le Cerisier, le Peuplier et à peu près enfin tous les arbres de nos pays.

7. **Bourgeons nus.** — Les plantes annuelles, comme la Pomme de terre, la Citrouille et une infinité d'autres, doivent développer leurs bourgeons en quelques mois, quelques jours, à la hâte. Ceux-ci, n'ayant pas à traverser l'hiver, ne sont jamais enveloppés d'écailles protectrices ; ce sont des *bourgeons nus*. Aussitôt apparus, ils s'allongent, déploient leurs feuilles et deviennent des rameaux participant au travail de l'ensemble. Bientôt, à l'aisselle de leurs feuilles, d'autres bourgeons se montrent pour se comporter de même, c'est-à-dire se développer sans retard en rameaux et produire à leur tour d'autres bourgeons. Et ainsi de suite, jusqu'à ce que l'hiver mette fin à cette échafaudage de générations et tue la plante entière.

Les plantes annuelles se ramifient donc rapidement. En une année, elles produisent plusieurs générations de rameaux échelonnés les uns sur les autres, tantôt plus, tantôt moins, suivant leur espèce et leur degré de vigueur. Leurs bourgeons, destinés à se développer immédiatement, sont toujours nus. Les végétaux de longue durée, les arbres, se ramifient, au contraire, avec lenteur ; ils n'ont qu'une génération de rameaux par année et leurs bourgeons, destinés à passer l'hiver, sont écailleux.

8. **Prompts bourgeons.** — Certains végétaux associent les deux genres de bourgeons : les bourgeons écailleux, qui perpétuent le végétal d'une année à l'autre malgré l'hiver, et les bourgeons nus, qui rapidement prennent part au travail général. Tels sont, par exemple, le Pêcher et la Vigne. A la fin de l'hiver, le sarment porte des bourgeons écailleux, matelassés de bourre; et les rameaux du Pêcher, des bourgeons écailleux enduits de vernis. Les uns et les autres rentrent dans la catégorie des bourgeons dormants; ils ont passé l'hiver dans leur étui de fourrures et d'écailles. Au printemps, ils s'allongent en rameaux, suivant la loi commune; en même temps, à l'aisselle de leurs feuilles, d'autres bourgeons se montrent dépourvus d'enveloppes protectrices et se développent, dans l'année, en rameaux. La Vigne et le Pêcher ont ainsi deux générations en une seule année : la première de bourgeons écailleux qui ont passé l'hiver; la seconde de bourgeons nus formés au printemps même et connus des arboriculteurs sous le nom de *prompts bourgeons*. Les ramifications provenant de ces derniers donnent enfin naissance à des bourgeons écailleux, qui dorment l'hiver et reproduisent, l'année suivante, le même ordre de faits.

9. **Taille des arbres.** — Après cet exposé de l'histoire générale des bourgeons, arrêtons-nous un moment sur quelques faits de la pratique agricole. — Sauf de bien rares exceptions, chaque feuille, avons-nous vu, porte un bourgeon à son aisselle, quelquefois même plusieurs. Or, pour ces divers bourgeons axillaires, la vigueur décroît rapidement du sommet à la base du rameau : ceux d'en haut sont puissants, ceux d'en bas sont chétifs. Les bourgeons des feuilles les plus inférieures grossissent à peine, et le plus

souvent même périssent sans pouvoir se développer. Dans certains cas cependant, par exemple, pour maintenir le branchage des arbres fruitiers dans d'étroites limites et favoriser ainsi la production des fruits aux dépens de la production du bois, il est avantageux pour nous que ces bourgeons inférieurs se développent de préférence aux bourgeons supérieurs. On arrive à ce résultat par la *taille*. Le rameau est coupé tout près de son point d'attache, de manière que le tronçon restant conserve deux ou trois bourgeons au plus. Désormais toute la vigueur de la végétation se porte sur les chétifs survivants, qui, sans l'amputation, auraient péri affamés par la concurrence des bourgeons supérieurs; les matériaux alimentaires puisés par les racines profitent à eux seuls, au lieu d'être répartis, par proportions fort inégales, à toute la lignée du rameau. Rappelés à la vie par le sécateur qui a supprimé leurs concurrents, les deux ou trois épargnés prennent force, grossissent et finalement deviennent de vigoureuses pousses productives.

10. Talles du Blé. — Le chaume du Blé porte à l'aisselle de ses feuilles inférieures des bourgeons qui, suivant les circonstances, périssent au détriment de la récolte, ou se développent en multipliant le nombre des épis. Supposons d'abord le Blé semé en automne. Dans cette saison froide et pluvieuse, la végétation est lente, la tige s'allonge peu et les divers bourgeons restent très-rapprochés l'un de l'autre, à peu près au niveau du sol. Favorisés par le voisinage de la terre humide, ces bourgeons émettent des racines adventives, qui les alimentent directement et leur procurent l'abondance que la racine ordinaire, livrée à elle seule, n'aurait pu leur donner. Ainsi stimulés par la nourriture, ils se développent en autant de chaumes terminés plus tard chacun par un épi.

Mais si le Blé est semé au printemps, l'allongement rapide, sous l'influence d'une douce température, porte les bourgeons à une trop grande élévation au-dessus du sol pour qu'ils puissent s'enraciner. La tige reste donc unique. Dans le premier cas, d'un grain de Blé semé s'élève une touffe de chaumes produisant autant d'épis; dans le second cas, la récolte est réduite à son expression la plus simple et donne, par grain semé, une seule tige, un seul épi. C'est donc un résultat d'une haute importance que ce développement des bourgeons inférieurs des céréales. Pour l'obtenir, ou comme on dit en agriculture, pour faire *taller* le Blé, il faut que les bourgeons, du moins les plus inférieurs, soient en contact avec la terre, qui provoque l'émission des racines adventives. A cet effet, peu de temps après la germination, on passe sur le champ ensemencé un rouleau de bois qui, sans meurtrir les jeunes plantes, les enterre plus profondément.

QUESTIONNAIRE

1. Qu'est-ce qu'un bourgeon? — Où se trouvent les bourgeons? — Comment débutent-ils? — Qu'appelle-t-on bourgeons axillaires et bourgeons terminaux? — Les bourgeons axillaires sont-ils tous également vigoureux? — Que deviennent habituellement les bourgeons inférieurs d'un rameau? — 2. Qu'appelle-t-on bourgeons adventifs? — En quels points apparaissent-ils de préférence? — 3. Dites la structure d'un bourgeon de Marronnier. — Que présentent de remarquable les bourgeons du Peuplier? — Quel est le rôle des écailles et de l'enduit résineux des bourgeons? — Qu'appelle-t-on propolis? — A quels usages les abeilles l'emploient-elles? — 4. D'où

proviennent les écailles des bourgeons? — La feuille entière est-elle toujours employée dans la formation d'une écaille? — 5. Qu'appelle-t-on préfoliation? — Citez quelques-uns des arrangements pris par les feuilles dans le bourgeon. — 6. Comment appelle-t-on les bourgeons qui passent l'hiver? — Pourquoi sont-ils écailleux? — 7. Comment appelle-t-on les bourgeons des plantes annuelles? — Pourquoi sont-ils nus? — Comment se ramifient les végétaux à bourgeons écailleux? — Comment se ramifient les végétaux à bourgeons nus? — 8. Que présentent de remarquable la Vigne et le Pêcher dans leurs bourgeons? — Qu'appelle-t-on prompts bourgeons? — 9. En quoi consiste généralement la taille des arbres? — Que se propose-t-on dans cette opération? — Pourquoi les bourgeons épargnés par la taille se développent-ils? — 10. Que deviennent les bourgeons inférieurs du chaume quand le blé est semé en automne? — Que deviennent-ils quand le blé est semé au printemps? — Comment provoque-t-on, même au printemps, le développement de ces bourgeons inférieurs? — Quelle expression emploie l'agriculture pour désigner le développement des bourgeons du chaume?

CHAPITRE VIII

BULBES ET TUBERCULES

1. Bourgeons fixes et bourgeons mobiles. — Tantôt les bourgeons persistent sur le rameau qui les a produits, et se développent aux points mêmes où ils se sont formés. C'est le cas de beaucoup le plus général, et celui qui nous est le plus familier. On donne à ces bourgeons qui d'eux-mêmes ne se détachent jamais de la plante mère, le nom de *bourgeons fixes*. A cette catégorie appartiennent les bourgeons écailleux ou nus, normaux ou adventifs dont il vient d'être parlé dans le précédent chapitre.

Tantôt enfin, parvenus à un certain degré de force, les bourgeons quittent la plante mère, ils se détachent d'eux-mêmes et prennent racine dans la terre pour y puiser directement la nourriture. Ces derniers sont nommés *bourgeons mobiles* ou *bourgeons caducs*, pour rappeler leur abandon de la tige natale.

Or, il est visible qu'un bourgeon destiné à se développer isolément, par ses seules et propres forces, ne peut être organisé comme celui qui n'abandonne jamais son rameau nourricier. Pour suffire à ses premiers besoins, alors que des racines capables de l'alimenter ne sont pas encore formées, il lui faut absolument des vivres emmagasinés. Tout bourgeon mobile emporte donc avec lui des provisions alimentaires.

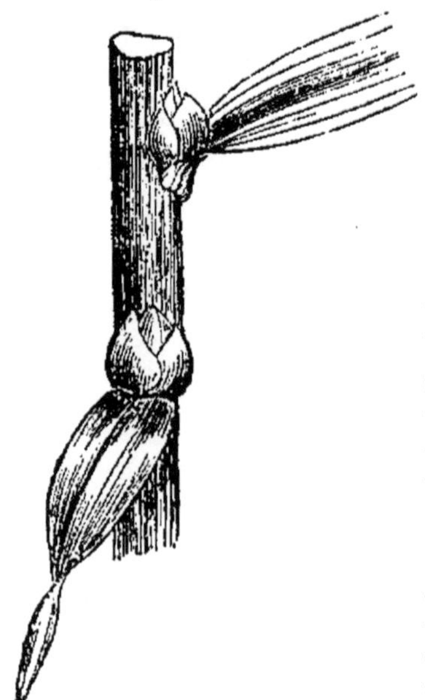

Fig. 52. — Bourgeons caducs du Lis bulbifère.

2. **Le Lis bulbifère**. — On cultive dans les jardins un joli petit Lis des hautes montagnes, le Lis bulbifère, à fleurs orangées. La figure 52 représente un fragment de sa tige, avec ses bourgeons situés à l'aisselle des feuilles. Ces bourgeons doivent passer l'hiver et se développer le printemps suivant. Ils n'ont pas cependant l'enveloppe hivernale, l'enveloppe d'écailles vernissées; ils sont revêtus, au contraire, d'écailles succulentes, très-épaisses, tendres et charnues, propres à les nourrir tout en les protégeant. Ces provisions alimentaires

les dénotent des bourgeons caducs. Et, en effet, vers la fin de l'été, ils abandonnent la plante mère; au moindre vent ils tombent d'eux-mêmes et s'éparpillent à terre, désormais livrés à leurs propres ressources. Si la saison est humide, beaucoup d'entre eux, encore en place à l'aisselle des feuilles, jettent une ou deux petites racines qui pendent à l'air comme pour se porter au-devant de la terre. Octobre n'est pas arrivé que tous ces bourgeons sont tombés. Alors la tige mère périt. Bientôt les vents et les pluies automnales les couvrent de feuilles mortes et de terreau. Sous cet abri, ils se nourrissent, tout l'hiver, des matériaux de leurs écailles charnues; ils plongent peu à peu leurs racines dans le sol, enfin, au printemps, ils étalent leurs premières feuilles vertes et chacun devient une plante pareille au Lis primitif.

3. **Bulbilles.** — On nomme *bulbilles* les bourgeons à écailles charnues, destinés à se développer seuls, indépendamment de la tige mère. Tels sont ceux du Lis bulbifère. L'Ail nous en offre un autre exemple, bien plus familier. Prenons une tête entière d'Ail. Au dehors se montrent d'abord des enveloppes blanches et arides; au-dessous d'elles se trouvent des rejetons qui s'isolent facilement tout d'une pièce. Puis viennent de nouvelles enveloppes blanches, suivies de nouveaux rejetons, de telle sorte que la tête entière est un paquet de rejetons et d'enveloppes intercalées.

Ces enveloppes sont les bases desséchées des anciennes feuilles de la plante, feuilles blanches dans leur partie souterraine qui subsiste encore, et vertes dans leur partie aérienne qui manque maintenant. A l'aisselle de ces feuilles des bourgeons se sont formés suivant la règle générale; seulement, comme ils sont destinés à se développer seuls, ils ont amassé des vivres dans l'épaisseur de leurs écailles, et c'est ce qui leur donne leur grosseur inusitée. Si l'on en fend un en long, on trouve, sous un fourreau coriace une énorme masse charnue, formant à elle seule tout le rejeton. C'est là pour la pousse naissante la réserve alimentaire. Pour multiplier l'Ail les jardiniers ne s'adressent pas à la graine, ce qui serait beaucoup plus lent; ils s'adressent aux bourgeons, c'est-à-dire qu'ils mettent en terre, un à un, les bulbilles dont les têtes se composent. Chacun d'eux, nourri d'abord des vivres en réserve, pousse racines et feuilles et devient un pied d'Ail complet.

4. **Plateau.** — Nous venons de reconnaître dans une tête d'Ail des feuilles et des bourgeons; mais où donc est la tige que tout cela suppose? — Cette tige existe, mais étrangement raccourcie, méconnaissable. Si l'on détache tous les bulbilles, il reste entre les mains un corps dur, aplati, marqué d'autant de cicatrices qu'il y a eu de bourgeons détachés. Sur ses bords, il porte le débris des vieilles feuilles ou enveloppes blanches, et, à sa base, les restes des anciennes racines. Ce corps c'est la tige, qui prend ici, à cause de son extrême raccourcissement et de sa forme aplatie, le nom de *plateau*.

5. **Bulbe.** — Si nous fendons un oignon en deux du sommet à la base, nous verrons qu'il est formé d'une suite d'écailles charnues, étroitement emboîtées l'une dans l'autre et portées sur une tige très-courte, sur un plateau pareil à celui de l'Ail. Au centre de ces écailles succulentes, feuilles transformées en réservoir alimentaire, d'autres feuilles apparaissent avec la forme et la couleur verte normale. Un oignon est donc encore un bourgeon approvisionné pour une vie indépendante, au moyen de ses feuilles extérieures

converties en écailles charnues ; aussi lui donne-t-on, à cause de sa grosseur, le nom de *bulbe* [1], dont l'expression de *bulbille* est le diminutif.

Qui n'a observé que l'Oignon, appendu au mur pour les besoins de la cuisine, s'éveille pendant l'hiver, à la chaleur de l'appartement, et du sein de ses écailles rousses jette une pousse verte. A mesure que cette pousse grandit, les écailles charnues se rident, se ramollissent, deviennent flasques et tombent enfin en pourriture pour lui servir d'engrais. Tôt ou tard, cependant, les provisions étant épuisées, la pousse dépérit à moins d'être mise en terre. Nous avons là un exemple bien connu d'un bourgeon qui se développe seul à la faveur de ses provisions.

Le Poireau (fig. 53 et 54), lui aussi, est un bulbe,

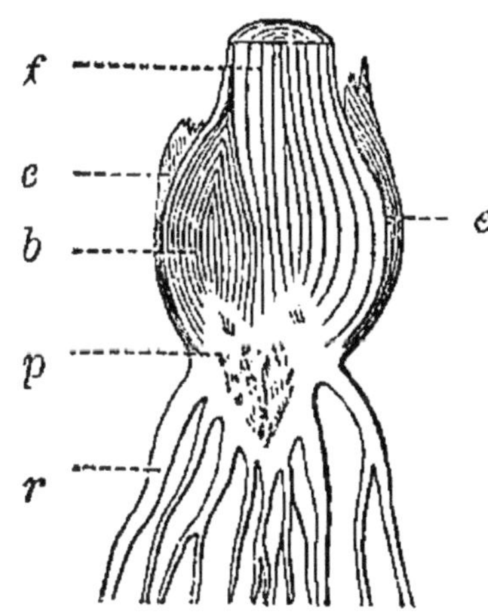
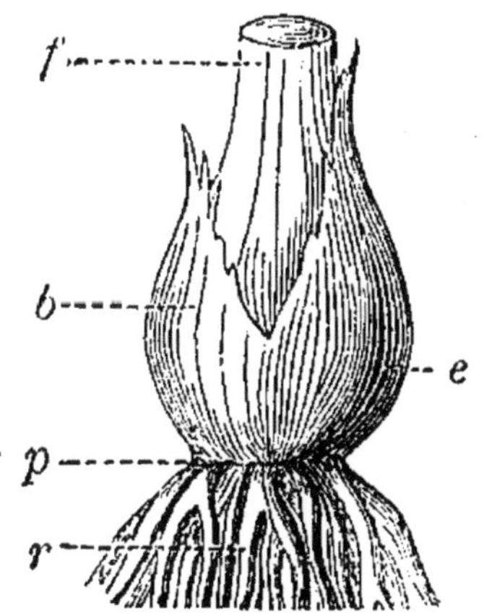

Fig. 53.
Bulbe de Poireau.

Fig. 54.
Section du même bulbe.

r, racines; — *p*, plateau ; — *b*, bourgeon ; — *e*, écailles ; — *f*, base des feuilles.

mais de forme plus élancée. Comme l'Oignon il résulte d'une série de bases de feuilles engaînées l'une

1. Du grec : *bolbos*, oignon.

dans l'autre. Les bulbes ainsi construits s'appellent *bulbes tuniqués*, parce que les feuilles charnues enveloppent le cœur des bourgeons comme autant de tuniques. On leur applique aussi à tous le nom du plus vulgaire, l'Oignon; et on les appelle indistinctement des oignons.

D'autres fois, les feuilles écailles, trop étroites pour faire le tour entier du bulbe, sont disposées à la manière des tuiles d'un toit. Le bulbe est dit alors *écailleux*. Tel est celui du Lis ordinaire, à grande fleur blanche (fig. 55).

6. **Hampe.** — Le plateau que nous avons reconnu

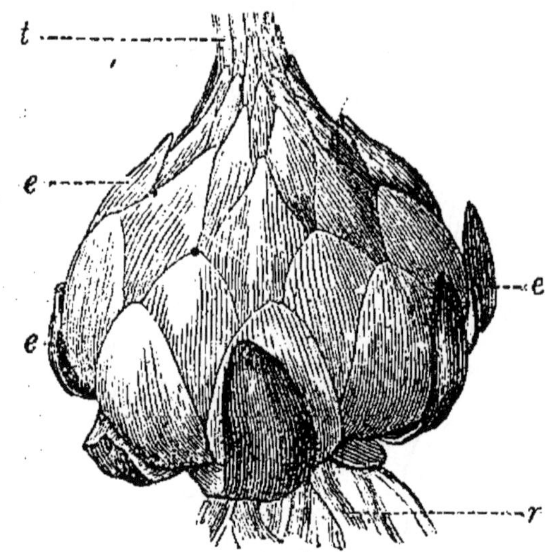

Fig. 55. — Bulbe du Lis blanc.
r, racines; — *e*, écailles; — *t*, base de la tige ou de la hampe.

dans l'Ail, l'Oignon et en général dans les bulbes, ne reste pas toujours en l'état rudimentaire. Quand le bulbe est devenu assez fort, son plateau s'allonge supérieurement en une tige aérienne couverte de fleurs mais dépourvue de feuilles, si ce n'est à la base. Cette tige florifère et sans feuilles est fréquente notamment, dans les plantes à oignon, comme la Jacinthe, le Lis le Narcisse, la Tulipe, l'Ail, le Poireau. On lui donne le nom de *hampe*. Voici, par exemple (fig. 56), un bulbe de Jacinthe ouvert. On y reconnaît les parties

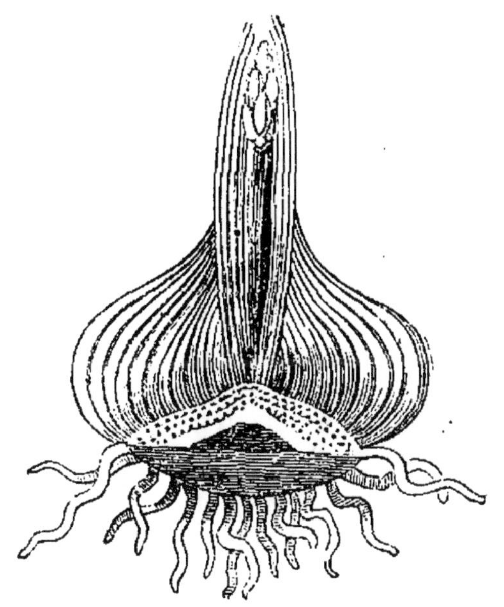

Fig. 56. — Bulbe de Jacinthe.

constituantes habituelles, savoir : des écailles charnues engainées l'une dans l'autre, une courte tige ou plateau émettant d'une part ces écailles et de l'autre des racines. Du cœur des écailles montent déjà des feuilles ordinaires, avec une grappe de fleurs en bouton. La tige de cette grappe est la continuation du plateau et doit devenir la hampe. Dans la figure 57 représentant un Perce-neige, le plateau de chaque bulbe s'est allongé en une hampe que termine une fleur unique.

7. **Tubercules.** — Certains bourgeons destinés à se développer isolément, n'emmagasinent point des provisions alimentaires, n'épaississent point leurs écailles ; mais alors la racine et le rameau, tantôt l'un, tantôt l'autre, suivant l'espèce végétale, sont chargés

de l'approvisionnement. En premier lieu considérons le rameau.

Lorsqu'il est destiné à l'alimentation future des bour-

Fig. 57. — Perce-neige.

geons qu'il porte, le rameau, au lieu de venir á l'air, où il se couvrirait de feuillage, reste sous terre, devient corpulent, difforme et ne porte que de maigres écailles brunes. On lui donne alors le nom de *tuber-*

cule [1]. Une fois les provisions faites, le tubercule se détache de la plante mère et, désormais, nourrit les bourgeons qu'il porte. Un tubercule est donc un rameau souterrain, gonflé de nourriture, ayant de minces écailles en guise de feuilles, et couvert de bourgeons qu'il doit alimenter.

8. Tubercules de la Pomme de terre. — La Pomme de terre est un tubercule. Démontrons que, malgré sa structure difforme et son séjour dans le sol, ce tubercule est réellement un rameau et non une racine, ainsi qu'on le croit d'habitude.

Une racine ne porte jamais de feuilles, ni rien qui en dérive, comme des écailles. Elle ne produit pas de bourgeons, si ce n'est dans des circonstances très-exceptionnelles. Or, à la surface d'une pomme de terre

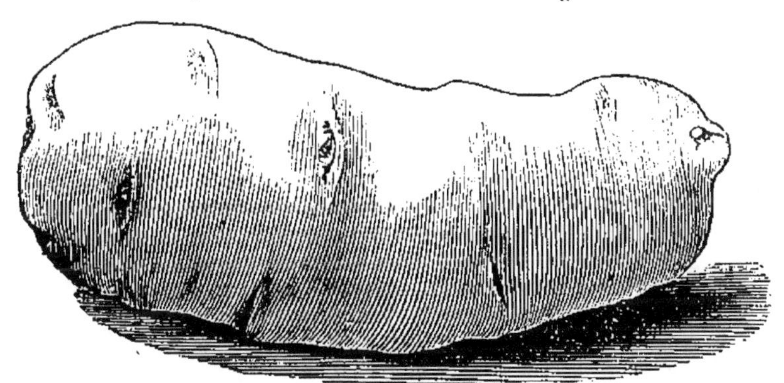

Fig. 58. — Pomme de terre avec ses yeux ou bourgeons.

(fig. 58) que voyons-nous? Certains enfoncements, des *yeux*, c'est-à-dire autant de bourgeons, car ces yeux se développent en rameaux, si la pomme de terre est placée dans des conditions favorables. Sur les tubercules vieux on les voit, dans l'arrière-saison, s'allonger en pousses ne demandant qu'un peu de soleil pour verdir et se couvrir de feuilles. La culture utilise cette pro-

1. Du latin : *tuberculum*, tumeur, excroissance.

priété. Le tubercule est coupé en quartiers, et chaque fragment mis en terre produit un nouveau pied, à la condition expresse qu'il ait au moins un œil; s'il n'en a pas, il pourrit sans rien produire. De plus, avant l'arrachage les yeux sont protégés par de petites écailles, qui se détachent facilement plus tard et passent inaperçues si l'on n'a soin de les observer sur des tubercules jeunes extraits du sol avec soin. Ces écailles sont des feuilles modifiées pour une vie souterraine, des feuilles aux mêmes titres que les enveloppes coriaces d'un bourgeon écailleux. Puisqu'elle a feuilles et bourgeons, la pomme de terre est un rameau.

Pour convertir les rameaux inférieurs en tubercules, il suffit de les enterrer, ce que l'on fait en *buttant* la plante, c'est-à-dire en amoncelant de la terre autour de son pied. Enfin, dans les années pluvieuses et sombres, on voit quelques-uns des rameaux ordinaires s'épaissir à l'air libre et devenir des tubercules plus ou moins parfaits.

Le tubercule de Topinambour dissimule moins sa nature de rameau. Les bourgeons y sont disposés deux à deux sur des nodosités, en face l'un de l'autre, tour à tour en deux sens qui se croisent, absolument comme le sont les feuilles et les bourgeons axillaires sur la tige.

9. **Bulbes solides du Safran.** — Le Safran nous offre une organisation intermédiaire entre le bulbe et le tubercule. La partie inférieure de la tige se renfle en une masse compacte féculente, en un tubercule revêtu par les bases fibreuses et engaînantes des vieilles feuilles desséchées. Sa forme est ronde et légèrement aplatie. A l'aisselle de ses minces enveloppes se trouvent des bourgeons, dont les plus vigoureux sont les supérieurs, suivant l'habituelle règle. L'amas ali-

mentaire destiné à ces bourgeons se trouve donc ici
dans la tige elle-même devenue réservoir de fécule,
et non dans les feuilles, qui restent fines et arides

Fig. 59. — Pomme de terre.

enveloppes. Sous ce rapport l'organe nourricier des
bourgeons est un tubercule. Mais d'autre part, cet organe est étroitement enveloppé par la base persistante

des vieilles feuilles, ainsi que cela se passe dans l'Oignon et dans tous les bulbes tuniqués. Sous ce nouvel aspect la partie souterraine du Safran est un bulbe. Pour rappeler ce double caractère, on lui donne le nom de *Bulbe solide*. C'est un bulbe à cause de ses tuniques ou enveloppes engaînantes, bases arides des vieilles feuilles; mais au lieu de se subdiviser en écailles charnues, ce bulbe est solide, compacte, c'est-à-dire porte la masse alimentaire dans la tige elle-même renflée en tubercule (fig. 60).

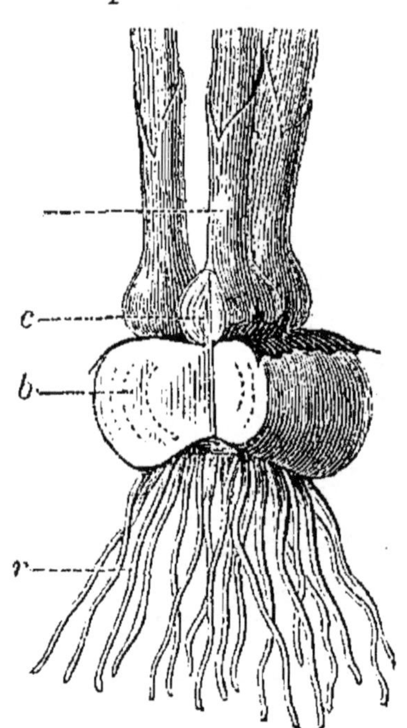

Fig. 60. — Bulbe de safran.
r, racines; — *b,* bulbe solide; — *c,* bourgeons développés en nouveaux bulbes; — *f,* feuilles.

Mis en terre, le bulbe solide du Safran émet par sa base un faisceau de racines, tandis que le bourgeon terminal se développe en feuilles et en fleurs. En même temps les bourgeons axillaires donnent un faisceau de feuilles et se renflent à la base en autant de bulbes implantés sur le premier. Pour nourrir toute cette lignée le bulbe mère graduellement s'épuise, se ride, se flétrit, et n'est plus, quand la végétation est terminée, qu'une dépouille inerte. Mais alors, enrichis de sa substance, les jeunes bulbes ont pris tout leur accroissement. Ils se séparent l'un de l'autre et recommencent chacun, l'année suivante, les mêmes phases d'évolution (fig. 61).

10. Tubercules des Orchidées. — Arrachées au

moment de la floraison, la plupart des Orchidées de
nos pays présentent à la base de la tige, pêle-mêle
avec les racines, deux tubercules ovoïdes, parfois de
la grosseur d'une noix. L'un est ferme, rebondi ;
l'autre est ridé, flasque, et cède
plus ou moins sous la pression des
doigts. Entre les deux, il n'est pas
rare de rencontrer des peaux arides, dont la mieux conservée figure
un petit sac vide et tout chiffonné ;
on peut l'insuffler par l'orifice et
lui faire prendre ainsi la forme et
la grosseur des deux tubercules.

Les trois âges sont là représentés
(fig. 62) : le passé, le présent et l'avenir. Le petit sac chiffonné, si le
temps et l'humidité du sol ne l'ont
pas détruit, représente le passé.
L'année dernière, c'était un tubercule gonflé de fécule ; il s'est vidé et
réduit à une mince peau pour nourrir sa tige et léguer sa substance
au tubercule actuel. Le présent est
représenté par le tubercule flétri,
dont la chair se ramollit, se fluidi-
fie lentement et se transvase dans
les parties de la plante de formation nouvelle. C'est aux dépens de

Fig. 61. — Safran.

sa substance que s'est nourrie la jeune tige avant
qu'elle eût des racines ; c'est aux dépens de sa substance que se gonfle le tubercule nouveau. Ce dernier,
frais, consistant, plein de vigueur, représente l'avenir ; il porte en germe la plante de l'année prochaine.
La saison finie, l'Orchis va périr ; la tige se dessé-

chera ainsi que les racines, le tubercule qui l'a nourrie ne sera plus qu'une dépouille sans valeur ; mais le second tubercule, survivant seul à la ruine de la plante, persistera sous terre et attendra le printemps pour développer son unique bourgeon en un pied d'Orchis semblable au précédent. C'est ainsi qu'au moyen de son double réservoir alimentaire, de son double tubercule, dont l'un se vide tandis que l'autre s'emplit, l'Orchis transmet d'une année à l'autre un bourgeon approvisionné, et se perpétue indéfiniment à la même place, si rien ne vient troubler cette admirable filiation.

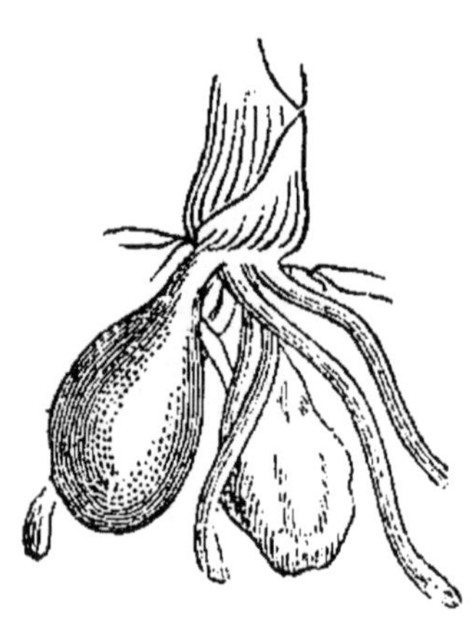

Fig.   62.
Tubercules d'Orchis.

Les tubercules successifs sont alternés dans leur arrangement, c'est-à-dire qu'ils naissent tour à tour à droite puis à gauche ; de cette manière la plante ne se déplace pas, mais oscille d'un centimètre ou deux chaque année autour de la même position moyenne. Tel pied d'Orchis que l'on rencontre solitaire en un point non fréquenté, est peut-être le descendant de centaines de générations, qui se sont succédé exactement à la même place et se sont transmis intact l'héritage tuberculaire, toujours consommé pour les besoins du présent, mais toujours reconstitué en valeur pareille pour les besoins de l'avenir.

On n'est pas d'accord sur la nature des tubercules des Orchidées ; les uns y voient des racines, les autres des rameaux souterrains. Racine ou rameau, peu importe au fond ; ce double tubercule, dont le plus vieux transvase en quelque sorte sa substance dans le plus jeune avant de périr, n'en est pas moins un exemple remarquable des moyens mis en œuvre par la plante pour assurer l'avenir à sa descendance (fig. 63).

11. Racines tubéreuses. — Dans beaucoup de végétaux, c'est fa racine qui se renfle en réservoir alimentaire pour nourrir les bourgeons de l'année suivante. Elle prend alors le nom de *racine tubéreuse*. Le Dahlia, la Carotte, la Betterave, le Navet en sont autant d'exemples. Considérons en particulier la racine du Dahlia (fig. 64).

Au premier aspect rien de plus analogue à un paquet de pommes de terre que ce faisceau de tubérosités. Mais remarquons qu'ici il n'y a pas d'yeux, comme sur les pommes de terre; qu'il n'y a pas d'écailles, provenant de feuilles transformées. Ce défaut de bourgeons et d'écailles établit que les renflements souterrains du Dahlia ne sont pas des tubercules, mais bien des racines tubéreuses. Quand surviennent les froids, le Dahlia périt dans toute sa partie aérienne; mais quelques bourgeons persistent tout à la base de la tige, avec le paquet de racines tubéreuses qui doivent les

Fig. 63. — Orchis.

alimenter l'an prochain. Ces racines sont extraites de terre et tenues au sec à l'abri des gelées. Au printemps, on divise la touffe commune en autant d'éclats qu'il y a de bourgeons dans le tronçon de tige qui la

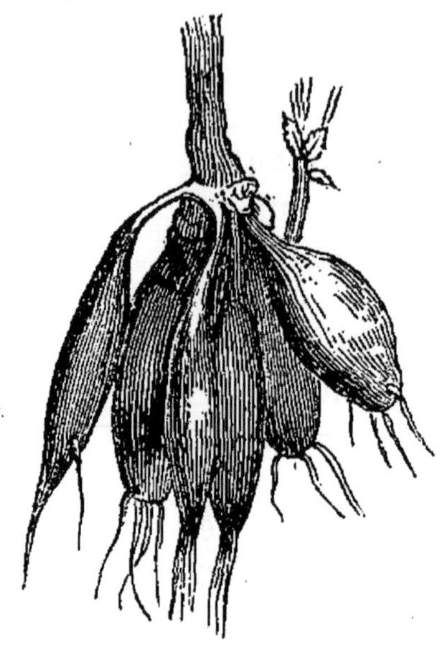

Fig. 64. — Racine de Dahlia.

surmonte; et chaque éclat pourvu d'un germe et d'au moins une racine nourricière, reproduit un pied de Dahlia.

QUESTIONNAIRE.

1. Qu'appelle-t-on bourgeons fixes? — Que veut-on entendre par bourgeons mobiles ou caducs? — Quelle condition fondamentale doivent remplir les bourgeons mobiles? — 2. Qu'est-ce que le Lis bulbifère? — Que présentent de remarquable ses bourgeons axillaires? — 3. Quel nom donne-t-on à ces bourgeons? — Quelle est la structure d'une tête d'Ail? — Que représentent les écailles blanches et desséchées? — Que représentent les

bulbilles? — Quelle est la structure de ces bulbilles? — Comment multiplie-t-on l'Ail? — 4. Où est la tige dans une tête d'Ail? — Quel nom lui donne-t-on? — 5. Quelle est la structure de l'Oignon? — Que représentent les écailles charnues? — Quel nom donne-t-on à l'Oignon? — Que signifie l'expression de bulbe? — Que présente de particulier un Oignon tenu au chaud en hiver? — Comment se fait son développement en pousse verte? — Citez d'autres exemples de bulbes pareils à ceux de l'Oignon. — Quel nom donne-t-on à ces bulbes? — D'où vient cette expression de bulbe tuniqué? — Qu'est-ce qu'un bulbe écailleux? — Citez un exemple. — 6. Que devient le plateau des bulbes parvenus à tout leur développement? — Qu'appelle-t-on hampe? — Citez des exemples de hampe. — 7. Qu'est-ce qu'un tubercule? — Quel est le rôle d'un tubercule? — 8. A quels caractères distingue-t-on un tubercule d'une racine? — Démontrez que les pommes de terre sont des tubercules. — Comment reproduit-on la Pomme de terre? — Comment peut-on convertir ses rameaux inférieurs en tubercules? — Quelle est la configuration des tubercules du Topinambour? — 9. Quelle est la structure du bulbe solide du Safran? — En quoi cet organe tient-il du bulbe et du tubercule? — Que deviennent les bourgeons de ce bulbe solide? — 10. Au moment de la floraison, en quel état sont les tubercules des Orchidées? — Que représente le sac vide? — Que représente le tubercule ridé? — Que représente le tubercule ferme? — Comment un pied d'Orchis se propage-t-il au même point d'une année à l'autre? — Y a-t-il déplacement de la plante? — Quelle est la nature de ces tubercules? — 11. Qu'appelle-t-on racines tubéreuses? — Citez des exemples. — Décrivez la racine tubéreuse du Dahlia et le mode de propagation de la plante.

CHAPITRE IX

BOUTURAGE. — MARCOTTAGE. — GREFFE

1. Bouturage. — Nous venons de reconnaître dans les bourgeons mobiles la faculté de pouvoir être séparés de la plante mère et d'émettre des racines adventives qui leur permettent de puiser directement leur nourriture dans le sol. La même faculté se retrouve dans les bourgeons fixes, mais elle doit être artificiellement provoquée par les soins de l'homme. Sur ce principe sont basées deux opérations horticoles d'une haute importance : le *bouturage* et le *marcottage*.

On nomme *bouturage* le procédé de multiplication qui consiste à détacher un rameau de la plante mère et à le placer dans des conditions où il puisse développer des racines adventives et vivre à ses propres frais. Le rameau détaché prend le nom de *bouture*, et celui de *plançon* lorsqu'il s'agit des arbres du bord de l'eau, Saules et Peupliers. Par son extrémité amputée, le rameau est mis en terre, en un lieu frais, ombragé, où l'évaporation soit lente et la température douce. L'abri d'une cloche en verre est souvent nécessaire pour maintenir l'atmosphère ambiante dans un état convenable d'humidité et empêcher le rameau de se dessécher au contact de l'air renouvelé, avant d'avoir acquis les racines qui lui permettront de réparer ses pertes. Pour plus de sûreté, si le rameau est très-feuillé, on enlève la majeure partie des feuilles inférieures afin de réduire autant que possible les surfaces d'évaporation sans compromettre la vitalité du plant, qui réside surtout dans la partie supérieure. Mais dans bien des cas ces précautions sont inutiles; ainsi pour multiplier la Vigne, le Saule, le Peuplier, on se contente d'enfoncer en terre un rameau détaché. Dans tous les cas, l'extrémité plongée dans le sol humide ne tarde pas à émettre des racines adventives, et désormais le rameau se suffit à lui-même et devient un plan indépendant.

Les végétaux à bois tendre, à tissu gorgé de sucs, sont ceux qui prennent de bouture avec le plus de facilité; tels sont le Saule, dont le bois est si mou, et le Pelargonium, habituel ornement de nos parterres, dont la tige est en majorité formée de tissu cellulaire charnu. Les végétaux à bois compacte et dur sont, au contraire, de reprise très-difficultueuse, impossible même. Ainsi le bouturage échouerait avec le Chêne, le Buis et une foule d'autres végétaux à tissu ligneux serré.

2. **Marcottage.**—Quelques plantes, et de ce nombre est l'OEillet, poussent à la base de la tige mère un grand nombre de ramifications droites et souples qui peuvent servir à obtenir autant de plants nouveaux. On couche ces rameaux en leur faisant décrire un coude que l'on fixe dans la terre avec un crochet; puis on redresse l'extrémité que l'on maintient verticale avec un tuteur. Le coude enterré émet tôt ou tard des racines adventives, et d'ici là la souche mère nourrit les rameaux. Lorsque les parties enterrées ont émis un nombre suffisant de racines adventives, on tranche les ramifications en deçà du point enraciné. Chacune d'elles, transplantée à part, est désormais un végétal distinct. Cette opération se nomme *marcottage*, et les divers plants détachés de la souche première se nomment *marcottes*. Le succès par ce procédé est mieux assuré que par le bouturage, qui

sans préparation aucune, prive brusquement le rameau de la séve fournie par la tige et l'oblige à se suffire immédiatement à lui-même.

De tout temps le marcottage a été employé pour la multiplication de la Vigne. Dans ce cas particulier, les rameaux couchés en terre se nomment *provins*, et l'opération elle-même prend le nom de *provignage*.

3. **Marcottage en vase.** —D'autres végétaux, le Laurier rose par exemple, n'ont pas assez de flexibilité dans leurs ramifications pour se prêter au couchage en terre, tel qu'il vient d'être décrit; la branche casserait si l'on essayait de la couder sous terre. Quelquefois enfin la ramification est située trop haut. Alors un pot fendu en long ou un cornet de plomb est appendu à l'arbuste, et la branche à marcotter est placée dans le pot ou le cornet suivant son axe. Le pot est ensuite rempli de terreau ou de mousse, que l'on maintient humide par de fréquents arrosements (fig. 65). Dans ce milieu toujours frais des racines adventives tôt ou tard apparaissent. On procède alors au *sevrage* du rameau, c'est-à-dire qu'on fait au-dessous du pot une section légère qu'on appro-

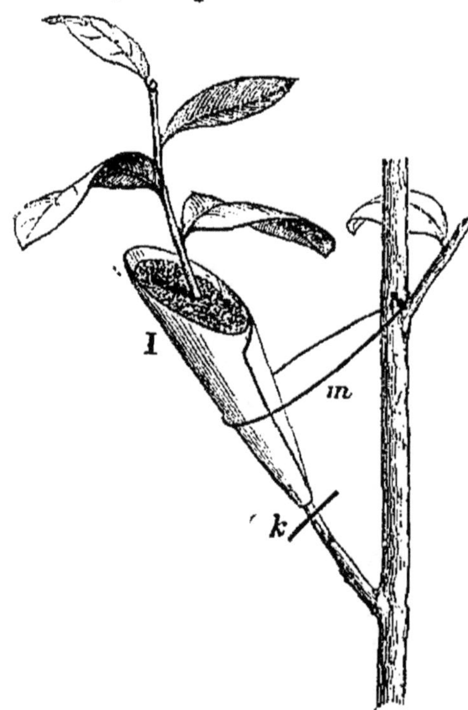

Fig. 65. — Marcottage à l'aide d'un cornet de plomb. — *I*, cornet ; *m*, lien ; *k*, point de section de la marcotte.

fondit davantage de jour en jour. On a ainsi pour but d'habituer peu à peu la plante à se passer de la tige mère et à vivre par elle-même. Enfin un coup de sécateur achève la séparation. Ce sevrage graduel est pareillement utile pour les marcottes couchées en terre; il assure le succès de l'opération.

4. Greffe. — De même qu'un bourgeon ou un rameau peut être transplanté de la tige qui le nourrissait, dans le sol où il doit lui-même puiser sa nourriture de même il peut être transplanté d'un végétal sur un autre végétal, pourvu que celui-ci lui fournisse des sucs nutritifs appropriés à sa nature. Cette transplantation d'un bourgeon ou d'un rameau d'un végétal sur un autre se nomme *greffe.*

Le végétal qui doit servir de nourricier prend le nom de *sujet,* et le bourgeon ou le rameau qu'on y implante celui de *greffe.* Une condition indispensable est à remplir pour la réussite de ce changement de support : le bourgeon transplanté doit trouver auprès de sa nouvelle branche nourricière des aliments en rapport avec ses goûts, c'est-à-dire une séve conforme à la sienne. Cela exige que les deux plantes, le sujet et celle d'où provient la greffe, soient de la même espèce ou du moins appartiennent à des espèces très-rapprochées, car la similitude de la séve et de ses produits ne peut résulter que de la similitude d'organisation. On perdrait son temps à vouloir greffer le Lilas sur le Rosier, le Rosier sur l'Oranger. Il n'y a rien de commun entre ces trois espèces végétales, ni dans les feuilles, ni dans les fleurs, ni dans les fruits. De cette différence de structure résulte infailliblement une différence profonde de nutrition. Le bourgeon de Rosier périrait donc affamé sur une branche de Lilas, le bourgeon de Lilas en ferait autant sur une branche de Rosier.

Mais on peut très-bien greffer Lilas sur Lilas, Rosier sur Rosier, Oranger sur Oranger.

Il est possible d'aller plus loin. On peut faire nourrir un bourgeon d'Oranger par un Citronnier, un bourgeon de Pêcher par un Abricotier, un bourgeon de Cerisier par un Prunier, et réciproquement; car il y a entre ces végétaux, pris deux à deux, une étroite parenté qui s'entrevoit déjà et s'accusera davantage à mesure que nos études progresseront. Il faut, en somme, pour la réussite de la greffe, la plus grande analogie possible entre les deux végétaux.

5. **Idées erronées sur la greffe.** — Les anciens étaient loin d'avoir des idées bien nettes sur cette absolue nécessité de la ressemblance d'organisation. Ils nous parlent de Rosiers greffés sur le Houx, pour obtenir des roses vertes, de Vignes greffées sur le Noyer pour avoir des raisins à grains énormes, pareils en volume à des noix. De telles greffes, et d'autres entre végétaux complétement dissemblables, n'ont jamais existé que dans l'imagination de ceux qui les ont rêvées.

6. **Conditions du succès.** — Il ne suffit pas, pour la réussite de cette délicate opération, que les deux végétaux aient entre eux une étroite analogie; il est indispensable que la greffe et le sujet soient mis en contact par leurs tissus les plus vivants et par conséquent les plus aptes à se souder entre eux. Ce contact doit donc se faire par le tissu cellulaire des deux écorces et surtout par le cambium. Et en effet, l'activité végétale réside avant tout dans les tissus jeunes qui se forment entre le bois et l'écorce. C'est là que la séve circule; c'est là que se forment de nouvelles cellules, de nouvelles fibres, pour donner d'un côté une couche d'écorce et de l'autre une couche de bois. C'est

donc là encore et seulement là que la soudure est possible entre la greffe et le sujet.

7. **Différentes espèces de greffe**. — On distingue trois principaux genres de greffe, savoir : la *greffe par approche*, la *greffe par rameaux* et la *greffe par bourgeons*. La forme donnée aux entailles et l'agencement des parties mises en contact donnent lieu, dans la pratique, à de nombreuses subdivisions qui ne sauraient trouver place ici. Bornons-nous à ce qu'il y a d'essentiel.

8. **Greffe par approche**. — La greffe par approche est l'analogue du marcottage, avec cette différence que le sol est remplacé par le végétal devant servir de support. Dans le marcottage, on provoque la formation de racines adventives soit en couchant dans la terre un rameau encore adhérant à la tige qui le nourrit, soit en lui faisant traverser un pot fendu, un cornet de plomb rempli de mousse ou de terre humide. Lorsque, sous l'influence de ce milieu nourricier, des racines ont été émises en nombre convenable, on sèvre graduellement le rameau par des entailles, et enfin on le détache de la plante mère.

Dans la greffe par approche, on se propose de même d'implanter, de faire en quelque sorte enraciner, non plus en terre mais sur un végétal voisin, un rameau, une branche, une cime d'arbre tenant encore au pied dont ils font partie. Supposons deux arbrisseaux à proximité l'un de l'autre et proposons-nous de greffer sur le premier une branche du second. On incise d'entailles correspondantes les parties qui doivent être mises en contact; on fait exactement coïncider les tissus jeunes et vivants, le cambium et le tissu cellulaire des deux écorces; au moyen de ligatures, on maintient le tout en place, et l'on abandonne

les deux blessures rapprochées au travail de la vie.
Nourrie par sa propre tige, dont elle n'est pas encore
séparée, la branche à transplanter mélange sa séve à
la séve du support; de part et d'autre des tissus s'organisent pour cicatriser les plaies, se juxtaposent, se
soudent entre eux, et tôt ou tard la branche fait corps
avec la tige étrangère. Il faut maintenant sevrer la
greffe, c'est-à-dire la priver peu à peu de l'alimentation que lui fournit sa propre tige, et l'habituer au
régime de la nourrice qu'on lui a donnée artificiellement. On y parvient, comme pour une simple marcotte, au moyen d'entailles graduelles ou de ligatures
pratiquées au-dessous de la soudure. Quand on juge
que la branche puise toute sa nourriture dans le nouveau support, on la sépare de la plante mère.

9. **Greffe en fente.** — La greffe par rameaux cor-

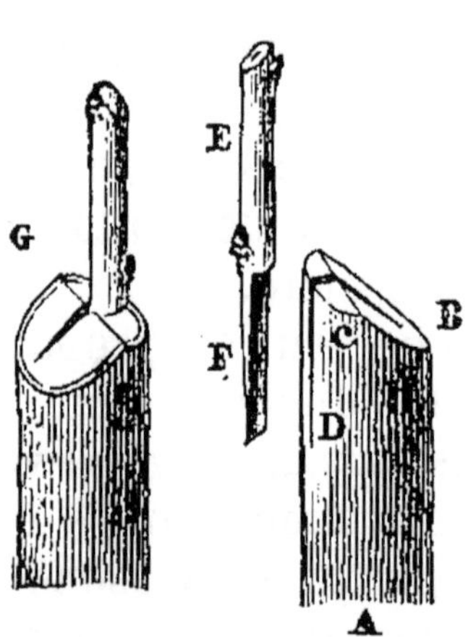

Fig. 66. — Greffe en fente.
A B, le sujet; — C D, la
fente; — E F, la greffe; —
G, la greffe en place.

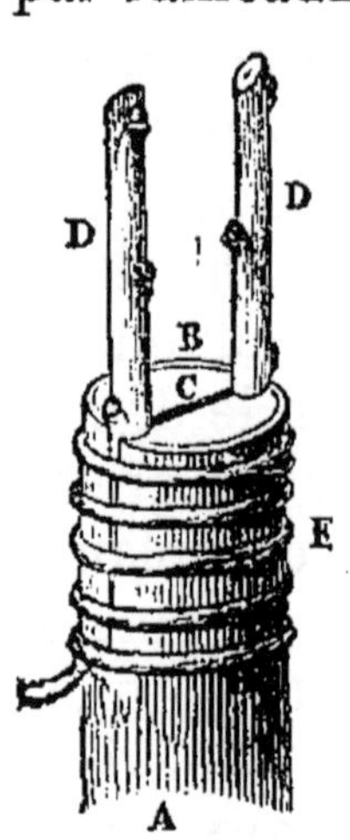

Fig. 66 *bis.*

respond au bouturage. Elle consiste à transplanter
sur une nouvelle tige un rameau détaché de sa tige

mère. La méthode la plus usitée est celle de la *greffe en fente*. — Proposons-nous, par exemple, de faire produire des poires de bonne qualité à un mauvais Poirier, venu de semis dans un jardin ou apporté de son bois natal. On tranche net la tige du sauvageon et dans le tronçon en terre on fait une profonde entaille. Puis on prend sur un Poirier d'excellente qualité, un rameau muni de quelques bourgeons. On taille son extrémité inférieure en biseau et l'on implante la greffe dans la fente du sujet, bien exactement écorce contre écorce, bois contre bois. On rapproche le tout par des ligatures et l'on recouvre les plaies de mastic, ou à son défaut de terre glaise maintenue en place avec quelques chiffons. Ainsi emmaillotté, le moignon n'a pas à souffrir de l'accès de l'air, qui le dessécherait. Avec le temps, les plaies se cicatrisent, le rameau soude son écorce et son bois à l'écorce et au bois de la tige amputée. Enfin les bourgeons de la greffe, alimentés par le sujet, se développent en ramifications, et au bout de quelques années la tête du Poirier sauvage est remplacée par une tête de Poirier cultivé, donnant des poires pareilles à celles de l'arbre qui a fourni la greffe.

Si l'on désire obtenir un arbre à ramifications plus nombreuses et si, d'ailleurs, la grosseur du sujet le permet, rien n'empêche d'implanter deux greffes dans l'entaille, l'une à chaque extrémité. Mais on ne pourrait pas en mettre davantage dans la même fente, parce que l'écorce de la greffe doit être de toute nécessité en contact avec l'écorce du sujet, afin que des deux parts le cambium mette en communication ses tissus naissants.

Si le tronc amputé est assez fort, on peut encore disposer en cercle des greffes sur le pourtour de la section, comme le représente la figure 67. La greffe est dite alors en couronne.

10. **Greffe en écusson.** — La greffe par bourgeons consiste à transplanter sur le sujet un simple bourgeon avec le lambeau d'écorce qui le porte. C'est la plus fréquemment usitée. Suivant l'époque de l'année où l'opération est faite, la greffe est dite à *œil poussant*, ou bien à *œil dormant*. Dans le premier cas, la greffe se pratique au printemps, au moment de l'éveil de la végétation, de manière que l'œil ou le bourgeon mis en place sur le sujet se soude avec lui et se développe ou *pousse* bientôt après ; dans le second cas, le bourgeon est posé de juillet en août, à l'époque de la sève

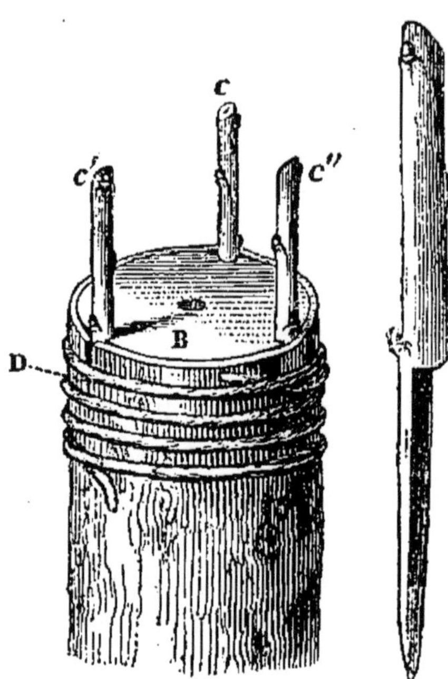

Fig. 67. — Greffe en couronne.

automnale, de sorte qu'il *dort*, c'est-à-dire reste stationnaire pendant tout l'automne et tout l'hiver, après avoir contracté adhérence avec le sujet.

Proposons-nous, comme application, de faire produire les superbes roses de nos cultures au Rosier sauvage des haies, le vulgaire Eglantier, dont les fleurs n'ont que cinq pétales, pâles, à peine teintés d'incarnat, sans odeur. Au moment de la sève d'automne, de juillet en septembre, on incise l'écorce du sauvageon d'une double entaille en forme de T (fig. 68), pénétrant jusqu'au bois mais sans l'endommager. On soulève un peu les deux lèvres de la blessure. Puis, sur un Rosier à belles fleurs, on détache un lambeau d'écorce muni d'un bourgeon, lambeau qu'on nomme *écusson*.

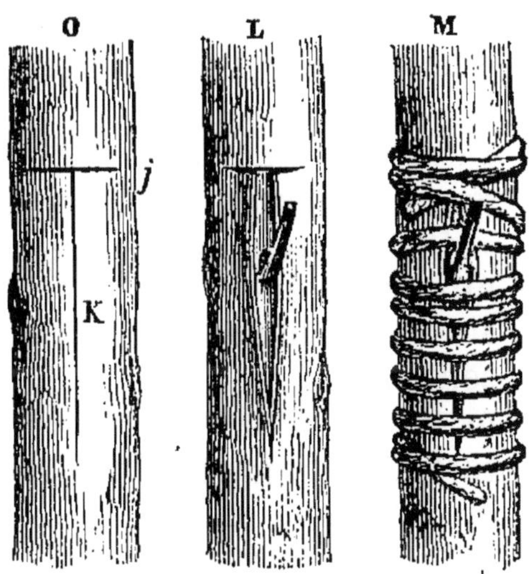

Fig. 68. — Greffe en écusson.

On a soin de bien enlever le bois qui pourrait adhérer à la face intérieure de l'écusson, tout en respectant l'écorce, le tissu verdâtre surtout qui forme la couche interne. Enfin l'on introduit l'écusson entre l'écorce et le bois du sujet et l'on rapproche les lèvres de la plaie au moyen d'une ligature, de manière que l'écusson soit bien appliqué contre le bois du sujet. Le printemps suivant, le bourgeon transplanté adhère à sa nouvelle nourrice, que l'on ampute alors au-dessus de la greffe. Dans peu de temps, l'Eglantier se couvre de nos magnifiques roses cultivées. C'est ce qu'on nomme la *greffe en écusson*.

11. Greffe en flûte. — Pour la greffe *en flûte* ou *en sifflet*, on incise transversalement l'écorce en dessus et en dessous d'un bourgeon, puis entre les deux traits on pratique une incision longitudinale. Le cylindre d'écorce est alors enlevé tout d'une pièce, si l'opération se fait au moment de la séve. Sur le sujet, d'égale grosseur, on enlève un cylindre pareil et on le remplace par le cylindre portant le bourgeon que l'on veut transplanter. Enfin des ligatures et du mastic rapprochent et recouvrent les parties mal jointes.

12. **Action des soins de l'homme sur les végétaux.** — Nous connaissons maintenant, en ce qu'ils ont d'essentiel, les trois modes de propagation usités en culture : le marcottage, le bouturage et la greffe. Pour bien comprendre la haute utilité de ces opérations, informons-nous de l'origine de nos végétaux cultivés.

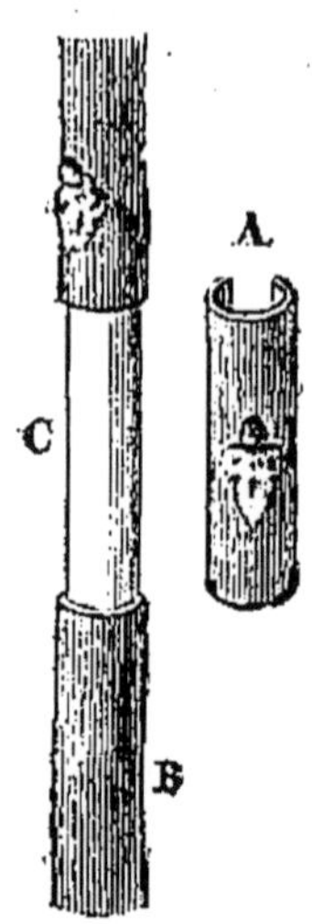

Fig. 69.
Greffe en flûte.

A l'état sauvage, le Poirier est un buisson hérissé de féroces épines. Ses poires, détestable fruit qui vous serre la gorge et vous agace les dents, sont toutes petites, âpres, dures et semblent pétries de grains de gravier. La vigne sauvage ou Lambrusque a des grappes formées de petits grains acerbes dont le volume ne dépasse pas celui des baies du Sureau; le Rosier sauvage a des fleurs sans aucun mérite ornemental ; l'origine de nos Choux cultivés, à feuilles tendres et blanches empilées en tête compacte, paraît être une plante sauvage qui vient sur les falaises océaniques, haute de tige, à feuilles rares, d'un vert cru, de saveur âcre, d'odeur forte ; la Betterave primitive végète dans les sables au bord de la mer, avec une maigre racine filandreuse, de la grosseur d'une plume; la Carotte sauvage est très-fréquente dans tous les champs abandonnés et n'a pour racine qu'un aride cordon de filasse. Nous retrouverions des origines analogues pour la plupart des végétaux qui font aujourd'hui la richesse de nos fruitiers, de nos cultures, de nos parterres. Telle qu'elle vient à l'état spontané, la plante est rarement pour nous une sérieuse ressource alimentaire; c'est par des soins incessants, par des améliorations provoquées par notre travail, qu'elle a acquis ses précieuses qualités. L'homme s'est donc étudié de tout temps à démêler, parmi les innombrables espèces végétales, celles qui peuvent se prêter à des améliorations. La plupart sont restées pour nous sans utilité; mais d'autres, créées sans doute plus spécialement en vue de l'homme, se sont faites à nos soins, et par la culture ont acquis des propriétés d'une importance capitale, car notre nourriture à tous en dépend.

13. **Retour à l'état sauvage.** — L'amélioration obtenue n'est pas cependant si profonde, que nous puissions compter sur sa permanence si nos soins viennent à faire défaut. La plante tend toujours à revenir à son état primitif. Que nos soins cessent, et le Chou-cabus redeviendra le Chou à feuilles lâches des falaises; le Poirier à grosses poires fondantes reprendra les petites poires âpres et dures; la Vigne dégénérera en maigre Lambrusque; la splendide rose se réduira à l'humble fleur de l'Eglantier.

14. **Action du semis.** — Ce retour à l'état de nature s'effectue même dans nos jardins, malgré tous nos soins, quand on a recours au semis pour reproduire la plante. On sème, par exemple, des pépins pris dans une excellente poire. Eh bien, les Poiriers issus de ces graines ne donnent, pour la plupart, que les poires médiocres, mauvaises même. Quelques-

unes seulement reproduisent la poire mère. Un autre semis est fait avec les pépins de seconde génération Les poires dégénèrent encore. Si l'on continue ainsi les semis en puisant toujours les graines dans la génération précédente, le fruit, de plus en plus petit, âpre et dur, revient enfin à la mauvaise poire des haies. Pareille dégénérescence se constaterait chez la plupart de nos végétaux cultivés, indéfiniment reproduits de semis. Chez quelques plantes enfin les améliorations acquises par la culture sont plus stables et persistent malgré l'épreuve des semis, mais à la condition expresse que nos soins ne leur fassent jamais défaut. Toutes donc, abandonnées à elles-mêmes et propagées par semences, reviennent à l'état primitif, après un certain nombre de générations chez lesquelles s'effacent peu à peu les caractères imprimés par l'intervention de l'homme.

15. **Importance de la propagation par bourgeons.** — Puisque nos arbres fruitiers, nos plantes ornementales, retournent plus ou moins rapidement par le semis au type sauvage, comment faire alors pour les propager sans crainte de les voir dégénérer? Il faut recourir à la greffe, au marcottage, au bouturage, inappréciables ressources qui nous permettent de stabiliser dans le végétal la perfection obtenue par de longues années de travail, et de profiter des améliorations déjà obtenues par nos devanciers, au lieu de recommencer nous-mêmes une éducation à laquelle une vie humaine serait loin de suffire. La marcotte, la bouture et la greffe reproduisent fidèlement, en effet, tous les caractères de la plante sur laquelle elles ont été prises. Tels sont les fruits, les fleurs, le feuillage du végétal qui a fourni les bourgeons transplantés, et tels seront les fruits, les fleurs,

le feuillage des végétaux issus de ces bourgeons.
Rien ne s'ajoutera aux caractères que l'on veut propager, mais rien aussi n'y manquera. A des fleurs
doubles sur le pied d'où proviennent la bouture et la
greffe correspondront des fleurs doubles sur les plantes issues de cette bouture et de cette greffe; à telle
nuance de coloration correspondra précisément telle
nuance; à tels fruits volumineux, sucrés et parfumés,
correspondront les mêmes fruits volumineux, sucrés
et parfumés. La moindre particularité qui, pour des
motifs quelconques, apparaît sur une plante venue de
semis, parfois sur un seul rameau, comme la forme
découpée du feuillage, la panachure des fleurs, se reproduit avec une minutieuse fidélité si la greffe et la
bouture sont prises sur le rameau affecté de cette modification. Par ce moyen, l'horticulture journellement
s'enrichit de fleurs doubles ou de nuance nouvelle, de
fruits remarquables par leur grosseur, leur maturation
précoce ou tardive, leur chair fondante, leur arome
plus prononcé. Sans le secours de la greffe et de la
bouture, ces précieux accidents, apparus une fois, on
ne sait pas trop comment, seraient perdus à la mort
de la plante favorisée, et la culture devrait indéfiniment recommencer ses tentatives pour provoquer des
améliorations qui, à peine obtenues, ne tarderaient
pas à lui échapper toujours, faute de moyens pour
les fixer et les rendre permanentes.

16. **Utilité du semis.** — Le semis, ne l'oublions
pas, est impropre à perpétuer de tels caractères, d'une
haute importance pour nous, mais sans valeur pour
la plante, souvent même nuisibles à sa vitalité. Il
donne le végétal tel qu'il est en dehors des soins de
l'homme, dépouillé des accessoires que notre intervention a su lui donner. Les semences des fleurs dou-

bles généralement donnent des fleurs simples, les graines des fruits perfectionnés donnent des fruits dégénérés, sinon toujours après un seul semis, du moins après plusieurs générations; et le type sauvage reparaît dans toute son agreste robusticité, à laquelle il faut quelquefois recourir pour remettre en vigueur les espèces affaiblies par une trop longue propagation artificielle. Enfin chaque graine est le point de départ d'une nouvelle agrégation de bourgeons ayant des tendances, des qualités qui leur sont propres; tandis que la bouture et la greffe ne sont que les démembrements d'une agrégation dont elles reproduisent les moindres particularités. En cela se résument les avantages que présentent l'un et l'autre mode de multiplication. Veut-on obtenir des variétés de couleur, de feuillage, de taille, de port, il faut recourir au semis. Sur le nombre des plants levés, quelques-uns s'écarteront des porte-graines et présenteront peut-être des particularités dignes d'être conservées. Ce résultat obtenu, et le semis seul peut le donner, la greffe et la bouture forcément doivent intervenir pour le perpétuer et le propager. Le semis fait du nouveau, la greffe et la bouture le conservent.

QUESTIONNAIRE.

1. Qu'est-ce que le bouturage? — Comment se pratique-t-il? — Quelle est l'utilité de l'abri d'une cloche dans cette opération? — Qu'appelle-t-on plançon? — Quelles sont les plantes qui prennent le plus facilement de bouture? — En quoi consiste le marcottage? — Qu'appelle-t-on provignage? — Comment se pratique le marcottage en vases? — En quoi consiste le sevrage de la

marcotte? — 4. Qu'est-ce que greffer? — Qu'appelle-t-on sujet et greffe? — Quelles conditions essentielles doivent remplir le sujet et la greffe pour le succès de l'opération? — Citez quelques espèces susceptibles d'être greffées l'une sur l'autre. — 5. Quelles idées erronées ont eu cours au sujet de la greffe? — 6. Quelles parties faut-il mettre en contact pour le succès de la greffe? — 7. Combien distingue-t-on de principaux genres de greffe? — 8. A quoi correspond la greffe par approche? — Comment se pratique-t-elle? — 9. Comment se pratique la greffe en fente? — Combien de greffes au plus peut-on mettre dans une même fente? — En quoi consiste la greffe en couronne? — A quoi correspond la greffe en fente? — 10. Qu'est-ce que la greffe en écusson? — Comment se pratique-t-elle? — Qu'est-ce que la greffe à œil dormant et la greffe à œil poussant? — 11. Qu'appelle-t-on greffe en flûte? — 12. D'où proviennent en général nos espèces végétales cultivées? — Que savez-vous de l'origine du Poirier, du Chou, de la Vigne, de la Betterave, de la Carotte? — Quelle est l'influence des soins de l'homme sur les végétaux? — 13. Les végétaux perfectionnés par la culture se conservent-ils en dehors des soins de l'homme? — 14. Que se passe-t-il généralement quand un végétal cultivé est reproduit par semis? — 15. En quoi consiste l'importance de la propagation par bourgeons? — Quels avantages présentent la greffe, la bouture et la marcotte? — 16. Quelle est l'utilité du semis? — En quoi consistent les avantages respectifs de la propagation par bourgeons et de la propagation par semences?

CHAPITRE X

FEUILLES.

1. Parties de la feuille. — En son plus haut degré de complication, une feuille comprend trois parties : le *limbe*, le *pétiole* et les *stipules*. Le *pétiole* [1] est ce qu'on nomme vulgairement la queue de la feuille ; le *limbe* [2] est la lame verte qui le termine ; les *stipules* [3] sont des expansions foliacées situées à la base du pétiole. Le limbe étant la plus importante des trois parties, c'est par lui que nous commencerons la description de la feuille (fig. 70).

2. Limbe. — Le limbe d'une feuille a deux faces : la *face supérieure*, plus lisse, plus verte, et tournée vers le ciel ; la *face inférieure*, plus pâle, plus rugueuse et tournée vers la terre.

Fig. 70. — Feuille d'Orme.

Il est parcouru dans son épaisseur par des *nervures*, ou délicats cordons de fibres et de vaisseaux qui forment la charpente de la

1. Du latin : *petiolus*, queue de feuille. — 2. Du latin : *limbus*, bande. — 3. Du latin : *stipula*, paille.

feuille. Les intervalles laissés entre elles par les nervures sont remplis de tissu cellulaire vert. Dans une feuille qui pourrit à terre, la partie cellulaire se détruit la première, tandis que les nervures, plus résistantes, persistent et forment une délicate dentelle. Nous avons déjà reconnu deux arrangements principaux dans cette charpente foliaire. Tantôt les nervures sont disposées parallèlement l'une à l'autre dans toute la longueur de la feuille; tantôt encore elles se ramifient, se rejoignent par leurs subdivisions et forment de la sorte un réseau à mailles irrégulières. Quelques exceptions écartées, les feuilles à nervures parallèles appartiennent aux végétaux monocotylédonés, et les feuilles à nervures en réseau aux dicotylédonés.

3. **Nervation.** — La disposition des nervures ou *nervation* se présente sous trois aspects principaux dans les feuilles des dicotylédonés. Premièrement, la nervure la plus importante, ou nervure *primaire*, continue le pétiole suivant la ligne médiane de la feuille et se subdivise à droite et à gauche en nervures *secondaires*, distribuées des deux côtés de la première comme le sont les barbes d'une plume par rapport à l'axe de celle-ci. La nervation est dite alors *pennée* [1]. Exemple, la feuille du Chêne (fig. 71).

En second lieu, dès l'entrée du pétiole dans le limbe, plusieurs nervures se forment à peu près d'égale grosseur et rayonnent autour de leur point commun de naissance, à peu près comme les doigts rayonnent autour de la paume de la main. Ce cas se présente dans les feuilles de l'Erable. La nervation est dite alors *palmée* [2] (fig. 72).

---

1. Du latin : *penna,* plume. — 2. Du latin : *palma,* paume de la main

En troisième lieu, le pétiole aboutit, non plus au bord du limbe, mais en un point plus ou moins central, d'où les principales nervures rayonnent dans tous les sens et rappellent l'irradiation des ornements d'un bouclier. La nervation est dite alors *peltée*[1]. La feuille de la Capucine nous en donne un exemple (fig. 73).

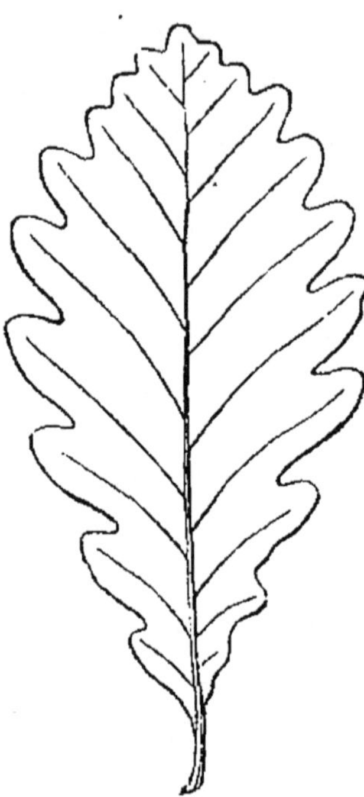

Fig. 71. — Feuille de Chêne.

4. Feuille simple. — Lorsque le limbe est unique, comme dans le Chêne, le Buis, le Saule, le Lilas, la feuille est dite *simple*.

Si le bord du limbe est continu, sans dents, sans échancrures, comme dans le Buis, l'Olivier, le Lilas, la feuille est qualifiée d'*entière*. Mais, en général, le bord du limbe est plus ou moins profondément découpé. Les découpures les moins profondes engendrent des *dents*, des *crénelures*, et la feuille est qualifiée de *dentée* si les saillies sont anguleuses, de *crénelée* si les saillies sont émoussées, arrondies. La feuille de l'Orme est dentée, la feuille du Chêne est crénelée.

Si les incisions pénètrent dans le limbe jusqu'à la moitié de la distance de la nervure médiane plus ou moins, et le divisent en larges lobes, la feuille est *lobée*. Elle est *fendue* ou *fide* si les lobes sont étroits. Enfin, si les incisions plongent jusqu'à la nervure médiane, la feuille est *partite*. D'autre part, les inci-

1. Du latin : *pelta*, petit bouclier.

sions, déterminées d'après le mode de distribution des principales nervures, peuvent plonger symétriquement à droite et à gauche de la nervure médiane, c'est-à-dire être *pennées*; ou bien rayonner autour du sommet de pétiole, c'est-à-dire être *palmées*. De là résultent six genres de feuilles simples sous le rapport de la découpure : les lobées, les fendues, les partites à incisions pennées; les lobées, les fendues, les partites à incisions palmées. Pour désigner ces six formes, la Botanique descriptive emploie les termes de feuilles *palmatilobées, palmatifides, palmatipartites*, et

Fig. 72. — Feuille d'Erable

de feuilles *pinnatilobées, pinnatifides, pinnatipartites*[1] dont le sens n'a pas besoin d'autres explications.

Quant aux feuilles dont la nervation est peltée, elles portent elles-mêmes la qualification de *peltées*.

La feuille de l'Erable est palmatifide (fig. 72), celle de l'Aconit est palmatipartite (fig. 74); les feuilles inférieures du Mûrier à papier (p. 22) sont palmatilobées, les supérieures sont simplement dentées. Les feuilles de l'Arbre à pain sont pinnatifides (fig. 75).

Les divisions et subdivisions de la feuille peuvent être tellement fines et nombreuses, qu'il serait impossible d'en tenir compte en détail. Le limbe est parfois même à peu près réduit aux seules nervures, ac-

1. *Pinna* ou *penna*, plume.

compagnées d'une étroite lame de tissu cellulaire. On applique la qualification de *laciniées* [1] à toutes ces feuil-

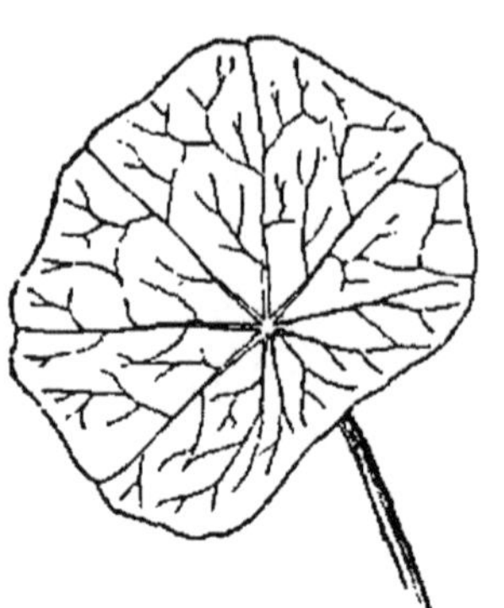

Fig. 73. — Feuille de Capucine.

les dont les subdivisions se répètent indéfiniment. La Carotte, le Fenouil, la Ciguë, nous en fournissent des exemples (fig. 76).

5. **Feuilles composées**. — Examinons maintenant le feuillage du Rosier. Le limbe, au lieu d'être formé d'une lame, en comprend plusieurs, de trois à sept, reliées à un pétiole commun, qui représente la nervure médiane des feuilles ordinaires. Chacune de ces subdivisions de la feuille totale, subdivisions que l'on serait tenté de prendre au premier abord pour autant de feuilles distinctes, se nomme *foliole* [2]; et la feuille en son entier prend la qualification de *composée*. La feuille du Rosier est donc une *feuille composée,* (fig. 77) comprenant d'une à trois paires de folioles, et en ou-

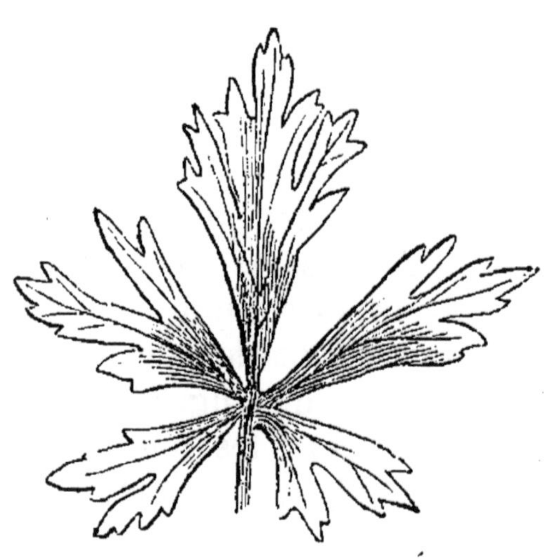

Fig. 74. — Feuille d'Aconit.

tre une foliole terminale.

Nous retrouvons absolument la même structure, avec un plus grand nombre de folioles, dans la feuille

1. Du latin : *laciniare,* diviser par lambeaux. — 2. Diminutif de *folium,* feuille.

composée du Robinier, vulgairement Acacia. Sur le pétiole commun, souvent aussi nommé *rachis* [1], sont insérés des pétioles secondaires ou *pétiolules* [2], et chacun de ceux-ci se continue par la nervure médiane de la foliole correspondante (fig. 78).

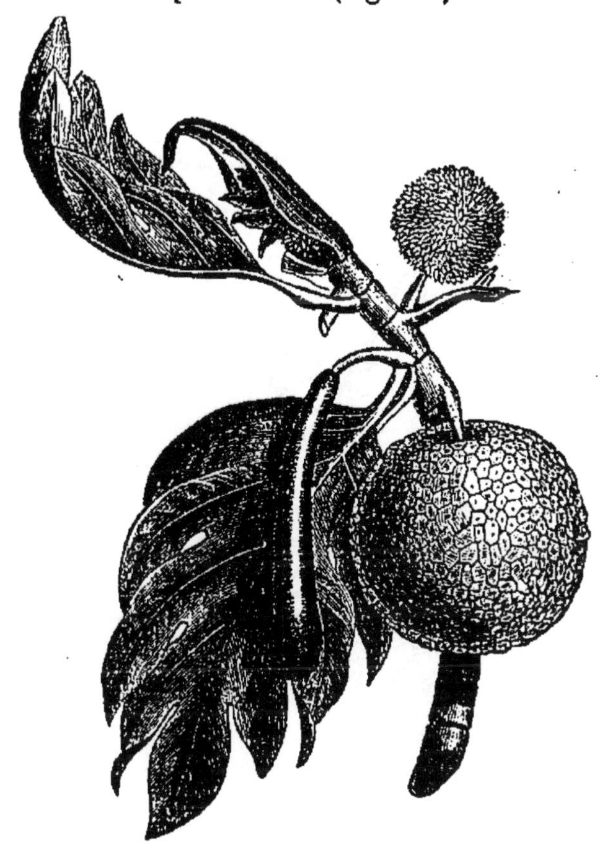

Fig. 75. — Arbre à pain.

6. Feuilles composées pennées. — La disposition symétrique des folioles à droite et à gauche du pétiole commun rappelle encore ici l'arrangement des barbes sur les deux côtés d'une plume; nous dirons donc que le Rosier et le Robinier ont des feuilles composées pennées.

1. Du grec : *rachis*, épine du dos.— 2. Diminutif de pétiole.

Dans cette catégorie de feuilles, deux subdivisions sont à distinguer. Tantôt le pétiole commun se termine par une foliole isolée, impaire, c'est-à-dire n'ayant

Fig. 76. — Grande Ciguë.

pas de voisine symétrique qui fasse avec elle un couple; on dit alors que la feuille est *pennée avec foliole impaire*. C'est ce que viennent de nous montrer le Rosier et le Robinier. Tantôt enfin, le pétiole commun porte à son extrémité une paire de folioles symétriques. La feuille est alors *pennée sans foliole impaire*. On trouve cette disposition dans les feuilles de la Fève.

Le pétiole commun, au lieu de donner imniédiate-
ment attache de droite et de gauche à des folioles,
se ramifie quelquefois en pétioles secondaires symé-

Fig. 77. — Rosier.

triquement disposés et portant eux-mêmes les folioles.
La feuille alors est doublement pennée ou *bi-pennée*.

7. Feuilles composées palmées. — Enfin les
folioles, au lieu de se grouper symétriquement des
deux côtés du pétiole. commun, peuvent rayonner à
l'extrémité de ce pétiole et prendre la disposition palmée. La feuille est dite alors *composée palmée*. Exemples le Marronnier d'Inde, la Vigne-vierge (fig. 79).

**8. Variations de la forme des feuilles sur la
même plante.** — Sur un même végétal, l'immense
majorité des feuilles possède une configuration cons-

tante; cependant la fixité des formes n'est pas absolue. Aux principales étapes de son évolution, la plante modifie plus ou moins son feuillage. Les feuilles qui naissent tout à la base de la tige diffèrent souvent de forme de celles qui se montrent plus haut et celles-ci diffèrent des feuilles avoisinant les fleurs. Les deux premières feuilles qu'émet la jeune pousse, les feuilles séminales enfin, formées par les cotylédons, rarement ont la forme des suivantes. Presque jamais elles ne sont divisées, à quelque degré qu'arrivent les incisions des autres. Il suffit de citer les feuilles séminales en forme de cœur des Radis, les feuilles séminales en forme de languette de la Carotte et du Persil.

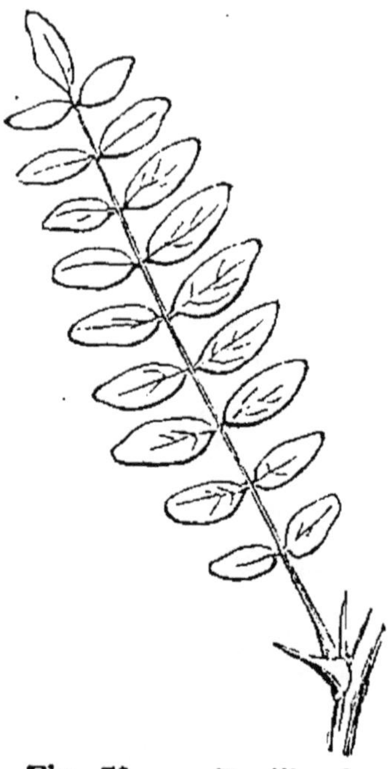

Fig. 78. — Feuille de Robinier.

En outre, à la base de la tige, les feuilles ont fréquemment une configuration à part, qui dérive de la forme générale par des modifications graduelles, ou même n'a pas de transition. Ainsi une élégante fleur des rocailles, la Campanule à feuilles rondes, porte inférieurement quelques feuilles à limbe arrondi, tandis que plus haut toutes les feuilles sont étroites et allongées. Si l'on récolte cette Campanule sans précautions, les feuilles rondes échappent, d'autant plus facilement qu'elles sont flétries et desséchées presque toujours lorsque la fleur s'épanouit; et n'ayant sous les yeux qu'un feuillage étroit et allongé, on peut vainement se demander pour quel

motif la plante est appelée Campanule à feuilles rondes. La Cardamine des prés nous présente des différences non moins prononcées entre les feuilles de la

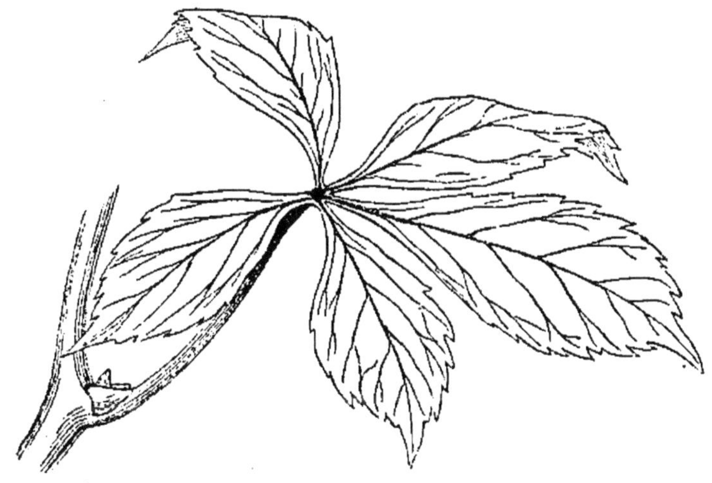

Fig. 79. — Feuille de Vigne-vierge.

base ou *radicales*[1] et les feuilles de la tige ou *caulinaires*[2] (*fig.* 80).

D'autres fois, sur les divers rameaux, à toutes les
hauteurs, les feuilles modifient plus ou moins leur
forme. C'est ainsi que le Mûrier à papier (fig. 20) porte
pêle-mêle, sur le même rameau, des feuilles simplement dentées et des feuilles divisées en larges lobes.

Enfin, au voisinage des fleurs, les feuilles se rape-
tissent, se simplifient en se subdivisant moins ; elles
perdent en outre quelquefois leur coloration verte
pour en prendre une semblable à celle des fleurs.
Elles diffèrent tellement des feuilles ordinaires, qu'on
n'a pas hésité à leur donner un nom spécial, celui de
bractées[3].

9. **Feuilles submergées.** — Lorsque la plante

1. Du latin : *radix*, racine. — 2. Du latin : *caulis*, tige. — 3. Du
latin : *bractea*, feuille de métal.

Fig. 80. — Cardamine des prés.

est aquatique, ses feuilles aériennes diffèrent fréquemment de ses feuilles submergées. Nous en avons un remarquable exemple dans certaines Renoncules à petites fleurs blanches, qui peuplent les mares au premier printemps. Leurs feuilles supérieures, nageant au-dessus de l'eau, sont entières; leurs feuilles inférieures, totalement immergées, sont divisées en délicates houppes.

La Sagittaire (fig. 81) fréquente le voisinage des eaux, parfois elle est même immergée. Lorsqu'elles se développent à l'air, ses feuilles ont la forme d'un fer de flèche porté sur un long pétiole, ce qui a valu son nom à la plante [1]; lorsqu'elles sont plongées dans le courant, elles prennent la forme d'étroits rubans d'un mètre et plus de longueur.

10. Pétiole. — La queue de la feuille prend le nom de *pétiole*. C'est un étroit faisceau de vaisseaux et de fibres, qui se ramifie dans l'épaisseur du limbe en produisant les nervures. Sa forme est générale-

[1] Du latin : *sagitta*, flèche.

ment cylindrique, avec une fine gouttière à sa face supérieure. Il est quelquefois aplati dans le sens horizontal, quelquefois encore dans le sens vertical. Dans ce dernier cas, le poids du limbe est équilibré d'une façon instable par le pétiole donnant appui sur sa tranche, et la feuille, au moindre vent, est dans une agitation continuelle. C'est ce que l'on observe dans nos Peupliers auxquels on donne le nom de *Trembles*, à cause de l'habituel tremblement de leur feuillage.

Il y a des feuilles dont le pétiole mesure plusieurs fois la longueur du limbe ; il y en a d'autres où il est très-raccourci, d'autres enfin où il est complétement nul. La feuille sans pétiole est dite *sessile* [1].

Le plus souvent, une feuille sessile se rattache à son support par toute sa base ; elle cerne ainsi le rameau dans

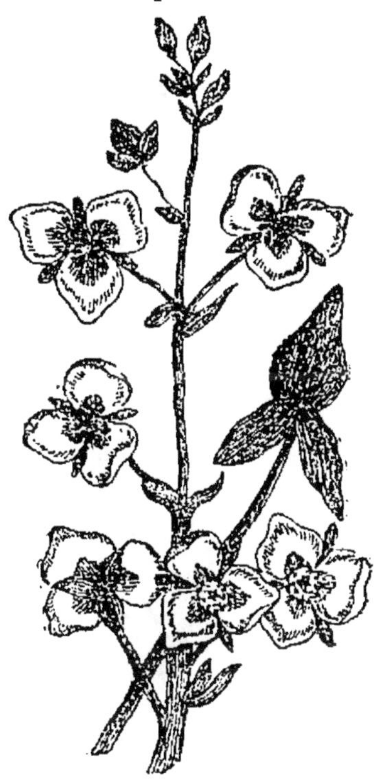

Fig. 81. — Sagittaire.

une portion plus ou moins étendue de la circonférence ; en d'autres termes elle l'embrasse. Dans ces conditions, elle est qualifiée d'*embrassante* (fig. 82).

Lorsqu'elles sont disposées sur la tige deux par deux, en face l'une de l'autre, les feuilles embrassantes parfois se soudent à leur base et forment un tout qui ressemble à une feuille unique, composée de deux moitiés symétriques et traversée en son mi-

---

1. Du latin : *sessilis*, bas, peu élevé.

Fig. 82. — Laiteron des champs (*Feuilles embrassantes*).

lieu par le rameau. Certains Chèvrefeuilles présentent cette curieuse disposition, prononcée surtout dans les feuilles supérieures, au voisinage des fleurs. On la trouve encore dans le Chardon à foulon. Les feuilles sont alors qualifiées de *connées* [1].

11. Coussinet. Cicatrice. — A son point d'attache avec le rameau, le pétiole habituellement se renfle un peu et s'élargit pour donner à la feuille un appui plus solide; il est en outre fixé sur une légère excroissance latérale du rameau, sur une espèce de petite console que l'on nomme *coussinet*.

La manière dont la feuille est reliée à son support n'est pas toutefois une simple juxtaposition; il y a continuité entre le pétiole et le rameau; les fibres, les trachées, les vaisseaux du premier se prolongent, sans interruption, dans le second. En automne, quand elle a fini son temps, la feuille mourante se détache néanmoins avec netteté du ra-

t. Nées ensemble.

meau, sans efforts, sans déchirures, en laissant une *cicatrice* régulière où se voient, au milieu du tissu cellulaire formant l'enveloppe externe, un certain nombre de marques qui sont les faisceaux fibro-vasculaires rompus.

12. Chute des feuilles.

— Le mécanisme de cette chute est frappant d'élégante simplicité. Lorsque la feuille commence à perdre sa coloration normale, le vert, et prend une teinte jaune ou rougeâtre, signe de caducité, les restes d'une vitalité languissante sont employés à tout disposer pour une facile séparation. Dans le coussinet, une couche transversale de cellules se forme, toutes petites, transparentes et pleines de

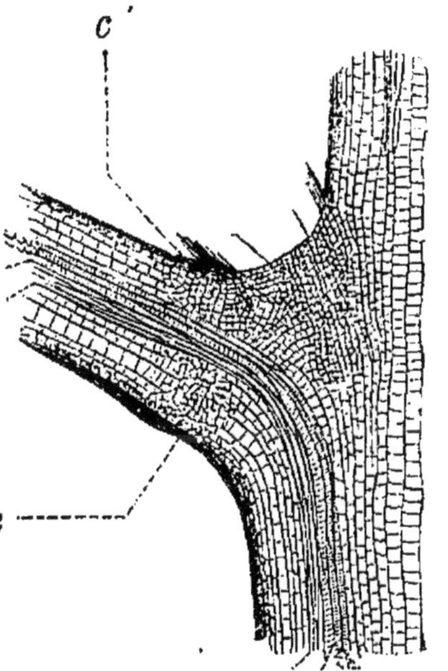

Fig. 83. — Point d'attache d'une feuille avec son rameau.

fécule, qui manque partout ailleurs dans la feuille. On lui donne le nom de *couche séparatrice* (c, c, fig. 83). Ces cellules farineuses, sans consistance, sans adhésion entre elles, cèdent aux tiraillements de la feuille que le moindre souffle agite, se disjoignent et donnent lieu à une étroite fissure qui cerne tout le coussinet. Seuls, les faisceaux de fibres et de vaisseaux ne sont pas atteints par cette dissociation ; mais, trop faibles pour supporter longtemps le poids du limbe, ils se rompent à leur tour et la feuille se détache. Cette séparation sans violence s'observe dans la plupart de nos arbres, dans le Noyer, le Peuplier, l'Orme, le Tilleul, le Lilas, le Poirier, par exemple.

Plus rarement, la couche de petites celulles à grains d'amidon, la couche séparatrice, en un mot, ne se forme pas dans l'épaisseur du coussinet. La feuille morte persiste alors sur l'arbre une grande partie de l'hiver et ne se détache qu'arrachée par les coups de vent. C'est ce que nous montre le Chêne, dont le feuillage mort et d'un roux brun se maintient longtemps en place et ne cède que peu à peu aux violences de la mauvaise saison.

Il peut se faire même que les feuilles sèches persistent plusieurs années sur l'arbre et ne disparaissent que détruites par les intempéries. Ainsi le Dattier déploie, tout au sommet de son stipe, l'élégant faisceau de ces énormes feuilles vertes. En dehors se montrent des feuilles sèches mais plus ou moins entières; plus bas sont des feuilles réduites, par l'action prolongée de l'intempérie, à des tronçons de pétiole; plus bas enfin ces restes disparaissent, consumés par les ans, et le tronc ne présente plus que de vagues cicatrices de ses anciennes feuilles.

13. Gaîne. — Dans beaucoup de plantes, immédiatement au-dessus de son point d'attache, le pétiole s'élargit et se creuse en une ample rigole, qui enveloppe, engaîne la tige comme dans un fourreau; aussi donne-t-on le nom de *gaîne* à cette partie de la feuille. Par delà, le pétiole reprend sa forme habituelle.

La gaîne est surtout remarquable dans diverses plantes de la famille des Ombellifères; elle forme un long et solide étui, qui donne plus de résistance à la tige, elle-même creusée d'un large canal. Les tiges creuses des Graminées, les chaumes, ont de même des feuilles longuement engaînantes.

14. Stipules. — Si l'expansion qui produit la

gaine, au lieu d'adhérer au pétiole dans toute sa longueur, se détache de droite et de gauche et s'isole
partiellement ou en entier, le résultat est ce qu'on
nomme *stipules*. Les stipules sont donc des expansions foliacées accompagnant la base du pétiole. Elles
se trouvent dans un grand nombre de plantes, mais
non dans toutes, car leur rôle est fort secondaire,
ainsi que celui du pétiole. La partie vraiment importante, vraiment active de la feuille, c'est le limbe,
qui existe presque toujours, et, quand il manque, est
remplacé dans ses fonctions par d'autres organes pre-
nant alors sa structure.

Portons notre attention sur la feuille composée pennée du Rosier (p. 129). Tout à la base du pétiole
commun, nous verrons de droite et de gauche un rebord membraneux, vert, qui, supérieurement, se termine en oreillette libre. Ce sont là les stipules. Mais
la forme et l'ampleur de ces organes varient beaucoup d'une espèce végétale à l'autre. Tantôt les
stipules sont libres et prennent un grand développement, qui pourrait les faire confondre avec les feuilles; c'est ainsi que les feuilles pennées du Pois sont
douées de deux énormes stipules bien plus grandes
que les folioles (fig. 84). On les distingue de celles-ci
en remarquant qu'elles sont situées à la base même
du pétiole et non échelonnées sur sa longueur. Tantôt elles sont soudées entre elles, tantôt elles entourent la tige et lui forment un étui, que termine
parfois une sorte de collerette.

Dans bien des plantes, l'Aubépine, le Poirier,
l'Abricotier, les stipules n'ont qu'une durée très-
éphémère; elles tombent quand s'est épanouie la
feuille qu'elles accompagnent. Leur principale utilité
est de servir d'enveloppe protectrice aux feuilles en-

core fort jeunes. Ainsi les sommités des rameaux

Fig. 84. — Rameau de Pois.

du Géranium et du Pelargonium nous montrent, de

droite et de gauche, une large stipule abritant la feuille naissante.

QUESTIONNAIRE.

1. De combien de parties se compose une feuille? — 2. Qu'est-ce que le limbe? — Qu'appelle-t-on face supérieure et face inférieure? — Qu'appelle-t-on nervures? — Quelles sont les deux dispositions principales des nervures? — Que contiennent les intervalles entre les nervures? — 3. Qu'appelle-t-on nervation? — Qu'est-ce que la nervure primaire? — En quoi consiste la nervation pennée? — En quoi consistent la nervation palmée et la nervation peltée? — 4. Qu'est-ce qu'une feuille simple? — Qu'appelle-t-on feuille entière, feuille dentée, feuille crénelée? — Qu'appelle-t-on feuille lobée, feuille fendue ou fide, feuille partite? — Que signifient les expressions palmatilobée, palmatifide, palmatipartite, pinnatilobée, pinnatifide, pinnatipartite? — Dans quel cas la feuille est-elle qualifiée de laciniée? — 5. Qu'est-ce qu'une feuille composée? — Qu'appelle-t-on foliole, pétiolule, pétiole commun ou rachis? — 6. Dans quel cas la feuille composée est-elle pennée? — Combien d'espèces de feuilles composées pennées distingue-t-on? — Qu'est-ce qu'une feuille bipennée? — 7. Dans quel cas la feuille composée est-elle palmée? — 8. Sur un même végétal, les feuilles ont-elles toujours une forme constante? — Que présentent de particulier les feuilles séminales? — Qu'y a-t-il à remarquer dans le feuillage de la Campanule à feuilles rondes, de la Cardamine des prés? — Qu'appelle-t-on feuilles radicales et feuilles caulinaires? — Que présentent de remarquable les feuilles du Mûrier à papier? — Que se passe-t-il au sujet des feuilles dans le voisinage des fleurs? — Qu'appelle-t-on bractées? — 9. Qu'y a-t-il à remarquer dans les feuilles submergées? — Décrivez

les feuilles aquatiques et les feuilles aériennes de la Sagittaire, de la Renoncule aquatique? — 10. Qu'est-ce que le pétiole? — Quelle est sa forme généralement? — D'où provient le tremblotement du feuillage des Peupliers? — Qu'appelle-t on feuille sessile, feuille embrassante, feuilles connées? — 11. Qu'est-ce que le coussinet? — Qu'est-ce que la cicatrice? — 12. Comment les feuilles mortes se détachent-elles du rameau? — La couche séparatrice se forme-t-elle dans tous les arbres? — Comment se détachent les feuilles mortes du Chêne? — Comment disparaissent les vieilles feuilles du .Dattier? — 13. Qu'est-ce que la gaine? — Dans quelle famille la gaîne est-elle surtout remarquable? — Quel est le rôle de la gaîne? — 14. Qu'appelle-t-on stipules? — Décrivez les stipules du Rosier et du Pois? — Toutes les plantes ont-elles des stipules? — Les stipules sont-elles toujours d'une durée égale à celle des feuilles? — Que savez-vous sur les stipules de l'Aubépine, du Poirier? — Quel est en général le rôle des stipules? — Décrivez les stipules du Pelargonium.

CHAPITRE XI

PHYLLOTAXIE

1. Disposition générale des feuilles. — On nomme *phyllotaxie*[1] la partie de la botanique qui s'occupe de l'arrangement des feuilles sur le rameau qui les porte.

Le premier besoin des feuilles est de s'étaler à l'air libre et de recevoir sans entraves la lumière solaire; nous en verrons bientôt les motifs. Si elles se super-

____

1. Du grec : *phyllon*, feuille; *taxis*, arrangement.

posaient trop directement, les feuilles se nuiraient donc l'une à l'autre en se faisant mutuellement ombre et se masquant le soleil, dont les rayons sont d'une absolue nécessité pour leur travail. Pour éviter, ou plutôt pour retarder la superposition et la rendre ainsi moins nuisible, la plante échelonne ses feuilles sur une ligne spirale, qui monte, avec une géométrique régularité, de la base au sommet du rameau, et reçoit à intervalles réglés l'insertion d'une feuille. A la base de la spirale, une première feuille est établie; en un point plus élevé, mais qui ne correspond pas au précédent, une seconde est fixée; plus haut encore, et toujours de côté, une troisième trouve sa place; et ainsi de suite, si bien que les points d'attache des diverses feuilles tournent, s'élevant toujours, sans se superposer. Tôt ou tard, c'est inévitable, quand toutes les places sont prises, une feuille cependant finit par se trouver exactement au-dessus de celle qui a servi de point de départ; la spirale, après un certain nombre de tours, superpose les points d'attache, mais c'est à une distance assez considérable pour que les feuilles inférieures ne soient pas privées de lumière par les feuilles supérieures. A partir du premier point de superposition, l'ordre primitif recommence et fait correspondre une à une les nouvelles feuilles aux feuilles qui précèdent.

2. **Phyllotaxie du Poirier.** — La figure 85 représente un fragment de rameau de Poirier. Partons d'une feuille, la première venue, feuille que nous numéroterons 1. Pour aller de cette feuille à la suivante, pour monter en quelque sorte d'un étage, suivons la spirale idéale qui s'enroule autour du rameau en passant par toutes les feuilles dans leur ordre successif. Nous arrivons d'abord à la feuille 2,

qui, pour ne pas gêner la précédente, prend place, non au-dessus, mais à côté. Vient apres la feuille 3, qui n'est superposée ni à la première ni à la seconde.

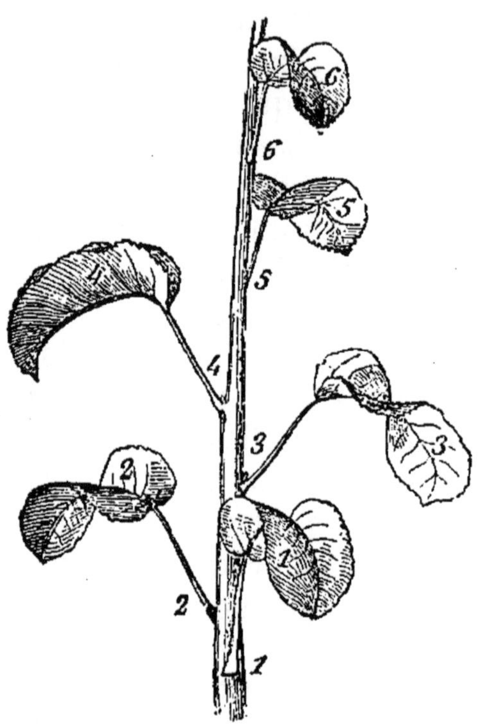

Fig. 85. — Branche de Poirier.

Pareillement la feuille 4 ne correspond à aucune de celles qui la précèdent; la feuille 5 de même ne recouvre aucune de celles d'en bas. Enfin la feuille 6 se superpose à la feuille 1, mais à une distance qui affaiblit, annule même l'effet nuisible de la superposition.

Au-dessus de la feuille 6, la spirale se continue avec la même distribution des feuilles. La feuille 6, superposée à 1, est suivie de la feuille 7, superposée à 2; puis de la feuille 8, superposée à 3; des feuilles 9, 10, 11, etc., superposées aux feuilles 4, 5, 6, etc.

Avec la feuille 11, on se retrouve sur l'alignement qui passe déjà par 1 et 6 ; on s'y retrouverait encore avec les feuilles 16, 21, 26, etc., c'est-à-dire toutes les fois qu'on aurait monté de cinq feuilles.

Ainsi, de cinq en cinq, les feuilles du Poirier reprennent la même disposition. Dans une série de cinq feuilles successives, aucune ne sert de plafond aux précédentes ; mais d'une série à l'autre, la superposition a lieu, et l'ensemble des feuilles est aligné sur cinq rangées rectilignes qui vont d'un bout à l'autre du rameau. Une rangée comprend les feuilles 1, 6, 11, etc. ; une autre, les feuilles 2, 7, 12, etc. ; une troisième, les feuilles 3, 8, 13, etc. ; une quatrième, les feuilles 4, 9, 14, etc. ; une cinquième enfin, les feuilles 5, 10, 15, etc. Chacune de ces séries est composée d'une suite de nombres qui vont en augmentant de cinq de l'un à l'autre, ou en d'autres termes forment une progression arithmétique dont la raison est 5.

3. **Cycle**. — On nomme *cycle*[1] l'ensemble des feuilles qui se trouvent sur la spirale, à partir de l'une d'elles quelconque jusqu'à celle qui lui est immédiatement superposée. Dans le Poirier, le cycle est 5, parce que pour aller de la feuille 1, point de départ, à la feuille 6, qui se trouve sur la même rangée rectiligne, on compte 5 feuilles, savoir les feuilles numérotées 1, 2, 3, 4 et 5. Le mot cycle signifie cercle, circuit. On veut entendre par là que les feuilles, après un certain nombre, reviennent à leur coordination primitive pour la recommencer indéfiniment, de même que le cercle revient sur lui-même et recommence son invariable chemin. Cinq feuilles

1. Du grec : *cyclos*, cercle, circuit.

omposent le cycle du Poirier. A la sixième, il y a uperposition avec la feuille point de départ, et un nouveau cycle commence, reproduisant le même ordre de choses, pour se terminer à la onzième, qui est l'origine d'un troisième cycle; et ainsi de suite jusqu'au bout du rameau.

4. **Angle de divergence.** — Remarquons maintenant sur la figure 86 que, pour clore le cycle, pour aller de la feuille 1 à sa correspondante 6, la spirale idéale qui passe par toutes les feuilles, fait deux fois le tour de la tige et comprend ainsi deux circonférences. Si donc on veut avoir l'écart angulaire de deux feuilles consécutives, il faut partager les deux tours décrits par la spirale en autant de parties égales qu'il y a d'intervalles entre les diverses feuilles du cycle. Ces intervalles sont au nombre de 5, comme les feuilles elles-mêmes. On a ainsi deux tours divisés par 5, ou $\frac{2}{5}$ de circonférence pour l'écart angulaire de l'une à l'autre feuille. Cette fraction 2/5 prend le nom d'*angle de divergence*, parce qu'elle exprime de quel angle, de quelle partie de la circonférence deux feuilles consécutives divergent ou s'écartent entre elles. Elle a pour numérateur le nombre de tours que fait la spirale pour aller d'une feuille à celle qui lui est directement superposée, et pour dénominateur le nombre de feuilles

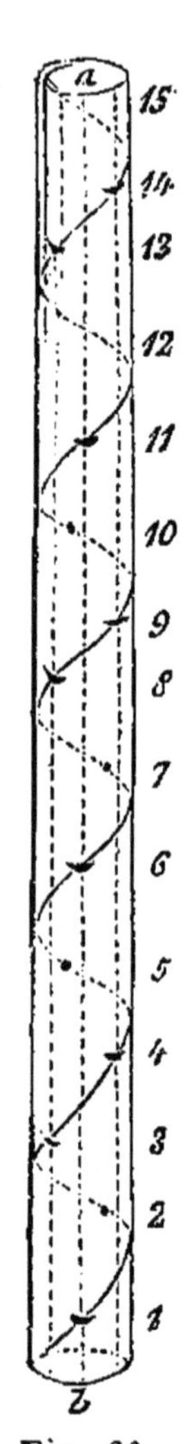

Fig. 86.
Arrangement
des feuilles du
Poirier.

comprises dans le cycle. Deux spirales distinctes peuvent être conduites suivant les points d'attache des feuilles consécutives ; l'une tourne de droite à gauche, l'autre de gauche à droite. Il faut toujours choisir celle qui achève le cycle suivant le plus court chemin, c'est-à-dire celle qui se rend d'une feuille à la feuille superposée en faisant le moindre nombre de tours.

5. **Angle de divergence de l'Orme.** — Ces expressions bien comprises, il devient intéressant de rechercher suivant quelle loi chaque végétal dispose la spire de ses feuilles. Le cas le plus simple nous est offert par l'Orme (fig. 87). Ses feuilles sont alignées

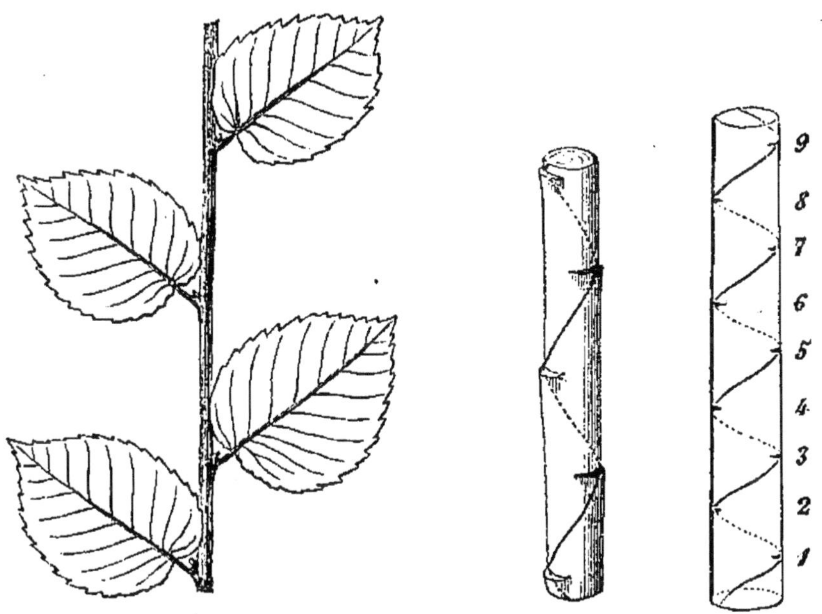

Fig. 87. — Disposition des feuilles de l'Orme.

sur deux rangées rectilignes dont l'une comprend les numéros impairs 1, 3, 5, 7, etc., et l'autre les numéros pairs 2, 4, 6, 8, etc. La superposition se fait ainsi de deux en deux feuilles ; et pour aller de l'une d'elles à celle qui lui est immédiatement superposée, la spirale fait une seule fois le tour du rameau. Pour avoir l'angle de divergence, il faut alors diviser 1 tour par 2, ce qui donne 1/2.

Les feuilles de l'Orme et toutes celles dont l'angle de divergence est 1/2 se nomment feuilles *alternes*, parce qu'elles sont alternativement disposées à droite et à gauche du rameau sur deux rangées rectilignes.

6. **Angle de divergence du Souchet.** — Dans diverses Cypéracées, notamment dans le Souchet, (fig. 88) la feuille 4 se superpose à 1, la feuille 5 à 2,

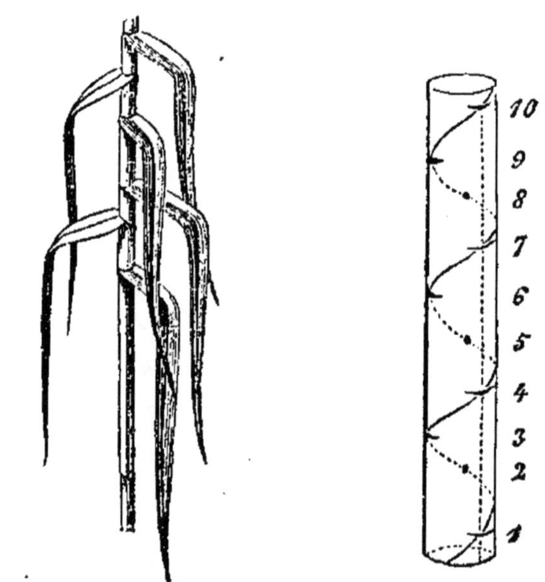

Fig. 88. — Disposition des feuilles du Souchet.

la feuille 6 à 3, etc. La superposition des feuilles se fait donc de 3 en 3, c'est-à-dire que le cycle est 3. De plus, pour aller de la feuille 1 à la feuille 4, ou de la feuille 2 à la feuille 5, enfin pour aller d'un point de départ quelconque au point directement superposé, la spirale ne fait qu'une seule fois le tour du rameau. L'angle de divergence est donc une circonférence divisée par 3 ou bien la fraction 1/3.

Les feuilles du Souchet et en général celles dont l'angle de divergence est 1/3, se nomment feuilles *tristiques*[1] parce qu'elles sont disposées sur trois rangées rectilignes le long du rameau.

7. **Angles de divergence de quelques autres végétaux**. — Nous avons trouvé dans le Poirier et nous retrouverions dans le Cerisier, le Peuplier et beaucoup d'autres arbres, l'angle de divergence 2/5. La Joubarbe des toits, dans ses feuilles, et le Pin maritime, dans les écailles de ses cônes, nous présenteraient 8 points d'attache échelonnés sur 3 tours de spire, ou l'angle de divergence 3/8. Quelques Cactées, dans leurs faisceaux d'épines, et quelques espèces de Pins, encore dans leurs cônes, nous offriraient 13 insertions pour 5 tours, ou l'angle de divergence 5/13. La Joubarbe tabulaire nous montrerait 21 feuilles pour 8 tours, ou l'angle de divergence 8/21. Enfin, mais pour des cas de plus en plus rares, l'angle de divergence se compliquerait encore davantage.

Inscrivons, par ordre de complication, les diverses valeurs que nous venons d'obtenir.

---

1. Du grec : *treis*, trois ; *stichos*, rang

ANGLE DE DIVERGENCE	EXEMPLES DE VÉGÉTAUX OU CET ANGLE S'OBSERVE
$\dfrac{1}{2}$	. . . . . L'Orme, le Tilleul, l'Iris, diverses Graminées.
$\dfrac{1}{3}$	. . . . . Le Souchet, les Carex, l'Aulne glauque.
$\dfrac{2}{5}$	. . . . . Le Cerisier, le Rosier, le Poirier, le Pêcher, le Peuplier.
$\dfrac{3}{8}$	. . . . . La Joubarbe des toits, le Pin maritime.
$\dfrac{5}{13}$	. . . . . Le Pin d'Alep, quelques Cactées.
$\dfrac{8}{21}$	. . . . . La Joubarbe tabulaire.

8. Relations entre les divers angles de divergence. — La série des angles de divergence est donc :

$$\frac{1}{2}, \frac{1}{3}, \frac{2}{5}, \frac{3}{8}, \frac{5}{13}, \frac{8}{21}, \frac{13}{34}, \text{ etc.}$$

Une loi remarquable de simplicité relie entre eux ces divers nombres, en apparence étrangers l'un à l'autre. Cette loi est celle-ci : *Un terme quelconque a pour numérateur la somme des numérateurs des deux termes qui le précèdent immédiatement, et pour dénominateur la somme des dénominateurs des deux mêmes termes.*

Prenons, par exemple, trois termes consécutifs quelconques : $\frac{3}{8}, \frac{5}{13}, \frac{8}{21}$ Le numérateur 8 du troisième est égal à la somme $3+5$ des numérateurs des deux précédents; et le dénominateur 21 est pareillement la somme $8+13$ du dénominateur des deux précédents. Il suffit donc d'écrire les deux fractions $\frac{1}{2}$ et $\frac{1}{3}$, les plus simples de toutes, pour en déduire la série entière au moyen d'additions.

Il nous est facile, maintenant que la loi nous est

connue, de continuer la série des angles de divergence. Par l'addition terme à terme des deux dernières fractions, nous obtiendrons d'abord $\frac{21}{55}$; puis de proche en proche $\frac{34}{89}$, $\frac{55}{144}$, etc. Mais remarquons que l'application devient de plus en plus rare à mesure que les nombres se compliquent. Ce sont les angles de divergence les plus simples qui reviennent habituellement ; l'un des plus fréquents est 2/5.

La série qui précède est de beaucoup la plus répandue, mais elle n'est pas la seule. On trouve de rares exemples de deux autres, dont les termes sont reliés entre eux par une loi pareille à celle que nous venons de faire connaître. Ces deux séries sont :

$$\frac{1}{3} \, , \, \frac{1}{4} \, , \, \frac{2}{7} \, , \, \frac{3}{11} \, , \, \frac{5}{18} \, , \, \frac{8}{29} \, , \text{ etc.}$$

$$\frac{1}{4} \, , \, \frac{1}{5} \, , \, \frac{2}{9} \, , \, \frac{3}{14} \, , \, \frac{5}{23} \, , \, \frac{8}{37} \, , \text{ etc.}$$

9. Spirales secondaires. — Il arrive assez souvent que des feuilles ou des écailles très-nombreuses sont assemblées sur un axe extrêmement court. C'est ce que nous montrent les têtes d'Artichaut, les cônes de Pins, les rosettes de certaines Joubarbes. Soit par exemple un cône de Pin (fig. 89). Quel est l'angle de divergence qui préside à l'arrangement de ses écailles? Pour le déterminer, il faudrait pouvoir suivre sur l'axe du cône la spirale qui va d'une écaille à l'autre et les embrasse toutes sans exception, de même que l'on peut la suivre avec tant de facilité sur un rameau de Rosier par exemple. Mais ici l'axe est caché par les écailles; et d'ailleurs le mettrait-on à nu en enlevant ces dernières, il serait si court et les rangs se trouveraient si pressés, qu'on ne parviendrait pas à s'y reconnaître. Une ingénieuse méthode va lever toute difficulté.

Donnons un nom à la spirale qui, de la base au sommet du cône, comprend toutes les écailles d'après l'ordre de leur élévation sur l'axe, comme les spirales précédemment étudiées embrassaient toutes les feuilles du rameau; appelons-la *spirale génératrice*. C'est elle qu'il s'agit de découvrir dans les rangs pressés des écailles du cône. Maintenant, sur l'objet lui-même, et non sur la figure, insuffisante puisqu'elle ne peut montrer qu'une face du cône, remarquons que des rangées régulières se dessinent contournant le fruit et comprenant chacune un certain nombre d'écailles seulement. On les nomme *spirales secondaires*. Les unes se dirigent de droite à gauche, les autres de gauche à droite. Leur nombre est variable suivant l'espèce de Pin. On en compte 3 dans un sens et 5 dans l'autre sur les cônes du Pin maritime; 5 dans un sens et 8 dans l'autre sur les cônes du Pin d'Alep. Enfin sur les cônes du Pin d'Écosse ou Pin sylvestre, 8 spirales secondaires s'enroulent de gauche à droite, et 13 s'enroulent de droite à gauche. Nous prendrons ce dernier pour exemple, en avertissant qu'un raisonnement en tout semblable s'applique aux autres cônes.

Fig. 89. — Cône de Pin d'Alep.

10. Détermination des numéros d'ordre des diverses écailles. — Les spirales secondaires du cône du Pin sylvestre (fig. 90), étant reconnues, raisonnons ainsi : Les 8 spirales secondaires qui tournent de gauche à droite couvrent tout le cône de leurs replis, et comprennent ainsi, à elles 8, la totalité des écailles. Par conséquent, l'une quelconque des 8 n'en comprend que le huitième. Considérons en particulier l'une de ces 8 spirales, et sur l'une de ses écailles, la plus inférieure, que nous prendrons pour point de départ, inscrivons le numéro 1. Cela fait, il s'agit de déterminer quels numéros d'ordre doivent porter, dans la totalité des écailles du cône, les écailles qui suivent sur la même spirale secondaire celle que l'on a prise pour point de départ. Sur cette spirale secondaire, ne comprenant que

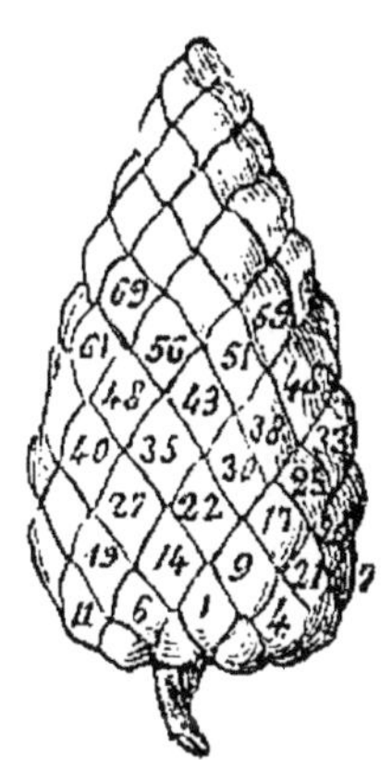

Fig. 90. — Cône de Pin sylvestre.

le huitième du tout, les écailles doivent apparaître de huit en huit rangs dans le dénombrement général qui se ferait sur la spirale génératrice embrassant la totalité ; leurs numéros d'ordre doivent donc de l'un à l'autre augmenter de huit. On voit ainsi que, sur cette spirale secondaire, les écailles doivent porter les numéros d'ordre 1, 9, 17, 25, 33, etc., formant une progression dont la raison est 8.

Pareil raisonnement se répète pour les spirales secondaires, tournant de droite à gauche. Il y en a 13, comprenant dans leur ensemble la totalité des écailles du cône. Chacune d'elles n'en contient alors que le treizième, et, par conséquent, les numéros d'ordre de ses écailles successives doivent croître de 13 en 13 dans le dénombrement. A partir de 1, on a donc ainsi sur cette spirale secondaire les écailles 1, 14, 27, 40, etc., formant une progression dont la raison est 13.

La coordination ne se borne pas aux deux spirales secondaires que nous venons d'étiqueter, l'une tournant à droite et l'autre tournant à gauche. Prenons, en effet, un nouveau point de départ parmi les écailles déjà numérotées, 14 par exemple. Sur la spirale secondaire, tournant de gauche à droite et dont 14 fait partie, les écailles doivent, dans leurs numéros d'ordre, former une progression arithmétique ayant 8 pour raison. On obtient ainsi 6 en descendant, et 22, 30, 38, 46, etc., en montant.

Si maintenant nous prenons 30, par exemple, pour point de départ, les écailles qui se trouvent sur la même spirale secondaire tournant de droite à gauche doivent former une progression arithmétique dont la raison est 13. On obtient ainsi 17, 4 en descendant et 43, 56, 69, etc., en montant.

En somme, lorsqu'on suit une spirale secondaire qui marche de droite à gauche, les numéros d'ordre des écailles successives doivent croître de 13, nombre égal à celui des spires tournant dans ce sens ; lorsqu'on suit une spirale secondaire qui marche de gauche à droite, les numéros d'ordre doivent croître de 8, nombre égal à celui des spires tournant dans ce sens.

11. **Détermination de la spirale génératrice et de l'angle de divergence.** — Les diverses écailles du cône se trouvent ainsi, de proche en proche, numérotées d'après leur ordre d'apparition sur l'axe. Si l'on joint par une ligne spirale les écailles successives 1, 2, 3, 4, 5, etc. on obtient la spirale génératrice. De plus on reconnaît que pour aller de l'écaille 1 à l'écaille 22, qui lui est directement superposée, ainsi que le montre la figure, ou bien que pour aller de l'écaille 22 à l'écaille 43, la spirale génératrice fait

8 fois le tour de l'axe. Enfin la superposition de 22 à 1, de 43 à 22, montre que le cycle comprend 21 feuilles. L'angle de divergence est donc le quotient de 8 circonférences par 21 ou bien 8/21. C'est ainsi que l'examen des spirales secondaires, en nous fournissant le moyen de donner son numéro d'ordre à chacune des écailles, nous permet de tracer la spirale génératrice et d'obtenir l'angle de divergence, si dissimulé qu'il soit par l'extrême raccourcissement de l'axe.

L'angle de divergence 8/21, reconnu par l'observation lorsque chaque écaille a été marquée de son numéro, peut aussi se déduire du nombre de spirales secondaires qui tournent soit dans un sens, soit dans l'autre. Remarquons, en effet, que dans la fraction 8/21 le numérateur 8 est égal au nombre de spirales secondaires tournant dans un sens, et que le dénominateur 21 est égal à la somme $8 + 13$ des spirales secondaires tournant dans chacun des deux sens. Ce résultat n'est pas fortuit : il tient à des propriétés géométriques et se reproduit dans tous les cas analogues. Cette observation généralisée nous conduit à la règle suivante :

On compte le nombre de spirales secondaires qui marchent dans un sens et le nombre des spirales secondaires qui marchent dans l'autre. Le plus petit de ces deux nombres est le numérateur de la fraction représentant l'angle de divergence; la somme des deux en est le dénominateur.

12. Feuilles verticillées. — Les feuilles disposées une à une le long d'une spirale prennent le nom de *feuilles éparses*, ou mieux de *feuilles spiralées*; leur point de naissance sur le rameau se nomme *nœud*, et la distance entre deux nœuds consécutifs s'appelle *entre-nœud*.

D'autre fois, les feuilles naissent deux par deux, trois par trois, quatre par quatre ou davantage, d'un même nœud. Chacun de ces groupes s'appelle *verticille* [1], et les feuilles sont qualifiées de *verticillées*. Lorsque le verticille est de deux, les feuilles plus fréquemment sont dites *opposées* (fig. 91).

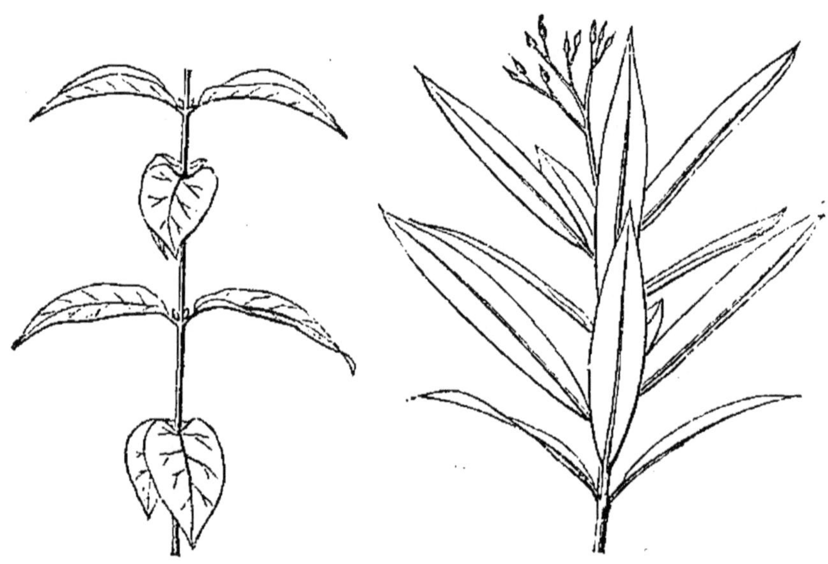

Fig. 91. — Feuilles opposées.   Fig. 92. — Feuilles du Laurier-rose verticillées par trois.

Il est à remarquer que, dans ces associations deux par deux, chaque groupe se met en croix avec celui qui le précède, toujours dans le but évident de gêner le moins possible l'accès de la lumière. Du reste, la loi est générale, et, quel que soit leur nombre, les feuilles d'un verticille ne se placent pas au-dessus de celles du verticille inférieur, mais bien en face de l'intervalle qui les sépare. On désigne cette disposition en disant que deux verticilles consécutifs *alter-*

1. Du latin : *vertere*, tourner.

nent leurs feuilles. Nous en avons un bel exemple dans le Laurier-rose, dont les feuilles sont verticillées par trois (fig. 92).

QUESTIONNAIRE.

1. Qu'appelle-t-on phyllotaxie ? — Quel inconvénient y aurait-il pour les feuilles d'être trop directement superposées ? — Comment la superposition directe est-elle évitée ? — **2.** Dans quel ordre sont disposées sur le rameau les feuilles du Poirier ? — Sur combien de rangées rectilignes les feuilles du Poirier sont-elles alignées ? — Quels numéros d'ordre portent les feuilles superposées aux feuilles 1, 2, 3, 4, etc.? — Sur une même rangée rectiligne, quelle série forment les divers numéros d'ordre ? — **3.** Qu'appelle-t-on cycle ? — D'où provient ce nom ? — De combien de feuilles se compose le cycle du Poirier ? — **4.** Qu'est-ce que l'angle de divergence? — Comment l'obtient-on ? — Quelle est sa valeur dans le Poirier ? — Quelle spirale faut-il choisir sur les deux que l'on peut conduire suivant les feuilles successives? — **5.** Comment sont disposées les feuilles de l'Orme ? — Quel est leur angle de divergence? — Qu'appelle-t-on feuilles alternes? — **6.** Comment sont disposées les feuilles du Souchet? — Quel est leur angle de divergence ? — Qu'appelle-t-on feuilles tristiques? — **7.** Citez quelques autres angles de divergence. — **8.** Ecrivez la série des angles de divergence. — Comment obtient-on un terme quelconque de cette série? — Cette série est-elle la seule ? — Quels sont les angles de divergence les plus fréquents? — **9.** Qu'appelle-t-on spirales secondaires? — Qu'est-ce que la spirale génératrice? — **10.** Comment les spirales secondaires peuvent-elles servir, par exemple, à donner leur numéro d'ordre aux diverses écailles d'un cône de Pin ? — Comment peut-on numéroter les écailles dans un cône qui a, par exemple, 5 spirales secondaires dans un sens et 8 dans l'autre? — Quel est le nombre des spirales secondaires dans le cône du Pin sylvestre, et comment croissent les numéros d'ordre des écailles sur chacune d'elles ? — 11. Les écailles étant numérotées, comment trouve-t-on la spirale génératrice et l'angle de divergence? — Connaissant les nombres des deux séries de spirales secondaires, comment en déduit-on l'angle de divergence? — 12. Qu'appelle-t-on feuilles verticillées? — Qu'est-ce qu'un nœud et un entre-nœud? — Qu'appelle-t-on feuilles opposées? — Que présentent de remarquable les feuilles de deux verticilles consécutifs? — Comment sont disposées les feuilles du Laurier-rose?

CHAPITRE XII

STRUCTURE DES FEUILLES.

1. Epiderme. — Dans toute feuille aérienne, les deux faces du limbe, ainsi que les autres parties, sont recouvertes d'une mince couche de cellules, arides, transparentes, disposées sur un seul rang et assemblées étroitement à côté l'une de l'autre. On donne à cette couche cellulaire le nom d'*épiderme*. Si de la pointe du canif on écorche légèrement en un point quelconque la surface d'une feuille, une délicate et transparente pellicule est soulevée; c'est un lambeau d'épiderme.

Les pièces dont l'épiderme se compose sont des cellules généralement aplaties, ajustées exactement l'une à l'autre, si peu régulier que soit leur contour, disposées en une seule assise et ne contenant dans

leur cavité rien de comparable aux matériaux si variés
que nous avons reconnus dans les cellules de la tige
et de l'écorce. Leur ensemble constitue une sorte de
vernis protecteur.

2. **Fonction de l'épiderme.** — La fonction immédiate de l'épiderme est de faire obstacle à l'évaporation. Toute feuille, en effet, même la plus aride en
apparence, est plus ou moins imbibée d'eau, nécessaire à son travail vital. Les racines la puisent dans
le sol; le bois encore jeune, l'aubier, la conduit à destination; la feuille la reçoit et l'utilise suivant les
besoins du végétal. Si rien ne protégeait son tissu
gorgé de liquide, la feuille se fanerait donc prompte-
ment sous l'action desséchante de l'air et du soleil.
C'est l'épiderme qui empêche ou plutôt retarde et ré-
gularise l'évaporation, à la manière d'un enduit imperméable.

3. **Feuilles aquatiques.** — Quant aux plantes
aquatiques, immergées qu'elles sont dans l'eau, elles
n'ont pas à se prémunir contre l'évaporation. Aussi
leurs feuilles sont-elles dépourvues d'épiderme, ce
qui leur permet de s'imbiber sans obstacle. Mais une
fois exposées à l'air, ces plantes, si vigoureuses dans
l'eau, se fanent et se crispent avec une facilité extrême,
faute de l'enveloppe épidermique qui entraverait la
déperdition en vapeurs. Enfin les feuilles flottantes,
à demi aquatiques, à demi aériennes, n'ont pas d'é-
piderme à la face inférieure, en contact avec l'eau,
mais elles en ont à la face supérieure, en rapport avec
l'air.

La préparation des plantes pour herbier met en
pleine évidence le rôle de l'épiderme s'opposant à une
trop prompte dessication. Les plantes aquatiques,
Volants d'eau, Utriculaires, Potamots, sont mises en

presse entre du papier gris, toutes ruisselantes d'humidité, telles qu'on les retire de leur fossé, de leur marécage; et cependant du matin au soir elles sont sèches, tandis que des plantes aériennes, quelquefois d'apparence aride, mettent des semaines pour leur dessication. Comment l'humide est-il si prompt à se dessécher, et l'aride si lent? La cause en est dans l'absence ou dans la présence de l'épiderme. La plante aquatique, dépourvue d'épiderme, cède rapidement au papier buvard l'humidité qui l'imbibe; la plante aérienne, revêtue d'épiderme, ne cède la sienne qu'avec lenteur.

4. Productions épidermiques. — En général, les cellules de l'épiderme sont aplaties et la membrane qu'elles forment par leur assemblage est régulièrement unie. Mais il n'est pas rare que certaines cellules, parfois toutes, se gonflent en mamelons, se soulèvent en verrues, ou se prolongent en espèces de cornes creuses, appelées *poils*. La surface de la feuille est alors ou mamelonnée à la manière d'une framboise, ou veloutée d'un fin duvet, ou hérissée de cils raides, ou matelassée de bourre suivant le degré d'allongement et la finesse des productions épidermiques.

La Ficoïde glaciale soulève son épiderme, autant sur les rameaux que sur les feuilles, en petites ampoules semblables à des perles de glace; d'où le nom vulgaire de Glaciale donné à la curieuse plante, qui miroite au soleil d'été avec une parure de frimas. — La Joubarbe cotonneuse se fait avec quelques cellules de l'épiderme de longs brins soyeux qui s'enchevêtrent et couvrent les feuilles d'une espèce de gaze semblable à la toile de l'araignée. D'autres, comme certains Bouillons-blancs, feutrent leurs poils en une molle ouate; d'autres les assemblent en velours; d'autres, comme l'Ortie, amassent dans leur cavité un liquide irritant.

5. Fonctions des productions épidermiques. — Ce ne sont pas les espèces les plus exposées à la rigueur des frimas qui se couvrent de poils épidermiques, mais bien principalement les espèces exposées à toutes les ardeurs du soleil. La Primevère des glaciers a ses feuilles nues; l'Athanasie maritime, sur les plages brûlantes de la Méditerranée, est empaquetée d'un épais coton aussi blanc que neige. A l'ombre et dans les terrains humides, rarement se montre la feuille ouatée de poils; elle est fréquente, au contraire, sur les terrains arides, brûlés par le soleil et battus par le vent. Il semblerait donc que la plante, en se matelassant de bourre, se prémunit surtout contre l'évaporation. Pour entraver davantage la déperdition de l'eau qui l'imbibe, à l'obstacle de l'épiderme elle ajoute l'obstacle d'une toison.

6. Formes diverses des poils. — Le poil le plus simple consiste en une seule cellule épidermique, qui se prolonge sous forme de corne. Cette cellule peut se ramifier et donner naissance à un poil à deux ou plusieurs branches, dont les cavités communiquent entre elles. D'autres fois plusieurs cellules s'assemblent bout à bout pour constituer un poil divisé en compartiments. Parmi ces poils à plusieurs cellules, il y en a de simples et de ramifiés; il y en a dont les branches rayonnent autour d'un centre commun; d'autres dont les cellules courtes et arrondies sont assemblées en chapelet; d'autres encore qui, par la soudure de longues cellules rayonnantes, prennent la forme d'une écaille étoilée, adhérant à la feuille par son point central.

Ces poils écailleux ont en général des reflets brillants, presque métalliques; on les prendrait, sous un microscope, pour de fines écailles de poisson, ou pour cette poussière argentée que l'aile du papillon laisse aux doigts. Ce sont eux qui donnent au feuillage de l'Olivier son aspect cendré; ce sont eux qui argentent en dessous les feuilles de l'Argoussier et de l'Olivier de Bohême ou Chalef.

7. **Poils glanduleux**. — Certains poils se renflent à l'extrémité en une ou plusieurs cellules dans l'intérieur desquelles s'élaborent des substances spéciales, comme des acides, des résines, des essences, des liquides visqueux. On les nomme *poils glanduleux*, et l'on désigne sous le nom de glande la petite masse cellulaire où se fait ce travail d'élaboration. Les poils glanduleux des cônes du Houblon contiennent la matière appelée *lupuline*, qui donne à la bière son bouquet et sa saveur amère; ceux des gousses du Pois-

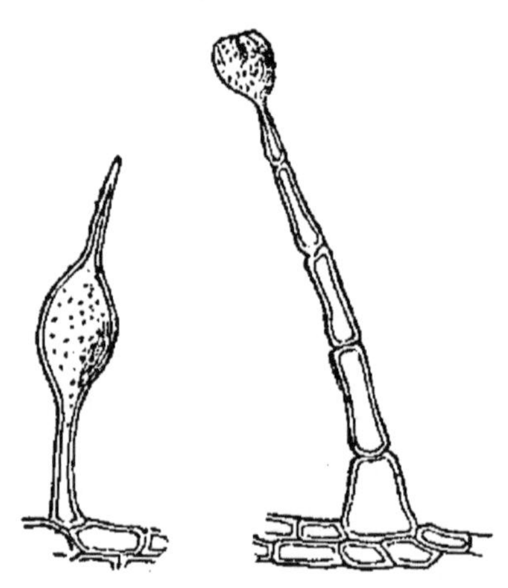

Fig. 93. — Poils glanduleux du Muflier.

chiche produisent de l'acide oxalique; ceux du Muflier contiennent de la viscosité (fig. 93).

8. **Poils de l'Ortie** (fig. 94). — D'autres poils sont remplis d'un liquide irritant, sorte de venin végétal qui, introduit dans les chairs, cause de vives démangeaisons. Tels sont ceux qui hérissent notre vulgaire Ortie. Ils sont composés d'une cellule unique, renflée en ampoule à la base, et graduellement rétrécie en un long goulot, qui se termine par un bouton sans orifice. L'ampoule est elle-même en partie enchâssée dans un court support cylindrique qui, pour la rece-

voir, se creuse supérieurement en godet. Ce support, formé d'un tissu de cellules, paraît être le laboratoire où se prépare le liquide venimeux ; enfin l'ampoule est le réservoir où il s'amasse. Quand un de ces poils pénètre dans la peau, le bouton terminal se casse, et la fiole à venin, ainsi débouchée, verse son contenu dans la blessure par la contraction de sa paroi élastique. Le mélange de l'âcre liquide avec le sang est cause de la rougeur qui se manifeste autour du point atteint et de la douleur qu'on éprouve.

9. Effets de quelques Orties exotiques. — Qui ne connaît, pour avoir, au moins une fois, plongé par mégarde la main dans un fourré d'Orties, les cuisantes démangeaisons, suite de la piqûre des poils de la plante. Ce n'est rien encore cependant par rapport aux effets de certaines Orties des pays tropicaux, où la chaleur du climat exalte les propriétés végétales jusqu'à faire d'un simple poil une arme redoutable.

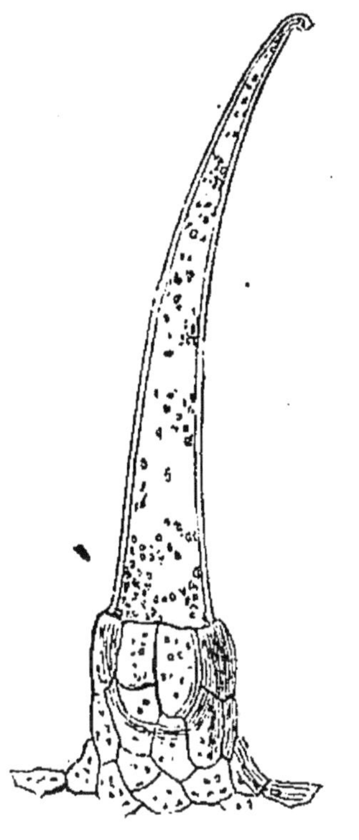

Fig. 94. — Poil de l'Ortie.

L'*Ortie crénelée* des Indes pique si cruellement que la douleur dure plusieurs jours et peut aller jusqu'à provoquer des convulsions. Un voyageur rapporte que, visitant le jardin botanique de Calcutta, il fut piqué à trois doigts de la main par la terrible Ortie. Pendant quarante-huit heures, la douleur fut des plus vives et accompagnée de légères contractions tétaniques. Les effets de la piqûre ne cessèrent que neuf jours après l'accident.

L'*Ortie très-brûlante* de Java est désignée par les indigènes sous le nom de *Feuille du Diable*; nom bien mérité, car, à ce que l'on assure, la piqûre de cette plante cause, une année durant, de cuisantes douleurs, provoque des accès de tétanos et peut même donner la mort.

10. Stomates (fig. 95). — Examiné au microscope, un lambeau d'épiderme montre une foule de petites ouvertures, dont la conformation rappelle une boutonnière. Chacune consiste en une fente oblongue, bordée de deux cellules symétririques et arquées, qui se renflent en manière de lèvres et donnent à l'ensemble l'aspect d'une petite bouche tantôt close, tantôt entr'ouverte. De cette ressemblance avec une

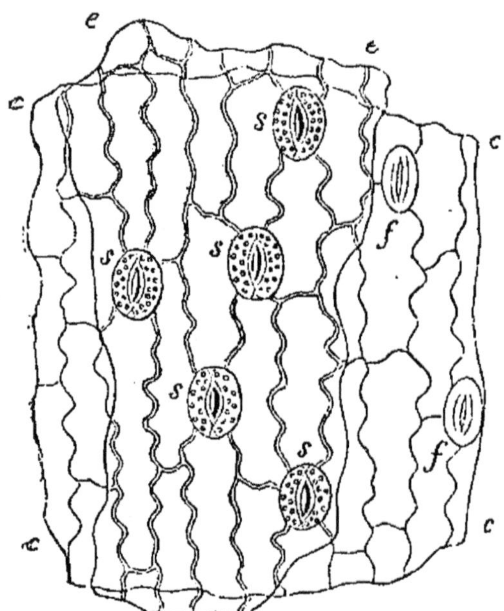

Fig. 95. — Stomates du Lis.

bouche est venu le nom de *stomate*[1] par lequel on désigne ces orifices de l'épiderme. Les stomates se trouvent principalement à la face inférieure du limbe pour les feuilles aériennes, et à la face supérieure pour les feuilles aquatiques flottantes.

Leur nombre est prodigieux. Dans l'étendue d'un

[1]. Du grec : *stoma, stomatos*, bouche.

centimètre carré, on compte 7000 stomates environ à la face inférieure d'une feuille de Reine-Marguerite; 12500 dans la Vigne; 21500 dans l'Olivier; 25000 dans le Chêne pédonculé. On a calculé qu'une seule feuille de Tilleul de grandeur moyenne est percée de 1053000 stomates. A quels inconcevables nombres n'arriverait-on pas si l'on voulait dénombrer leur total pour le Tilleul entier, dont les feuilles se comptent par myriades.

Les stomates, ainsi que les poils, ne sont pas le domaine exclusif de la feuille; on les trouve aussi, plus ou moins abondants, sur les diverses parties de la plante en rapport avec l'air, principalement sur les parties vertes, comme les stipules et l'écorce des jeunes rameaux. En général, ils manquent sur les organes plongés dans le sol ou immergés dans l'eau. Les surfaces vertes, étalées à l'air, sont leur emplacement par excellence, aussi en parlons-nous en traitant des feuilles, les plus importantes des surfaces vertes du végétal. Nous réservons pour plus tard les fonctions des stomates.

11. Nervures de la feuille. — L'épiderme nous est maintenant connu, avec ses cellules aplaties, assemblées en fine membrane propre à modérer l'évaporation; avec ses poils, parfois assez touffus pour former un duvet qui augmente les obstacles contre une déperdition trop rapide d'humidité; avec ses stomates, qui mettent en rapport avec l'atmosphère l'épaisseur de la feuille. Ce que le limbe contient entre les deux feuillets d'épiderme, celui de la face supérieure et celui de la face inférieure, est encore plus important.

Là se trouve d'abord une espèce de charpente qui donne à la feuille de la solidité. Elle est formée de fibres et de vaisseaux assemblés en paquets dont l'ensemble constitue le pétiole. A son entrée dans le limbe, le faisceau commun de fibres et de vaisseaux se divise en ramifications ou nervures qui, de subdivisions en subdivisions, forment un réseau à mailles innombrables. Rappelons-nous ces espèces de dentelles en lesquelles se réduisent les feuilles longtemps exposées à l'action de la pourriture ; elles ne sont autre chose que le réseau fibro-vasculaire dépouillé du tissu de cellules qui en remplit les mailles à l'état vivant.

12. Rôle du réseau de nervures. — Le rôle de cette charpente vasculaire ne se borne pas à donner de la consistance au limbe de la feuille et à le maintenir étalé ; une autre fonction lui est dévolue, d'un intérêt bien plus grand. C'est par les vaisseaux du pétiole que les matériaux liquides absorbés par les racines arrivent dans la feuille ; c'est par les vaisseaux des nervures et de leurs ramifications de plus en plus petites et nombreuses, qu'ils se distribuent dans toute l'étendue du limbe pour y subir une concentration par les stomates, l'action chimique de la lumière, et devenir fluide nourricier ; c'est par le même réseau de vaisseaux et de fibres que le liquide élaboré revient de la feuille au rameau pour se distribuer aux divers organes qu'il doit alimenter. Le réseau fibro-vasculaire est donc la voie de communication entre la feuille et la plante. Il amène dans le limbe des matériaux bruts ; il en ramène de la séve nourricière, préparée dans le laboratoire qu'il nous reste à examiner.

13. Parenchyme de la feuille. — Ce laboratoire, où réside par excellence l'activité de la feuille, se nomme *varenchyme*[1] (fig. 96). Il consiste en un tissu

----

1. Du grec : *parenchymos,* matière charnue, succulente.

charnu de cellules qui remplit les mailles du réseau fibro-vasculaire et englobe plus ou moins les nervures dans son épaisseur. Les cellules sont d'un vert pâle, aqueuses, généralement irrégulières et groupées sans ordre bien déterminé. Leur forme et leur arrangement diffèrent, dans la grande majorité des cas, sur les deux faces de la feuille. A la face supérieure, le microscope montre deux ou trois couches de cellules oblongues, diri-

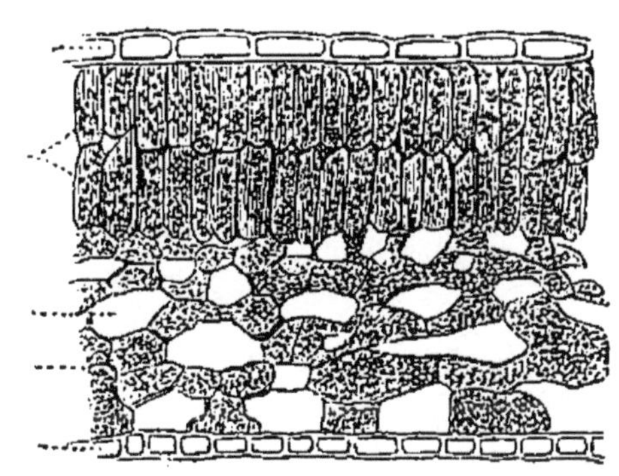

Fig. 96. — Tranche mince d'une feuille de Balsamine.

gées perpendiculairement à l'épiderme et serrées entre elles de manière à ne laisser que peu ou point d'intervalles vides. Dans l'épaisseur même de la feuille et à la face inférieure, les cellules sont fort irrégulières, au contraire, ne se touchent que partiellement et laissent ainsi de nombreux espaces inoccupés, dont les moindres sont appelés *méats intercellulaires* [1] et les plus grands *lacunes* (fig. 96).

De cette différence de contexture résulte la teinte différente des deux faces de la feuille. Sur la face supérieure, à travers l'épiderme transparent et incolore, apparaît une coloration d'un vert foncé parce que les cellules vertes y sont assemblées en tissu compacte; sur la face inférieure, la coloration est pâle parce que les cellules vertes n'y forment qu'un tissu lâche, tout criblé d'intervalles vides à la manière d'une éponge.

---

1. Du latin : *meatus*, conduit.

14. Chambres aériennes (fig. 97 et 98). — Enfin chaque stomate *s* communique directement avec un espace vide *l*, un peu plus grand, plus régulier que les autres et nommé *chambre aérienne*. Les divers méats in-

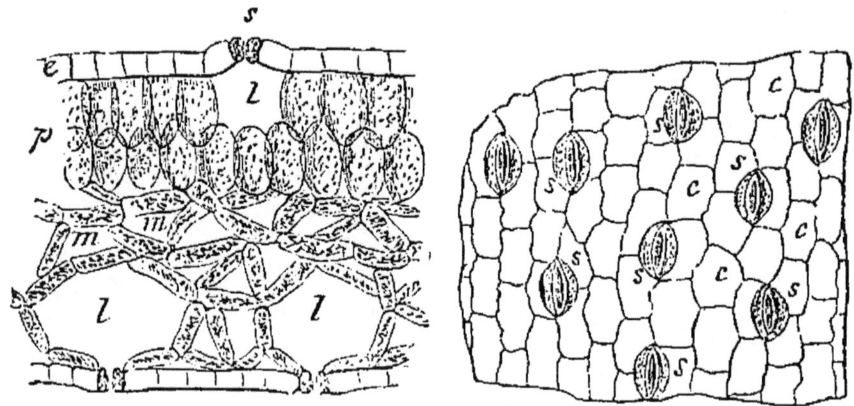

Fig. 97. — Tranche verticale d'une feuille de Giroflée.

Fig. 98. — Lambeau de la face infé-rieure de la même feuille.

tercellulaires *m* du voisinage viennent tous, de proche en proche, en communiquant entre eux, déboucher dans cette chambre, sorte de vestibule d'attente où s'amassent les produits gazeux du travail des feuilles avant de s'exhaler dans l'atmosphère par l'orifice du stomate, où s'emmagasinent provisoirement aussi les substances gazeuses puisées dans l'air, avant de se rendre aux cellules pour y subir le merveilleux travail dont l'étude est réservée pour un chapitre ulté-rieur. La chambre aérienne est ainsi un carrefour pour les matériaux gazeux qui sortent des cellules ou doivent y pénétrer; le stomate, ouvert dans la cou-che épidermique qui lui sert de plafond, est l'orifice d'entrée et de sortie.

15. Chlorophylle. — Le véritable laboratoire de la feuille est la cellule; tout le reste ne constitue guère que des voies de communication. Dans les vaisseaux des nervures circulent des liquides, matériaux bruts ou produits nourriciers ; les méats intercellulaires, les chambres aériennes, les stomates, servent à la circulation des vapeurs et des gaz. Ce perpétuel mouvement de va-et-vient a pour point de départ et pour point d'arrivée la cellule, où s'effectuent finalement le travail chimique du végétal. Or, pour accomplir son œuvre, la cellule dispose d'un matériel spécial qu'il nous reste à connaître.

Nous savons déjà qu'une cellule se compose d'un petit sac clos de partout et formé d'une délicate membrane incolore. La coloration verte des cellules des feuilles n'appartient donc pas à la paroi, mais bien au contenu du sac cellulaire. Sous le microscope, en effet, une cellule, déchirée par la compression, laisse écouler une gouttelette de fluide transparent, dans lequel nagent de nombreux granules verts d'une excessive finesse. Le fluide transparent est presque en entier formé d'eau ; quant aux granules verts, ils constituent une substance spéciale que l'on nomme *chlorophylle*[1]. C'est tantôt une gelée verte sans forme déterminée, tantôt et plus fréquemment un amas de corpuscules globuleux ou déformés par leur pression mutuelle, et si menus qu'il en faudrait environ 130 disposés à la file l'un de l'autre pour faire la longueur d'un millimètre. Une cellule dont la capacité serait d'un millimètre cube pourrait, par conséquent, en contenir plus de deux millions.

La chlorophylle ne donne pas seulement aux feuilles leur coloration verte, elle la donne aussi à l'écorce jeune, aux fruits non mûrs, enfin à toutes les parties

---

1. Du grec : *chloros*, vert ; et *phyllon*, feuille.

de la plante colorées en vert. Il est à remarquer enfin que tous les tissus colorés en vert par la chlorophylle se trouvent toujours à l'extérieur, où ils peuvent recevoir l'influence de la lumière solaire, et non à l'intérieur où cette influence leur ferait défaut. Nous allons voir bientôt, en effet, que la chlorophylle n'accomplit son admirable travail qu'avec le concours des rayons du soleil.

QUESTIONNAIRE.

1. Qu'est-ce que l'épiderme de la feuille? — De quoi est il composé? — 2. Quelle est la fonction de l'épiderme — 3. Que présentent de particulier les feuilles aquatiques? — Pourquoi les plantes aquatiques se fanent-elles et se dessèchent-elles plus rapidement que les plantes aériennes? — 4. Par quoi sont produits les poils des végétaux? — Comment sont les productions épidermiques de la Ficoïde glaciale, de la Joubarbe cotonneuse, des Bouillons-Blancs? — 5. Quelle est la fonction des productions épidermiques? — Dans quelles conditions principalement ces productions se forment-elles? — 6. Quelles sont les principales formes des poils? — Qu'appelle-t-on poils écailleux? — D'où provient la couleur cendrée ou argentée de la face inférieure des feuilles de l'Olivier et du Chalef? — 7. Qu'appelle-t-on poils glanduleux? — Citez quelques exemples. — 8. Quelle est la structure des poils de l'Ortie? — Comment agissent-ils pour produire la démangeaison qu'ils causent? — 9. Que savez vous sur les effets de quelques Orties exotiques? — 10. Qu'appelle-t-on stomate? — D'où provient ce nom? — Quelle est la structure des stomates? — Leur nombre est-il considérable? — Sur quelle face de la feuille se trouvent-ils principalement ? — En est-il de même sur

les feuilles aquatiques flottantes? — Les stomates ne se trouvent-ils que sur les feuilles? — 11. De quoi sont composées les nervures ? — 12. Quelle est la fonction des nervures? — 13. Qu'appelle-t-on parenchyme? — Comment sont disposées les cellules du parenchyme des deux côtés de la feuille? — Qu'appelle-t-on méats intercellulaires? — D'où provient la différence de teinte des deux faces de la feuille ? — 14. Qu'est-ce qu'une chambre aérienne? — Quelle est la fonction des chambres aériennes? — Par quel orifice une chambre aérienne communique-t elle avec l'extérieur ? — 15. Où s'accomplit en réalité le travail fondamental des feuilles? — En quoi consiste le contenu d'une cellule verte? — Qu'est-ce que la chlorophylle? — Quelle est la dimension de ses granules ? — Ne trouve-t-on de la chlorophylle que dans les cellules des feuilles ? — Quelle position dans la plante occupent les cellules à chlorophylle? — Pour quel motif se trouvent-elles à l'extérieur? — D'où vient le mot de chlorophylle?

CHAPITRE XIII

SÉVE ASCENDANTE.

1. Endosmose. — Après ces notions sur la structure de la racine, de la tige et des feuilles, nous allons rechercher comment les végétaux se nourrissent, et comment, avec un petit nombre de matériaux, de l'eau, quelques gaz, quelques sels, de valeur nutritive absolument nulle pour nous, ils parviennent à composer les substances si variées qui nous font vivre tous. Et d'abord demandons-nous comment les plantes prennent dans le sol les matériaux qui leur sont nécessaires. Ici sont indispensables quelques notions empruntées à la physique.

Prenons un tube de verre ouvert aux deux bouts, de la longueur d'un mètre, plus ou moins, et du calibre d'une forte plume. Procurons-nous, d'autre part, une membrane animale, par exemple la vessie d'un lapin, et nouons l'orifice de celle-ci à l'un des bouts du tube. Remplissons enfin la vessie d'eau gommée ou sucrée et plongeons-la dans de l'eau pure, le tube qui lui sert de col restant au dehors, dressé verticalement. L'appareil est alors abandonné à lui-même, maintenu en place de manière que la vessie soit de partout enveloppée par l'eau pure et ne touche pas le vase qui contient celle-ci (fig. 99).

La membrane se trouve, de la sorte, en rapport par chacune de ses faces avec un liquide de nature différente. Au dehors, elle est baignée par un liquide plus léger, plus fluide : l'eau pure ; au dedans, par un liquide plus dense, plus visqueux : l'eau gommée ou sucrée. Dans ces conditions, un fait des plus remarquables se passe : petit à petit, des heures durant, l'eau pure s'infiltre à travers la membrane, pénètre dans la vessie et se mélange à l'eau gommée. Le contenu du sac membraneux augmente donc sans cesse,

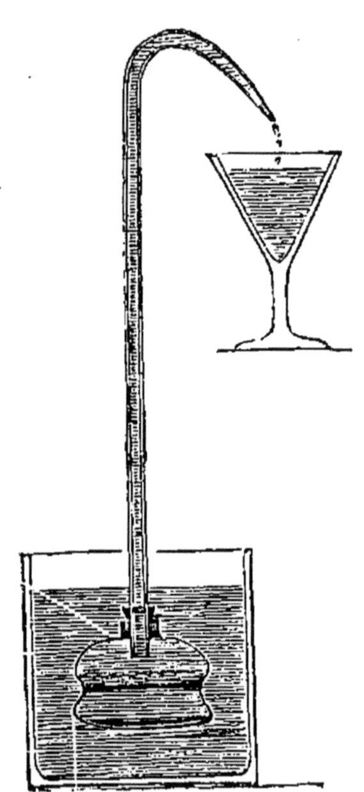

Fig. 99. — Endosmomètre.

ce qui se traduit par une élévation du liquide dans le tube. Si l'appareil n'est pas trop long, l'eau gommée, accrue en volume aux dépens de l'eau pure qui lui vient à travers la paroi du sac, finit par atteindre l'extrémité supérieure du tube et par se déverser au dehors. La hauteur atteinte par le liquide ainsi soulevé dépend, du reste, de l'étendue de la membrane à travers laquelle l'infiltration se fait, du calibre du tube, de la nature des deux liquides et d'autres conditions encore.

Le résultat que nous venons de sommairement exposer, est général : toutes les fois que deux liquides différents sont séparés par la cloison d'une membrane, le plus fluide filtre à travers cette cloison et se porte vers le plus visqueux. On donne à cette propriété le nom d'*endosmose*[1].

2. Absorption par les racines. — Dans leurs parties jeunes, vers l'extrémité surtout de leurs plus fines ramifications, les racines sont composées de cellules dont chacune réalise, avec une perfection inimitable, le sac membraneux de notre expérience. Ces cellules sont d'ailleurs pleines d'un liquide provenant de leur travail vital antérieur, et analogue, par sa densité et sa viscosité, à l'eau gommée ou sucrée dont nous venons de nous servir pour l'endosmose. Enfin le sol est imbibé d'eau qui tient en dissolution de très-faibles quantités de matières étrangères, et par conséquent diffère à peine de l'eau pure. Toutes les conditions pour l'endosmose se trouvent ainsi réalisées : la membrane de la cellule est baignée au dedans par un liquide dense et visqueux, au dehors par un liquide plus fluide et plus léger. L'humidité

---

1. Du grec : *endon*, en dedans ; *osmos*, impulsion.

du sol s'infiltre donc à travers les parois des cellules et pénètre dans les racines. Ce premier acte de la nutrition des plantes se nomme *absorption*.

3. **Ascension de la séve par endosmose.** — Tandis que les cellules de la surface se gonflent en absorbant les sucs de la terre, les cellules plus profondes s'emplissent au contact des premières, également par endosmose, à travers la double paroi, et de propre en proche le tissu cellulaire arrive à l'état de plénitude. Maintenant des canaux se présentent, très-déliés et très-longs, propres à l'*ascension* du liquide absorbé ou de la séve brute, jusqu'à telle hauteur qu'il sera nécessaire. Ce sont les vaisseaux, distribués à profusion dans le tissu ligneux depuis l'extrémité des racines jusqu'aux feuilles. Ils représentent le tube de verre de notre appareil à endosmose. De même que ce tube s'emplit avec le trop plein du sac membraneux, dont le contenu augmente toujours, de même aussi, dans les vaisseaux de la plante, s'élève le liquide dont les cellules regorgent par une absorption continue. Il est difficile de préciser la hauteur que le liquide peut ainsi atteindre; du moins, avec nos appareils, si défectueux quand on les compare à ceux de la nature vivante, on a reconnu que l'endosmose, s'exerçant entre de l'eau et du sirop de sucre, développe une poussée capable de soulever une colonne d'eau de quarante à cinquante mètres de hauteur. La puissance d'absorption des racines serait donc à elle seule suffisante pour amener l'eau puisée dans la terre jusqu'à l'extrémité de nos plus grands arbres.

4. **Capillarité.** — D'autres causes d'ailleurs sont en activité dans cette ascension. Une nouvelle digression dans le domaine de la physique est ici né-

cessaire. — Un tube est dit *capillaire*[1] lorsque son canal est très-étroit et comparable à un cheveu. Or, si l'on plonge par un bout dans un liquide un pareil tube ouvert à ses deux extrémités, on constate les faits suivants, en contradiction avec ce qui nous est habituellement connu. Il est d'expérience familière, en effet, qu'un canal ouvert étant plongé par un bout dans l'eau, le liquide se maintient à l'intérieur au même niveau qu'à l'extérieur. Avec un tube capillaire, le résultat est tout différent : le niveau intérieur est tantôt plus bas, tantôt plus haut que le niveau extérieur. Il est plus bas si le liquide est de nature à ne pas adhérer aux parois du canal, à ne pas les mouiller. C'est ce que l'on observe avec un tube de verre plongé dans du mercure. Il est plus haut si le liquide peut adhérer aux parois du canal. C'est ce que l'on obtient avec un tube de verre plongé dans l'eau.

Bornons-nous à ce dernier cas, l'autre étant étranger à la question botanique. Si l'on plonge, disons-nous, un tube capillaire dans un liquide capable de le mouiller, le niveau intérieur s'élève au-dessus du niveau extérieur, et l'ascension du liquide est d'autant plus considérable que le canal est plus fin. Voilà le fait fondamental de la *capillarité*, fait très-facile à vérifier avec des tubes capillaires de divers calibres et de l'eau colorée.

5. Capillarité des corps poreux. — Considérons maintenant un corps poreux, tout criblé d'étroites lacunes, de fissures déliées. Ces lacunes, ces fissures, assimilables sous le rapport de la ténuité au fin canal des tubes qui précèdent, constituent des

1. Du latin : *capillus*, cheveu.

intervalles capillaires dans lesquels un liquide peut s'élever.

Lorsque, par exemple, on fait tremper par un point seulement un morceau de sucre dans le café, on voit le liquide brun gagner au-delà du point baigné et bientôt imbiber tout le morceau. C'est la capillarité qui introduit le liquide dans les intervalles vides du sucre et le soulève au-dessus de son niveau. — C'est par la capillarité encore que le tissu spongieux de la mèche amène jusqu'à la flamme l'huile du réservoir de la lampe; c'est par la capillarité qu'un tas de sable dont la base est dans l'eau, s'imbibe jusqu'au sommet.

6. **Capillarité dans les végétaux.** — Où trouver de meilleures conditions pour de tels résultats que dans le tissu d'un végétal? Les cellules y laissent entre elles d'innombrables intervalles vides; les vaisseaux, les fibres, y sont d'une finesse extrême, avec laquelle celle de nos tubes les plus étroits difficilement pourrait rivaliser. Il est dès lors incontestable qu'à l'action de l'endosmose, s'ajoute, dans une large mesure, celle de la capillarité, pour élever jusqu'aux feuilles le liquide qu'absorbent les racines.

7. **Aspiration par le feuillage.** — Lorsqu'au réveil de la végétation au printemps, l'arbre est encore dans l'état dénudé où l'a laissé l'hiver, l'afflux des liquides aux extrémités supérieures se fait uniquement sous l'impulsion des deux forces que nous venons d'examiner; mais, à partir du moment où les bourgeons ont déployé leur nouveau feuillage, une troisième cause d'ascension entre en jeu, plus puissante encore que les deux autres.

Chaque feuille, nous le verrons bientôt, est le siége d'une évaporation très-active, d'où résulte nécessairement un vide dans les organes qui ont fourni l'eau évaporée. Mais ce vide est aussitôt comblé par les organes voisins, qui cèdent leur contenu et reçoivent à leur tour celui des couches plus profondes. De cellule en cellule, de fibre en fibre, de vaisseau en vaisseau, pareil effet se reproduit en des points de plus en plus éloignés des surfaces évaporantes, et se propage jusqu'aux extrémités des racines, qui, par une continuelle succion, remplacent le liquide disparu. C'est en quelque sorte le jeu de la pompe aspirante, dont le piston laisse derrière lui un vide, immédiatement rempli par l'eau du canal, qui la reçoit lui-même du fond du puits. Que le vide soit fait par le déplacement du piston ou par l'évaporation des feuilles, le résultat est le même : c'est l'afflux de proche en proche du liquide accourant remplir, sous la poussée de l'atmosphère, un espace non occupé.

8. Puissance d'ascension de la séve. — Endosmose des racines, capillarité des tissus, aspiration des feuilles, telles sont les principales causes de l'ascension de la séve. L'expérience suivante nous renseignera sur leur énergie.

Très-ralentie, suspendue même pendant l'hiver, l'absorption acquiert, aux premières chaleurs du printemps, une activité qui dédommage la plante des longues torpeurs hivernales. C'est alors que de la section de leurs rameaux amputés, les arbres fruitiers laissent écouler des *pleurs*, c'est-à-dire le liquide ascendant qui s'extravase en l'absence de ses conduits naturels retranchés par la taille. Ces pleurs sont surtout abondants sur les plaies récentes de la Vigne.

Pour évaluer la force qui les pousse, le physiologiste Hales coupait transversalement un cep de Vigne, et sur la section ajustait l'embouchure d'un tube de verre deux fois coudé. Le coude inférieur était alors rempli de mercure. La séve arrivant dans la branche du tube en rapport avec le cep, pressait sur le mercure et le refoulait devant elle dans la branche libre. La hauteur à laquelle le mercure se trouvait de la sorte soulevé était évidemment la mesure de la force d'ascension de la séve. Or, dans une première expérience, Hales vit la colonne mercurielle atteindre la hauteur de $0^m,873$; et dans une seconde, celle de $1^m,028$. Comme le mercure est treize fois et demi plus lourd que l'eau, la même pression aurait soulevé une colonne d'eau de 12 mètres environ dans le premier cas, et de 14 mètres dans le second. On voit donc que, malgré la délicatesse du mécanisme en action, la plante, avec ses cellules qui se gorgent par endosmose, ses vaisseaux qui s'emplissent par capillarité, est capable de très-grands effets. Un simple tronçon de Vigne, uniquement pourvu de ses racines, chasse l'eau à une élévation où nos pompes aspirantes ne la porteraient pas.

9. **Trajet suivi par la séve ascendante.** — Le bois extérieur est le plus jeune, il est formé de fibres et de vaisseaux dont les cavités sont libres; le bois intérieur est le plus vieux, ses fibres et ses vaisseaux sont encroûtés de matière ligneuse, obstrués de couches surajoutées, décrépits et hors d'usage enfin. Le liquide s'engage donc là où la circulation est possible; il cesse de pénétrer là où le passage est impraticable. C'est dire que l'ascension de la séve se fait par l'aubier, et principalement par les couches superficielles, de formation plus récente. L'expépérience directe ne laisse aucun doute à cet égard. Lorsqu'on abat un arbre, au moment de l'activité de la séve, on trouve l'aubier humide et le bois parfait

sec. Enfin dans les plantes herbacées et dans tous les végétaux dont la partie centrale ne durcit point, c'est par l'ensemble des faisceaux ligneux que s'accomplit l'ascension.

10. **Composition de la séve ascendante.** — Si l'on veut recueillir la séve pour en étudier la nature, le moyen est des plus simples. Avec une tarière, on pratique un trou de sonde, un peu obliquement de bas en haut, dans l'aubier d'un arbre déjà fort, et l'on ajuste à l'orifice un bout de roseau pour servir de bec d'écoulement. Un flacon reçoit le liquide qui suinte. Or cette séve ascendante, matière première avec laquelle la plante doit composer tout ce qu'elle contient, n'est à peu près que de l'eau claire; et, souvent, c'est à grand'peine que la chimie parvient à y constater les quelques substances dissoutes, tant leur proportion est faible. Parmi ces substances, les plus fréquentes sont des sels de potasse, des sels de chaux et de l'acide carbonique.

La séve n'est pas toujours cependant comparable à de l'eau pure. Tous les végétaux puisent certainement dans le sol un liquide très-pauvre; mais, à mesure qu'il pénètre plus avant dans l'épaisseur des tissus, ce liquide dissout diverses substances tenues en réserve dans les cellules et provenant d'un travail antérieur. Par une saignée pratiquée à la tige, on obtient donc souvent, non ce que les racines ont réellement puisé dans le sol, mais bien une séve enrichie des produits trouvés sur son trajet, de sucre notamment. C'est ainsi qu'un Érable de l'Amérique du Nord laisse écouler des entailles faites à son tronc un liquide à saveur très-douce, d'où l'on retire du sucre par l'évaporation. C'est ainsi encore que divers Palmiers, dont on ampute le gros bourgeon terminal, pleurent une séve sucrée qui, fermentée, donne le *vin de Palme*, et distillée après fermentation, l'eau-de-vie nommée *Arrack*.

Le liquide puisé dans le sol arrive par conséquent aux feuilles déjà modifié; il contient, en outre des principes fournis par la terre, ceux que lui ont cédé les tissus parcourus dans son ascension. Néanmoins ce n'est pas encore un fluide nourricier; pour le devenir, cette *séve ascendante, séve brute* ou *non élaborée*, doit subir, dans les feuilles, d'abord une évaporation qui lui enlève l'eau en excès, et enfin des remaniements chimiques qui lui donnent des propriétés toutes nouvelles. Ce sera le sujet des chapitres suivants.

QUESTIONNAIRE.

1. De quoi se compose un appareil à endosmose ? — Que met-on à l'intérieur du sac membraneux ? — Que met-on à l'extérieur ? — Que se passe-t-il dans cet appareil ? — Énoncez le fait général de l'endosmose ? — 2. Comment les racines fonctionnent-elles comme appareils d'endosmose ? — Qu'appelle-t-on absorption ? — 3. Comment l'endosmose provoque-t-elle l'ascension de la séve ? — 4. Qu'appelle-t-on tubes capillaires ? — Que se passe-t-il dans ces tubes suivant que le liquide peut ou ne peut pas les mouiller ? — 5. Comment les corps poreux peuvent-ils s'imbiber par capillarité ? — Citez quelques exemples familiers. — 6. La capillarité peut-elle s'exercer dans les tissus de végétaux ? — 7. Quelles forces provoquent l'ascension de la séve en l'absence du feuillage ? — Quand l'arbre est feuillé, quelle autre force entre en jeu pour l'ascension de la séve ? — Comment l'action des feuilles peut-elle être comparée à l'action d'une

pompe aspirante ? — 8. D'où proviennent les pleurs des
arbres taillés, en particulier de la Vigne ? — Quel est
l'appareil employé par Hales pour mesurer la force d'ascension de la séve ? — Quelle colonne d'eau peut soulever la force d'ascension de la séve dans la Vigne ? —
Nos pompes aspirantes pourraient-elles accomplir pareil
travail ? — 9. Quel trajet suit la séve ascendante ? —
Pourquoi le bois parfait ne sert-il pas à ce trajet ? —
10. Quelle est la composition de la séve ascendante ? —
Outre l'eau, quelles substances contient-elle habituellement ? — Ces substances sont-elles en proportion considérable ? — A mesure qu'elle monte, la séve ne s'enri-
chit-elle pas en divers principes ? — A quel usage sert
la séve de l'Érable à sucre ? — A quels usages sert la
séve de certains Palmiers ? — En arrivant aux feuilles,
la séve est-elle un liquide nourricier ? — Quels noms
lui donne-t-on ?—Quelles modifications doit-elle subir
pour devenir propre à la nutrition de la plante ?

CHAPITRE XIV

TRANSPIRATION.

1. **Expérience.** — Les plantes constamment transpirent, surtout au soleil ; elles laissent constamment
dégager à l'air des vapeurs invisibles. Pour nous convaincre de l'humidité dégagée par notre respiration,
nous dirigeons l'haleine contre un carreau de vitre
froid. La vapeur invisible du souffle se condense, ter-
nit le verre et finit par ruisseler en gouttelettes. La
transpiration des plantes peut se constater de la
même manière. — Dans un flacon bien sec, on met
un rameau vivant, sans trace apparente d'humidité.
Bientôt la paroi du flacon se couvre à l'intérieur de

gouttelettes d'eau. Les plantes exhalent donc de la vapeur d'eau. Par une pesée avant et après l'expérience, on peut reconnaître la quantité de liquide transpiré. On trouve ainsi que, par un temps sec et chaud, un seul pied d'Hélianthe annuel, vulgairement Soleil, transpire, en douze heures, bien près d'un kilogramme d'eau.

2. **Manière dont s'effectue la transpiration.** — La structure intime de la feuille permet de nous rendre compte de la transpiration. Chaque cellule, dans l'épaisseur du parenchyme, est remplie d'un liquide pour la majeure partie formé d'eau, liquide qu'entretient et renouvelle la séve ascendante distribuée par les nervures dans toute la feuille; elle est en outre entourée de méats intercellulaires remplis de fluides gazeux. A travers sa mince membrane, perméable aux liquides, la cellule transpire en saturant d'humidité la petite atmosphère qui l'entoure, puis le gaz humide, chassé lentement d'un méat intercellulaire à l'autre, arrive tôt ou tard à quelque chambre aérienne, qui l'exhale au dehors par la bouche du stomate. Ce qui peut s'échapper de vapeur par chacun de ces soupiraux de la feuille est au-dessous de toute évaluation; mais, vu le nombre immense des stomates, le total de l'eau exhalée n'en est pas moins considérable.

3. **La transpiration est un modérateur de la température.** — La transpiration remplit un rôle multiple. D'abord elle empêche la température de s'élever jusqu'à devenir dangereuse pour la plante. Un liquide qui s'évapore est, en effet, pour l'objet aux dépens duquel se fait l'évaporation, une cause de refroidissement, parce que la vapeur qui s'en va emporte avec elle une grande quantité de chaleur prise

à l'objet lui-même. Versons, par exemple, dans le creux de la main, quelques gouttes d'un liquide volatil, d'éther. Aussitôt l'évaporation se fait et l'on éprouve à la main une vive impression de fraîcheur. Rappelons encore les frissons que l'on éprouve au sortir d'un bain. La mince couche d'eau dont le corps est couvert en est cause; en s'évaporant, elle nous soustrait de la chaleur.

Lorsque, sous les rayons du soleil, l'échauffement menace de devenir trop fort et de compromettre la vie de la plante, l'évaporation s'active pour abaisser la température ; mille, dix mille, vingt mille stomates, dans une étendue pas plus grande que l'ongle, refroidissent les feuilles en transpirant de l'eau. L'exhalation des stomates est donc plus abondante de jour que de nuit, au soleil qu'à l'ombre, par un temps sec et chaud que par un temps humide et froid.

4. Concentration de la séve ascendante. — Par une température qui ne met plus la plante en péril, de nuit même, la transpiration se fait encore, mais bien moins abondante. Les gouttes d'eau appendues le matin à l'extrémité des brins de gazons, et celles qui roulent dans les fossettes des feuilles du Chou, résultent précisément de la transpiration nocturne, condensée par la fraîcheur de la nuit. L'exhalation des vapeurs n'agit donc pas simplement comme modérateur de la température, elle doit concourir à un autre but plus important. Ce but est la concentration de la séve ascendante.

Le liquide d'où la plante doit tirer sa nourriture, la séve ascendante enfin, se compose d'une masse énorme d'eau et de quelques traces de matières en dissolution, assez variables d'une espèce végétale à l'autre. Ces rares matières, sels, composés ammoniacaux, acide carbonique, sont seules, ou peu s'en faut, utilisées par la plante ; et l'eau qui les a recueillies en lavant le sol, puis les a charriées des racines aux feuilles à travers l'aubier, l'eau qui forme la presque totalité de la sève, doit, aussitôt le trajet accompli, retourner par l'évaporation à l'atmosphère, d'où elle était descendue à l'état de pluie.

Combien faut-il donc qu'il passe de litres de ce pauvre liquide dans les vaisseaux d'un arbre, combien faut-il qu'il s'évapore d'eau par les feuilles pour que le résidu en substances utilisables représente le poids de l'accroissement annuel ? Un calcul de Vauquelin va nous l'apprendre.

5. Quantité d'eau transpirée par un arbre. — De la composition de la séve, le célèbre chimiste déduit que, pour parvenir au poids de 457 kilogrammes, un Orme doit absorber dans la terre, puis exhaler en vapeur dans l'air, 162600 litres d'eau, ou 355 litres par kilogramme d'accroissement. En admettant que, dans les six à sept mois que dure la végétation, le poids d'un Orme augmente de 24 kilogrammes, l'eau absorbée, puis évaporée pour l'accroissement annuel, serait alors de 8 à 9 mètres cubes. Un tel calcul nous laissse confondu si l'on songe à l'immense travail mécanique effectué par une forêt entière pour soutirer dans les couches profondes du sol, puis élever à une quarantaine de mètres de hauteur et finalement verser dans l'air, les torrents d'eau de la séve. Et ce prodigieux labeur s'accomplit invisible, à peine soupçonné ; l'effrayante charge est soulevée à la cime des plus hautes futaies et jetée aux quatre vents sans faire fléchir le moindre rouage du délicat mécanisme végétal !

QUESTIONNAIRE.

1. Comment reconnaît-on que les végétaux transpirent? — Combien d'eau transpire un pied d'Hélianthe en douze heures ? — Comment s'effectue la transpiration ? — Par où s'exhalent les vapeurs ? —Citez quelques expériences établissant que l'évaporation est une source de refroidissement. — Comment les plantes sont-elles sauvegardées des effets d'une température trop élevée? — Dans quelles circonstances la transpiration végétale est-elle la plus active. — 4. Les plantes transpirent-elles de nuit ? — Pourquoi la transpiration se fait-elle en tout temps? — Pour quels motifs la séve ascendante doit-elle être concentrée ? — 5. Combien un Orme doit-il absorber de litres d'eau pour un kilogramme d'accroissement ? — Quelle quantité d'eau un Orme rejette-t-il annuellement dans l'atmosphère?

CHAPITRE XV

DÉCOMPOSITION DE L'ACIDE CARBONIQUE PAR LES PLANTES.

1. Eléments organiques. — La chimie ramène toute substance terrestre, soit d'origine organique, soit d'origine minérale à une soixantaine de substances primordiales qu'elle qualifie d'*éléments* ou *corps simples*. Or, dans l'animal et dans la plante ne se trouve aucun élément qui n'appartienne au domaine du minéral; la matière vivante et la matière brute sont formées des mêmes corps simples. Pour ses ouvrages, la vie emprunte ses matériaux au règne minéral et les lui rend tôt ou tard, car tout en provient chimiquement et tout y revient. Ce qui est aujourd'hui substance minérale peut devenir un jour, par le travail de la végétation, substance vivante, feuille, fleur, fruit, semence ; comme aussi ce qui est constitué en un animal, en une plante, sera certainement, dans un avenir peu éloigné, substance minérale, que la vie pourra reprendre pour de nouveaux ouvrages, toujours détruits et toujours renouvelés. Les éléments chimiques constituent le fonds commun des choses, où tout puise, où tout rentre, sans qu'il y ait jamais ni perte ni gain d'un atome matériel ; ils sont la substance première sur laquelle travaillent indistinctement, suivant les lois qui leur sont propres, l'animal, la plante et le minéral.

Or, parmi cette soixantaine de corps simples, quatre méritent par excellence la dénomination d'éléments organiques, car on les trouve dans toute substance d'origine animale ou d'origine végétale, associés deux à deux, trois à trois, ou tous les quatre ensemble. Ce sont le carbone, l'hydrogène, l'oxygène et l'azote. Les autres éléments, tels que le soufre, le phosphore, le fer, peuvent intervenir aussi dans les composés organiques, mais d'une manière bien moins générale et pour ainsi dire accessoire.

2. **Principales combinaisons.** — Le charbon, carbone des chimistes, se trouve dans tous les composés de la nature vivante ; il est le plus important des éléments organiques. Aussi, toute substance animale ou végétale soumise à l'action de la chaleur se *carbonise*, c'est-à-dire laisse dégager ses autres éléments à l'état de composés volatils, et donne du charbon pour résidu.

Au carbone s'associe l'hydrogène pour former quelques essences, la gomme élastique et d'autres composés.

Si l'oxygène prend part à l'association de l'hydrogène et du carbone, il en résulte la grande majorité des composés organiques, tels que le sucre, l'amidon, la cellulose, les acides des végétaux, les matières grasses.

Enfin l'azote complète la série des éléments qui jouent le plus grand rôle dans les produits chimiques de la vie. On le trouve dans la fibrine, principe de la chair musculaire et de la farine; dans la caséine, principe du lait et de quelques semences, comme les pois; dans l'albumine ou blanc d'œuf, composé qui fait partie du sang de l'animal et se trouve fréquemment dans les liquides des végétaux, notamment dans la séve.

3. La plante nourrit l'animal. — Ce sont les végétaux qui associent chimiquement le carbone, l'hydrogène, l'oxygène et l'azote, et en font des composés organiques dont l'animal doit hériter. Directement, s'il est herbivore, indirectement s'il est carni·vore, l'animal trouve dans la plante les principes chimiques de sa chair musculaire, de ses os, de ses nerfs, de son sang; il ne les crée pas de toutes pièces, il les emprunte au règne végétal, qui seul a la faculté chimique de faire de l'albumine, de la fibrine, avec de l'eau, du gaz carbonique, de l'ammoniaque; qui seul enfin a le pouvoir d'assembler les éléments en matériaux organiques. Réciproquement, par l'exercice de la vie, l'animal transforme ces matériaux organiques en vapeur d'eau, gaz carbonique, ammoniaque, avec lesquels la végétation reconstruit l'édifice primitif. La plante crée, l'animal détruit; la première assemble en produits alimentaires les éléments du règne minéral, le second consomme ces produits et les rend au règne minéral.

L'oxygène et l'hydrogène sont fournis à la plante

par l'eau principalement; l'azote, par les composés ammoniacaux et les azotates du sol; enfin le carbone, par l'acide carbonique. De l'eau, de l'ammoniaque, de l'acide carbonique, tels sont donc les matériaux essentiels de la nutrition des végétaux.

4. **Décomposition de l'acide carbonique par les plantes.** — Le gaz acide carbonique, produit constant de la respiration animale, de la combustion et de la décomposition putride, se trouve dans l'atmosphère avec la proportion invariable de un demi millième environ. Dans la terre végétale, enrichie de matières organiques en décomposition, il ne manque jamais, soit dissous dans l'eau, soit à l'état libre dans la masse poreuse du sol. Par la voie des racines qui s'imbibent du liquide ambiant, par la voie des stomates en rapport avec l'atmosphère, les feuilles reçoivent donc de l'acide carbonique dans leur tissu. Sous l'influence de la lumière solaire, les parties vertes décomposent ce gaz; l'oxygène est dégagé, propre désormais à la respiration des animaux, à la combustion; quant au carbone, il reste dans le tissu de la plante, où il entre dans la composition des diverses matières organiques, sucre, fécule, gomme, bois, albumine, etc.

Tôt ou tard ces matières organiques sont décomposées par la combustion lente ou la pourriture, par la combustion rapide, par la nutrition de l'animal, et le charbon redevient acide carbonique, qui retourne dans l'atmosphère, où de nouvelles plantes le puiseront encore pour s'en nourrir et transmettre à l'animal les composés alimentaires ainsi préparés. Le même charbon va et vient, suivant un cercle invariable, de l'atmosphère à la plante, de la plante à l'animal, de l'animal à l'atmosphère, réservoir commun où tous les êtres vivants puisent pour quelques jours la majeure partie des substances qui les composent. L'oxygène est son véhicule. L'animal emprunte son charbon à la plante sous forme d'aliment et en fait du gaz carbonique ; la plante puise dans l'atmosphère ce gaz irrespirable, le remplace par de l'oxygène, et, de son charbon, prépare la nourriture de l'animal. Les deux règnes organiques se prêtent ainsi un mutuel secours : l'animal fait du gaz carbonique dont la plante se nourrit; la plante, de ce gaz meurtrier, fait de l'air respirable et des matières alimentaires.

5. **Expérience.** — Pour constater la décomposition de l'acide carbonique par les plantes, le moyen le plus simple consiste à opérer sous l'eau, ce qui permet d'observer le dégagement gazeux et de recueillir avec facilité l'oxygène.

L'eau ordinaire renferme toujours de l'acide carbonique dissous, et cédé soit par le sol, soit par l'atmosphère; nous n'avons donc pas à nous préoccuper du gaz. Dans un flacon à large goulot plein d'eau ordinaire, nous introduisons un rameau coupé récemment et couvert de feuilles bien vertes. Une plante aquatique est préférable parce que l'expérience marche plus vite et plus longtemps. Ainsi préparé, le flacon est renversé dans un vase plein d'eau et finalement exposé aux rayons directs du soleil. Bientôt les feuilles se couvrent de petites bulles aériformes qui gagnent le haut du flacon et s'y amassent en une couche gazeuse. En recueillant ce gaz, on constate qu'une allumette récemment éteinte et conservant un point en ignition, s'y rallume et y brûle avec beaucoup plus d'éclat qu'à l'air libre. A ce caractère se reconnaît l'oxygène. Il faut donc que l'acide carbonique dissous dans l'eau ait été décomposé par les feuilles en ses deux éléments, l'oxygène et le carbone. L'oxygène s'est dégagé, le carbone est resté dans le tissu des feuilles.

Le volume d'oxygène ainsi obtenu dépend de l'étendue superficielle des feuilles et du volume d'acide carbonique dissous dans l'eau. Par le moyen que nous venons d'indiquer, on ne peut donc recueillir qu'une très-faible quantité d'oxygène, suffisante néanmoins pour reconnaître la nature du gaz. Mais le travail de décomposition des feuilles est en réalité bien plus actif.

6. Expérience de Boussingault. — Cette manière d'opérer s'écarte beaucoup de l'état naturel des choses : au lieu d'expérimenter sur des plantes entières, tenant au sol par leurs racines et déployant leur feuillage dans l'air, on opère sur des fragments de plante, sur des rameaux qui n'ont plus de rapports avec la terre et sont plongés dans l'eau, milieu étranger aux végétaux aériens. Les résultats obtenus dans ces conditions artificielles sont-ils réellement applicables à la végétation normale? — Les recherches entreprises par de récents observateurs ne laissent aucun doute à ce sujet. La première en date, et la plus célèbre des expériences faites dans des conditions naturelles, est celle de M. Boussingault sur la vigne.

L'illustre chimiste introduisit dans un grand ballon de verre incolore un rameau de vigne en pleine végétation. Le rameau adhérait à la tige mère et portait une vingtaine de feuilles. Le ballon était plein d'air ordinaire, se renouvelant avec une vitesse modérée au moyen d'un appareil aspirateur. L'air atmosphérique, ne l'oublions pas, contient toujours une certaine proportion de gaz carbonique, un demi-millième environ. Eh bien, l'analyse constatait dans l'air sortant du ballon, après avoir circulé entre les feuilles de vigne, une quantité de gaz carbonique trois fois moindre que dans l'air y entrant. L'acide carbonique disparu était remplacé par un volume à peu près égal d'oxygène. Il suffisait donc d'un passage, même assez rapide, sur les feuilles exposées au soleil, pour enlever à l'air atmosphérique les trois quarts de son acide carbonique, décomposer le gaz et lui substituer un pareil volume d'oxygène.

7. **Décomposition de l'acide carbonique par les conferves.** — Simplifions autant que possible cette expérience fondamentale, afin que chacun puisse se faire une idée exacte de l'admirable travail de la plante. — On nomme conferves les délicats filaments verts qui, dans les eaux stagnantes, tapissent le fond d'un velours serré ou nagent en flocons glutineux. Ces plantes appartiennent à la famille des Algues. Dans un bocal plein d'eau, mettons une touffe de conferves. Après quelques instants d'exposition à la lumière directe du soleil, nous verrons la plante se couvrir d'innombrables petites perles gazeuses. Ce sont autant de bulles d'oxygène, provenant de l'acide carbonique retiré de l'eau et décomposé par l'algue. Retenues prisonnières dans le réseau filamenteux, ces bulles augmentent de volume, allégent la plante et finissent par la soulever, tout écumeuse, jusqu'à la surface. L'expérience ne demande aucune disposition spéciale : un flocon vert que l'on dépose dans un verre d'eau exposé au soleil, cela suffit pour voir fonctionner le laboratoire d'oxygène.

L'algue préparant dans le verre du gaz respirable en décomposant l'acide carbonique dissous, nous fait assister au travail d'assainissement qui s'accomplit au sein des eaux. Toutes les productions vertes encombrant un bassin, lentilles aquatiques, feutres glaireux, mousses, conferves, se couvrent au soleil de bulles d'oxygène, qui se dissolvent dans l'eau et la **ré**vivifient, c'est-à-dire la rendent apte à l'entretien de la respiration aquatique. C'est ainsi que, par l'intermédiaire de végétaux infimes, l'eau non renouvelée se maintient peuplée de nombreuses espèces animales, loin de devenir un foyer pestilentiel. Pareil travail de continuel assainissement s'accomplit dans l'océan atmosphérique par la végétation aérienne.

8. **Conditions nécessaires pour la décomposition de l'acide carbonique.** — Deux conditions sont d'une absolue nécessité pour que la plante décompose le gaz carbonique et dégage de l'oxygène, ce sont : les rayons directs du soleil et la couleur verte.

A la lumière artificielle des lampes, si vive qu'elle soit, à l'ombre et, à plus forte raison, dans l'obscurité, l'acide carbonique n'est plus décomposé, le dégagement d'oxygène n'a pas lieu. On peut s'en convaincre avec un flocon de conferves dans un verre d'eau. A l'ombre, la plante ne se couvrira jamais de bulles gazeuses, si longtemps que dure l'expérience; au soleil, elle en donnera rapidement.

9. **Étiolement.** — Lorsqu'elle n'éprouve pas l'influence directe de la lumière solaire, une plante n'a donc pas d'action sur le gaz carbonique, sa principale nourriture. Alors elle languit affamée, elle s'allonge beaucoup comme pour rechercher la lumière qui lui manque; son écorce, ses feuilles pâlissent et perdent la coloration verte; enfin elle périt. Cet état maladif, causé par la privation de la lumière, s'ap-

pelle *étiolement*. — On le provoque en horticulture pour obtenir du jardinage plus tendre, pour amoindrir et même pour faire disparaître en entier la saveur trop forte et déplaisante de quelques végétaux. C'est ainsi qu'on lie avec un jonc les salades, dont le cœur, privé de lumière, devient blanc et tendre ; c'est ainsi encore qu'on enterre en grande partie les cardons et le céleri, dont la saveur serait insupportable sans ce traitement par l'obscurité. Couvrons le gazon d'une tuile, cachons une plante sous un pot renversé; en quelques jours de privation de lumière, nous les trouverons avec le feuillage maladif et jauni.

10. **Nécessité de la chlorophylle.** — En second lieu, les parties vertes des végétaux, les feuilles principalement, sont seules aptes à la décomposition de l'acide carbonique; les fleurs, les fruits et les divers organes colorés autrement qu'en vert, sont impropres à ce travail, même sous le stimulant d'une vive lumière. Toute cellule renfermant des grains verts de chlorophylle peut, avec le concours des rayons du soleil, réduire le gaz carbonique en ses deux éléments, garder le carbone et rejeter l'oxygène; toute cellule qui ne contient pas de chlorophylle est sans efficacité aucune pour cette décomposition.

Aux granules chlorophylliens revient donc le rôle chimique de dédoubler le gaz carbonique en oxygène et en charbon, rôle très-obscur encore mais non sans une certaine analogie avec celui des globules du sang chez les animaux. Ces globules, d'une finesse excessive, s'imprègnent d'oxygène en traversant les organes respiratoires; ils le condensent dans leur masse poreuse et par là même exaltent ses propriétés comburantes. Entraînés en cet état par la circulation, ils cèdent peu à peu leur atmosphère oxygénée aux divers organes baignés par le sang, et brûlent les matériaux vieillis, qui s'exhalent, avec le souffle des poumons, en acide carbonique et vapeur d'eau.

Pareillement, sans doute, les grains de chlorophylle condensent le gaz carbonique et le présentent au travail de la lumière dans les conditions les plus favorables à son dédoublement. La chimie nous apprend, en effet, que les corps très-divisés sont aptes à provoquer, par leur seule présence, de délicates réactions chimiques, très-difficiles ou même impossibles à réaliser en dehors de leur concours. Il devient alors très-probable que les granules verts des feuilles, comme les globules du sang, doivent une partie de leur efficacité chimique à leur état de substance très-divisée.

11. Végétaux parasites. — Le principal élément de la plante, le charbon, est fourni par le gaz carbonique, dont la décomposition exige, de toute nécessité, la présence de la chlorophylle dans les cellules. Néanmoins on connaît des végétaux qui naissent, se développent et prospèrent quoique dépourvus entièrement de granules verts. Telles sont les Orobanches très-fréquentes dans nos pays et parfois fléau de nos cultures. Leur tige est semblable à une pousse d'Asperge, sans rameaux, couverte de grossières écailles, et terminée par une grappe de sombres fleurs. La couleur du tout est le brun virant au rougeâtre ou au jaune. Ce défaut de coloration verte les mettant dans l'impuissance de retirer par elles-mêmes du gaz carbonique le charbon qui leur est nécessaire, les Orobanches sont parasites; elles vivent aux dépens d'autres végétaux, dont elles détournent la séve à leur profit. Chaque espèce a sa victime de prédilection : à l'une il faut le Thym, à une autre le Chanvre, à d'autres encore le Trèfle, le Lierre, le Lin, etc. Si la plante nourricière lui manque, la plante parasite est dans l'impossibilité absolue de se développer. On sème, par exemple, dans un pot, des graines d'Orobanche. Tous les soins de culture échouent, aucune semence n'arrive à bien. On recommence en semant pêle-mêle des graines d'Orobanche et des graines d'une autre plante appropriée aux goûts de la première, soit de Trèfle. Maintenant tout lève, l'Orobanche soude la base de sa tige aux racines du Trèfle, vit de l'acide carbonique décomposé par son nourricier vert et prospère tandis que ce dernier dépérit.

Parmi les végétaux que le défaut de coloration verte réduit à vivre en parasites sur d'autres plantes, nous citerons la Cuscute (fig. 100), touffe de filaments rougeâtres qui s'enchevêtrent au Chanvre, au

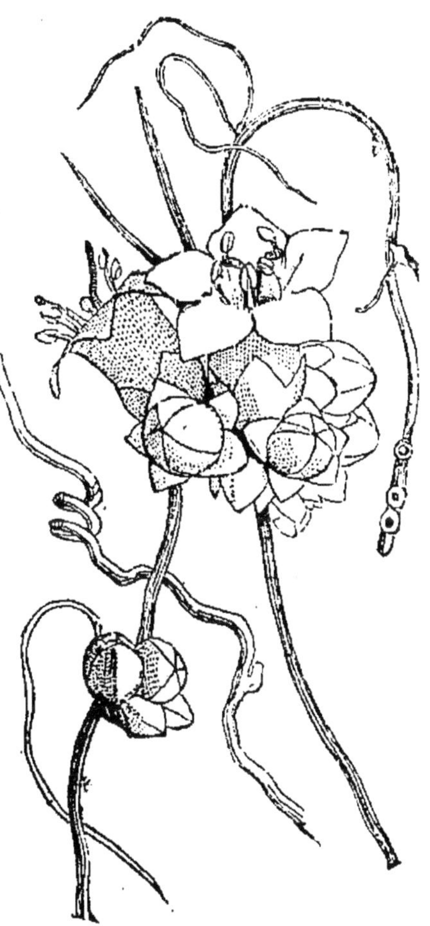

Fig. 100. — Cuscute.

Thym, au Lin ; le Sucepin, de couleur jaune, qui s'établit sur les racines des arbres forestiers, du Pin en particulier ; la Clandestine, à grandes fleurs pourpres, et dont la tige souterraine et blanchâtre se soude, au bord des eaux, sur les racines des Aulnes; le Cytinet, d'un jaune rougeâtre, qui s'implante sur les souches des Cistes. Dans tous, les feuilles sont réduites à des écailles.

QUESTIONNAIRE.

1. Quels sont les principaux éléments chimiques qui entrent dans la composition des végétaux? — 2. Citez quelques-unes des combinaisons organiques qui résultent de ces corps simples? — Quel est le corps simple qui se trouve dans tous les composés organiques? — 3. L'animal forme-t-il de toutes pièces, avec les éléments chimiques, les matériaux de son corps? — Où se forment ces composés organiques? — Que deviennent-ils, par l'exercice de la vie, dans le corps de l'animal? — En quoi la plante transforme-t-elle ces résidus de l'organisation animale? — 4. Y a-t-il de l'acide carbonique dans le sol? — Y en a-t-il dans l'atmosphère et en quelle proportion? — Que devient l'acide carbonique absorbé par les plantes? — Que deviennent le charbon et l'oxygène? — Quel circuit parcourt le même charbon? — Comment la plante entretient-elle la salubrité atmosphérique? — 5. Quelle expérience peut-on faire au sujet de la décomposition de l'acide carbonique par les végétaux? — 6. Citez l'expérience de Boussingault? — Par quoi est remplacé l'acide carbonique absorbé? — 7. Qu'observe-t-on au sujet des Conferves? — Comment les plantes aquatiques entretiennent-elles la salubrité des eaux? — Quel rôle remplissent les végétaux aériens par rapport à l'atmosphère? — 8. Quelles sont les conditions indispensables pour la décomposition du gaz carbonique? — 9. En quoi consiste l'étiolement? — Comment le pratique-t-on en horticulture et dans quel but? — Citez des exemples. —

10. Quelles sont les parties du végétal aptes à la décomposition de l'acide carbonique? — Quel est l'agent de cette décomposition? — Quelle analogie peut-on établir entre les granules chlorophylliens et les globules du sang? — 11. Comment se nourrissent les végétaux dépourvus de chlorophylle? — Qu'observe-t-on au sujet des semis d'Orobanche? — Citez les principales plantes parasites de nos régions.

CHAPITRE XVI

SÉVE DESCENDANTE.

1. Travail des cellules. — Résumons les détails qui précédent en un exposé d'ensemble. La séve *brute* ou *ascendante*, liquide composé d'une grande quantité d'eau et d'une très-faible proportion de substances utilisables, est absorbée dans le sol par les racines et amenée aux feuilles par la voie de l'aubier. Là, s'infiltrant de cellule en cellule, elle se distribue dans l'épaisseur entière du limbe; et l'eau surabondante, nécessaire au transport des matériaux alimentaires, s'exhale en vapeurs par les orifices des stomates. En même temps que la transpiration concentre leur contenu, les cellules reçoivent le gaz carbonique puisé par les stomates dans l'atmosphère, ou même amené du sol avec la séve. Sous l'influence des rayons du soleil, les grains de chlorophylle dédoublent ce gaz en ses deux éléments. L'oxygène traverse la membrane cellulaire, s'engage dans les défilés du tissu, parvient aux chambres aériennes et enfin aux stomates, qui le rejettent au dehors avec la va-

peur d'eau. Le charbon reste, non isolé et en l'éta
de poussière noire impalpable, mais aussitôt combiné
avec les matériaux de la séve ascendante.

La cavité d'une cellule verte n'est pas simplement
un lieu de décomposition; c'est aussi, c'est surtout
un laboratoire de recomposition. La métamorphose
du charbon est donc immédiate : il trouve dans la
cellule, apportés par la séve ascendante, les trois au
tres éléments organiques, l'oxygène et l'hydrogène de
l'eau, l'azote de quelques matières salines, azotates et
sels ammoniacaux. De l'association de ces éléments,
deux à deux, trois à trois, quatre à quatre, résultent
la matière à sucre, la matière à fécule, la matière à
bois, à fruits, à fleurs, sans que le charbon passe un
seul instant par l'état dans lequel il nous est vulgairement connu.

Quel merveilleux travail que celui d'une feuille ;
entre les rang pressés des cellules, où l'on croirait
tout en repos, quelle activité, quelles incompréhensi-
bles transformations ! Des liquides gonflent les cellules, suintent de l'une à l'autre, transpirent, s'infiltrent,
circulent, échangent leurs principes dissous ; des vapeurs s'exhalent, des gaz arrivent, d'autres s'en vont ;
la lumière éveille les énergies chimiques et les éléments se groupent en associations désormais matériaux de la vie. Le résultat de tout ce travail est la
séve descendante ou *séve élaborée.*

2. **Séve descendante.** — Ce liquide, on ne peut
l'appeler ni bois, ni écorce, ni feuille, ni fleur, ni
fruit; ce n'est rien de tout cela et c'est un peu de
tout cela. Le sang de l'animal n'est ni chair, ni os, ni
toison ; de sa substance cependant se font os, chair
et toison. La séve, elle aussi, est un liquide propre à
tout : elle est matière à fruits et à bois, à feuilles et

à fleurs, à écorce et à bourgeons. Elle est le sang de la plante; chaque organe y trouve de quoi se développer, se nourrir. La feuille organise ce liquide informe, lui donne vie et s'en fait substance de feuille; la fleur y prend des matériaux pour son coloris et son parfum; le fruit y puise sa fécule, son sucre, sa gelée; le bois y trouve de quoi se faire des fibres, de quoi s'endurcir de ligneux; l'écorce y emprunte pour son étui de liége, pour ses feuillets de liber. Pauvre d'aspect, ce liquide n'est rien en apparence; en réalité c'est tout. Il est l'aliment de la vie. Directement pour la plante, indirectement pour l'animal, le monde entier lui doit sa nourriture.

3. Marche de la séve descendante. — La séve élaborée descend par les couches internes de l'écorce. Concentré en un petit volume par la transpiration des feuilles, ce suc nourricier ne peut donner un copieux écoulement comme le fait la séve ascendante; néanmoins il est facile de constater sa marche de haut en bas à travers l'écorce.

Si l'on enlève autour d'une tige une bande annulaire d'écorce, le liquide nourricier suinte et s'amasse au bord supérieur de la plaie, mais rien de pareil n'a lieu au bord inférieur. Ainsi arrêtée par un obstacle infranchissable, la séve s'accumule au-dessus de l'anneau mis à nu et y détermine une abondante formation de tissus qui se traduisent par un épais bourrelet circulaire, tandis qu'au-dessous de l'anneau la tige conserve son diamètre primitif. Ce bourrelet ligneux, observé dans sa structure interne, présente un amas de fibres et de vaisseaux irrégulièrement contournés, et démontrant, par leurs sinuosités, que la séve s'est portée dans toutes les directions comme pour trouver une issue et continuer son trajet au-delà de l'obstacle.

4. Effet d'une ligature. — Une ligature serrée, en comprimant, obstruant les voies que doit suivre le liquide nourricier, provoque la formation d'un semblable bourrelet au-dessus de la ligne d'arrêt. Chacun a pu voir un arbuste, trop étroitement lié au piquet qu'on lui a donné pour tueur, s'étrangler par sa propre croissance si l'on oublie de relâcher à temps le lien. Peu à peu la tige se gonfle au-dessus du lacet, qui finalement est débordé par l'écorce et même caché dans son épaisseur. Il n'est pas rare enfin de rencontrer des arbres dont le tronc, engagé dans un étroit passage, par exemple dans une fente de rocher, se tuméfie au-dessus de l'obstacle en une excroissance difforme. L'arrêt de la séve, en sa marche descendante, nous rend compte de ces divers faits.

Si tout le tronc n'est pas cerné par l'étranglement ou par la décortication, s'il y a quelque part un lambeau d'écorce libre qui serve d'isthme de passage, le suc nourricier prend cette voie en contournant l'obstacle, et poursuit son trajet. L'arbre alors continue à végéter. Mais si la barrière est absolument infranchissable, comme celle d'une ligature solide ou d'un anneau complet d'écorce enlevée, la séve ne peut descendre jusqu'aux racines pour les nourrir ; et celles-ci dépérissant, la mort de l'arbre est prochaine.

5. Applications. — Un premier enseignement résulte de ces notions sur la marche des sucs nourriciers dans les végétaux. Quand on fixe une plante à son tuteur, on doit avoir soin de ne pas faire la ligature trop serrée, ou bien de la relâcher à temps, sinon on expose la tige à un étranglement qui lui serait fatal.

Un second enseignement est relatif aux boutures et aux marcottes. Certains végétaux n'émettent que

difficilement des racines adventives, et par conséquent
sont rebelles aux procédés de multiplication par bouturage ou marcottage. Pour amoindrir la difficulté et
favoriser l'apparition des racines, il suffit d'enlever
un anneau d'écorce ou de pratiquer une ligature
serrée à l'extrémité du rameau qu'il s'agit de faire
enraciner. On met après en terre la partie ainsi trai-
tée. Au bord supérieur de la plaie, ou bien au-dessus
du lien, la séve nourricière s'amasse sans pouvoir se
propager au delà. Cet excès de matériaux nutritifs se
dépense en formations nouvelles, qui se résolvent, à
la faveur du sol humide, en paquets de racines adventives, au lieu de devenir un simple bourrelet.

6. **Effet de la ligature sur l'apparition des
racines adventives.** — La ligne d'arrêt de la séve
est tellement prédisposée à l'enracinement, qu'elle
peut émettre des racines adventives même à l'air libre,
pourvu que l'humidité de l'atmosphère s'y prête. A
une faible distance de son extrémité inférieure, enle-
vons, sur une bouture, une bande annulaire d'écorce,
et mettons le plant en terre sans l'enfoncer jusqu'à
la portion dénudée. Enfin couvrons la bouture d'une
cloche pour maintenir autour d'elle une humidité convenable. Dans ces conditions, les racines adventives
n'apparaissent pas à leur place habituelle, le bout
inférieur entouré de terre; elles naissent à l'air libre,
au bord supérieur de la plaie, et descendent s'enfoncer
dans le sol. Si la décortication est incomplète et laisse
en place une bande longitudinale d'écorce reliant les
deux bords de la plaie, la séve continue son trajet par
cette voie, et les racines adventives naissent au bout
enterré de la bouture, absolument comme si le rameau avait été laissé dans son état naturel.

7. **Courants secondaires.** — La propagation des

sucs nourriciers suit une marche descendante à travers les tissus de l'écorce, comme nous venons d'en avoir les preuves ; néanmoins de ce courant principal en dérivent d'autres secondaires qui amènent la séve aux divers organes, tantôt remontant la direction générale, tantôt la croisant. C'est ainsi que bourgeons, feuilles, jeunes rameaux, tissus en formation, tout enfin reçoit sa part de matériaux nutritifs. Une partie de la séve transpire entre le bois et l'écorce, et, par une élaboration plus avancée, devient cette sorte de bois fluide, le *cambium*, qui, chaque année, donne une nouvelle couche d'aubier et une nouvelle couche de liber ; une autre partie s'emmagasine dans les vaisseaux laticifères, sous forme de liquide opaque et coloré, appelé *latex* ou *suc propre;* enfin ce qui reste parvient aux racines, où se fait une active dépense de séve pour la formation continuelle de jeunes tissus aptes à l'absorption par endosmose.

Là se termine le mouvement *circulatoire*, pour recommencer sans interruption avec les matériaux que le sol fournit. Cette *circulation* se résume ainsi : Partie des racines à l'état de liquide brut puisé dans la terre, la séve monte par la voie de l'aubier, arrive aux feuilles qui la concentrent et la travaillent sous l'influence chimique des rayons solaires, lui associent le carbone venu de l'atmosphère et en font un liquide nourricier ; elle descend alors par la voie de l'écorce se distribue aux divers organes et revient enfin à son point de départ, les racines.

QUESTIONNAIRE.

1. Résumez l'histoire de la séve ascendante. — Le
ellules vertes sont-elles uniquement des organes de dé-s
composition de l'acide carbonique? — Le charbon appa-
raît-il dans les feuilles à l'état libre? — En quoi consiste
le travail chimique des cellules vertes? — Quels noms
porte le liquide provenant de ce travail? — 2. Qu'est-ce
que la séve descendante? — A quel liquide de l'organisation animale peut-on la comparer? — Quel rôle remplit la séve descendante? — 3. Quelle est la voie suivie
par la séve descendante? — Peut-on en obtenir un écoul-
lement copieux? — Que se passe-t-il quand on enlève
sur une tige un anneau d'écorce? — Quelle structure
présente le bourrelet ligneux formé au-dessus de l'an-
ueau? — Que prouve cette structure? — 4. Quel est l'effet
d'une ligature serrée? — Que se passe-t-il si l'étranglement est incomplet? — 5. Quelle précaution faut-il
prendre au sujet des végétaux fixés à des tuteurs? —
Comment peut-on favoriser la formation des racines
adventives dans une bouture ou une marcotte? —
6. Comment la ligne d'arrêt de la séve est-elle apte à
cl'apparition des racines adventives? — Ces racines peu
vent-elles se montrer à l'air libre et par quel artifice? —
7. La séve élaborée suit-elle une marche exclusivement
descendante? — D'où provient le cambium? — D'où provient le latex? — Où se termine le cours de la séve
descendante? — Se fait-il une grande consommation de
sucs nourriciers dans les racines? — Résumez la circulation de la séve.

CHAPITRE XVII

RESPIRATION DES PLANTES.

1. Tout être organisé respire. — Dans la plante aussi bien que dans l'animal, dans tout être organisé enfin, la vie s'entretient par une continuelle destruction, par une combustion lente au moyen du gaz vital ou oxygène. Pour être vivante, la matière doit être sans cesse consumée et sans cesse renouvelée. Pour donner lumière et chaleur, pour être en quelque sorte vivante, la lampe doit sans relâche consumer sa substance, son huile, et sans relâche la renouveler dans la flamme. Ainsi de la vie : la nutrition renouvelle la substance disparue, la respiration consume la substance acquise, et de leur perpétuel conflit résulte l'activité de l'être vivant. Vivre c'est se consumer. Pas une fibre ne fonctionne dans l'animal, pas une cellule n'accomplit son travail dans la plante sans une perte de substance cédée au gaz vivifiant. Les plantes respirent comme les animaux : l'oxygène de l'air pénètre dans leurs tissus, y entretient l'excitation de la vie en brûlant leur charbon, et devient acide carbonique qui s'exhale dans l'atmosphère. Il y a de la sorte entre les végétaux et l'atmosphère un double échange gazeux, l'un relatif à la nutrition, qui renouvelle la substance, l'autre relatif à la respiration, qui la détruit.

2. La décomposition de l'acide carbonique par la chlorophylle est un acte de nutrition. — Dans le premier de ces échanges gazeux, l'atmosphère fournit à la plante du gaz carbonique qui se dédouble en ses deux éléments à la faveur des rayons solaires; et la plante fournit à l'atmosphère l'oxygène provenant de cette décomposition. Cet échange n'est pas continu mais périodique; il ne s'accomplit que sous l'influence de la lumière du soleil, et cesse totalement la nuit ou même à l'ombre. Enfin il a pour siége les seules parties vertes de la plante, les seules cellules à grains de chlorophylle; les divers organes colorés autrement qu'en vert ni de jour ni de nuit n'y prennent jamais part. Le résultat dominant de ce travail est l'apport du charbon nécessaire pour l'élaboration finale de la séve. C'est donc là un acte de nutrition, c'est-à-dire d'entretien et non de dépense; néanmoins l'usage est d'appeler *respiration des plantes* la fonction dévolue aux parties vertes, aux feuilles surtout, d'absorber du gaz carbonique et d'exhaler de l'oxygène. Les premiers observateurs, en ne distinguant pas les deux ordres d'idées, nous ont légué cette expression vicieuse, qu'il convient d'éviter pour ne pas amener une regrettable confusion.

3. **Respiration des plantes**. — Puisque respirer, c'est dépenser sa substance pour l'entretien de la combustion vitale, nous appellerons *respiration des plantes* le second échange gazeux entre les végétaux et l'air. Ici l'atmosphère fournit à la plante de l'oxygène, qui lentement consume les tissus et entretient ainsi leur vitalité; la plante fournit à l'atmosphère l'acide carbonique qui résulte de cette combustion. L'échange respiratoire est donc exactement l'inverse de l'échange nutritif. Il est en outre continu et non périodique et subordonné à la présence du soleil. De nuit comme de jour, dans une profonde obscurité comme à la lumière, la plante respire : elle absorbe de l'oxygène et rejette du gaz carbonique;

elle se comporte enfin comme l'animal, dont la respiration peut s'accélérer ou se ralentir, mais ne s'arrête jamais tant que la vie est présente.

Toutes les parties de la plante indistinctement, vertes ou non vertes, aériennes ou souterraines, consomment de l'oxygène. Il en faut aux feuilles, il en faut aux racines, à la graine qui germe, à la fleur qui s'épanouit, aux semences qui mûrissent, aux bourgeons qui se développent, au tubercule qui alimente ses pousses. En l'absence de ce gaz, la vie végétale s'éteint, comme s'éteint la vie animale. Une plante meurt dans une atmosphère d'acide carbonique, sa principale nourriture cependant; elle périt dans tout milieu dépourvu d'oxygène, ou non suffisamment pourvu. Aussi pour les expériences relatives au travail chimique des feuilles, faut-il, si l'on opère sous l'eau, se servir d'eau ordinaire, contenant à la fois de l'air et de l'acide carbonique dissous; et si l'on opère dans un milieu gazeux, faut-il faire arriver sur les feuilles, non de l'acide carbonique seul, mais de l'air contenant quelques millièmes de ce gaz. Avec insuffisance d'oxygène et surabondance d'acide carbonique, la plante expérimentée dépérirait.

4. Effets inverses de la nutrition et de la respiration des plantes sur l'atmosphère. — En résumé, l'acte nutritif, dont le résultat est l'apport du carbone dans la plante, consiste en une absorption d'acide carbonique et un dégagement d'oxygène. Ce travail appartient aux seules parties vertes, aux feuilles principalement, et ne s'accomplit que sous l'influence des rayons directs du soleil. L'acte respiratoire, dont le résultat est l'entretien de l'activité végétale par une combustion lente et continue des tissus, consiste en une absorption d'oxygène et un dégagement d'acide carbonique. Ce travail s'effectue dans toutes les parties indistinctement, quelle que soit leur coloration, et se poursuit dans l'obscurité aussi bien qu'en pleine lumière.

De là résultent, dans l'atmosphère, des effets exactement inverses. D'un côté, l'air s'épure de son acide carbonique et s'enrichit en oxygène; de l'autre, il s'appauvrit en oxygène et gagne en acide carbonique. Mais le travail des parties vertes aux rayons du soleil est incomparablement plus actif que celui de la combustion vitale; il entre dans la plante baignée de lumière plus d'acide carbonique qu'il n'en sort, il s'exhale plus d'oxygène qu'il ne s'en consomme; de sorte que, pendant le jour, l'action des végétaux sur l'atmosphère se résume en un gain d'oxygène et une diminution d'acide carbonique.

Pendant la nuit, en l'absence du stimulant chimique de la lumière, le travail de la chlorophylle est suspendu, mais celui de la respiration se poursuit, consommant de l'oxygène et déversant en échange de l'acide carbonique. Dans l'obscurité, les végétaux sont donc, pour l'air atmosphérique, une cause d'accroissement de sa partie irrespirable et de décroissement de sa partie respirable; ils vicient l'atmosphère comme le font les animaux.

Si nous considérons dans leur ensemble ces échanges gazeux entre les végétaux et l'air, et si nous les désignons en bloc, d'après l'usage, sous le nom de respiration, sans tenir compte des deux fonctions bien différentes accomplies en réalité, nous dirons donc : La respiration diurne des plantes purifie l'atmosphère, elle augmente la proportion d'oxygène et diminue celle d'acide carbonique; la respiration nocturne la vicie au contraire, elle diminue la proportion d'oxygène et augmente celle d'acide carbonique.

Mais la balance est largement en faveur de l'effet diurne, le travail de décomposition des feuilles domine, quoique de moindre durée, le travail inverse de l'oxygénation vitale. A surface égale et dans le même temps, le feuillage du Laurier-rose, par exemple, décompose au soleil 16 fois plus d'acide carbonique qu'il n'en dégage dans l'obscurité. Souvenons-nous d'ailleurs que la majeure partie du charbon dont les végétaux se composent, provient de l'atmosphère où il se trouvait à l'état de gaz carbonique. Par cela seul qu'il s'accroît, un arbre est donc une cause d'épuration pour l'air. Le résultat général de la végétation est ainsi de l'oxygène en plus dans l'atmosphère et de l'acide carbonique en moins. Toujours troublée par la vie de l'animal, la salubrité aérienne est toujours rétablie par la vie de la plante.

5. **Activité de la respiration végétale.** — Toutes les parties de la plante indistinctement respirent, parce que la vie de la moindre cellule ne saurait se maintenir sans une incessante oxygénation ; néanmoins le travail respiratoire est, en général, beaucoup plus actif dans les organes non colorés en vert. Faible dans les feuilles, l'écorce, les racines, les tissus ligneux, l'absorption d'oxygène acquiert, en certains points, une intensité comparable à celle qu'exige l'entretien de la vie chez les animaux. La graine, au moment où elle germe, le bourgeon quand il se gonfle pour rejeter ses enveloppes, la fleur surtout au moment de l'éveil de la vie dans le fruit, rivalisent avec l'animal pour l'activité respiratoire. En vingt-quatre heures, une fleur de Giroflée consomme 11 fois son volume d'oxygène ; une fleur de Courge 12 fois ; une fleur de Passiflore

18 fois. Dans le même temps, une feuille de cette dernière plante n'en consomme que 5 fois son volume.

Cette dépense considérable d'oxygène, remplacé par un volume égal de gaz non respirable, rend compte du malaise que l'on éprouve dans un appartement clos où l'on a réuni des fleurs en abondance. L'atmosphère viciée par l'active respiration des fleurs et en outre imprégnée de leurs émanations odorantes, peut aller jusqu'à provoquer de graves accidents.

Enfin les végétaux dépourvus de chlorophylle, l'Orobanche, le Cytinet, le Sucepin, les Champignons, en tout temps, même au soleil, consomment de l'oxygène et dégagent du gaz carbonique.

6. Chaleur propre des végétaux. — La chaleur animale résulte d'un travail chimique accompli dans toutes les parties de l'organisation, en particulier de la combinaison du carbone des tissus avec l'oxygène respiré. Des combinaisons pareilles ont lieu dans les végétaux, d'une manière moins intense, il est vrai. A ce travail chimique vital, si lent, si faible qu'il soit, doit correspondre une certaine production de chaleur. C'est ce que l'expérience confirme. Au moyen d'appareils thermométriques très-sensibles, on a pu constater dans les jeunes tiges, les feuilles, les fruits; les fleurs en bouton, un excès de température atteignant au plus un demi-degré. Mais dans quelques plantes, au moment de la floraison, l'excès de température s'élève assez pour être appréciable au thermomètre ordinaire et même au simple toucher. Les Aroïdées surtout sont remarquables sous ce rapport.

7. Chaleur des Aroïdées. — Nous avons abondamment dans les haies deux Arum (fig. 101), l'un, l'Arum vulgaire ou Pied-de-Veau, commun dans les départements du centre et du nord, l'autre, l'Arum d'Italie, spécial aux départements méridionaux. Dans

Fig. 101. — Arum.

tous les deux, l'inflorescence se compose d'un grand cornet jaunâtre ou *spathe*[1], du sein duquel s'élève une tige charnue portant les organes floraux, étamines et pistils. Cette tige se termine par un renflement nommé *massue*. Au moment de la floraison, la chaleur de la massue est parfaitement sensible à la main. Un thermomètre plongé dans le cornet s'élève de 8 à 10 degrés au-dessus de la température de l'air. — Certains Arum de l'île Bourbon, groupés au nombre de douze autour d'un thermomètre, le font monter de 30 degrés et plus.

Au moment de cette production exaltée de chaleur, l'inflorescence des Aroïdées est le siége d'un travail chimique identique à celui qui produit la chaleur animale. Il se fait une absorption considérable d'oxygène et un dégagement équivalent de gaz carbonique. La fleur respire presque aussi activement que l'animal à sang chaud, elle dégage de la chaleur par suite d'une combustion.

8. **Phosphorescence animale.** — Dans quelques cas fort rares, la respiration, au moment de sa

1. Du grec : *spathé*, spatule.

plus grande intensité, peut rendre le végétal *phos-phorescent*, c'est-à-dire lui faire émettre de la lumière sans chaleur, pareille à celle du phosphore dans l'obscurité. Cette curieuse propriété de la plante se trouve, à un plus haut degré, dans l'animal, où nous l'examinerons d'abord.

Chacun connaît le Vert-luisant, cette petite étoile qui brille au milieu des gazons dans les calmes soi-ées d'été. C'est un insecte d'assez pauvre aspect, dépourvu d'ailes, rampant sur de courtes jambes, et qui, dans l'impuissance de se porter dans les airs au-devant de son compagnon, lui-même ailé, sait l'attirer à terre en allumant le soir un splendide fanal formé des anneaux postérieurs du corps. Or il y a dans ce phare vivant une réelle combustion, mais sans chaleur; de l'oxygène est abondamment con-sommé, de l'acide carbonique est dégagé; aussi le ver cesse-t-il de luire dans le vide ou dans une at-mosphère non comburante, dans l'azote, par exem-ple. Le phosphore n'est pour rien dans cette pro-duction de lumière comme l'ont reconnu de délicates analyses; c'est la substance même du ver-luisant qui sert de combustible.

Nos départements méditerranéens et l'Italie ont la Luciole, qui, par bandes innombrables, sillonne les airs, au crépuscule du soir, comme une pluie de vives étincelles. Le Brésil et Cayenne ont les Pyrophores, grands coléoptères dont le corselet porte deux réser-voirs lumineux d'une magnifique intensité. Dans leurs courses nocturnes, les Indiens s'attachent un de ces insectes à chaque pied pour éclairer leur marche. La phosphorescence est encore le partage d'une foule d'animaux appartenant aux derniers de-grés de l'échelle zoologique, annélides, crustacés, mollusques, radiaires. Dans nos climats, un petit Lombric ou ver-de-terre a l'éclat d'un fil de phosphore enflammé; un Millepieds, le Géophile électrique, ressemble, comme le dit son nom, à une traînée d'étincelles électriques.

Tous les cas de phosphorescence animale, sauf peut-être quelques-uns encore mal connus, paraissent se rapporter à une même cause, savoir : l'oxygénation de la matière lumineuse avec formation d'acide carbonique. C'est un cas particulier de la combustion vitale, produisant de la lumière au lieu de chaleur.

9. **Phosphorescence des végétaux.** — On ne connaît guère qu'une douzaine de végétaux doués de la phosphorescence; et, chose digne de remarque, cette propriété, apanage des animaux inférieurs, ne se montre également que dans les végétaux dont l'organisation est la plus simple. Des Champignons, productions végétales exclusivement formées de tissu cellulaire, voilà les plantes qui se parent dans l'obscurité d'une auréole phosphorescente, plantes amies de l'ombre, qui étalent leurs surfaces lumineuses dans le tronc obscur et pourri d'un arbre, comme le Lombric phosphorescent et le Géophile électrique déroulent, dans de ténébreux couloirs, les anneaux de leur corps pareil à un fil de métal chauffé à blanc.

10. **Phosphorescence de l'Agaric de l'Olivier.** — L'Agaric de l'Olivier, magnifique champignon d'un orangé vif, fréquent en Provence au pied des Oliviers, est, sous le rapport de la phosphorescence, l'espèce la plus remarquable de l'Europe, et rivalise pour l'éclat avec les Champignons les plus renommés des régions tropicales. Comme dans tous les agarics, la face inférieure du chapeau est

couverte de minces lames rayonnantes sur lesquelles se développent les corpuscules propagateurs
du champignon, c'est-à-dire les semences ou *spores*.
L'Agaric de l'Olivier se comporte d'abord comme
toutes les plantes dépourvues de coloration verte;
il absorbe de l'oxygène et dégage de l'acide carbonique en restant obscur. Puis, au moment de la plus
grande activité vitale, au moment où dans les spores
s'éveille la fertilité, les lames se parent comme pour
une fête, et toute la face inférieure du chapeau ré-
pand une douce lueur blanche qui rappelle celle du
disque de la lune. Pendant toute la durée de l'émission lumineuse, la respiration de la plante est plus
active : l'absorption d'oxygène et l'exhalation de gaz
carbonique augmentent de moitié. Une fois les spores
mûris, la respiration se ralentit et la phosphorescence s'éteint.

QUESTIONNAIRE.

1. Comment s'entretient la vie chez tous les êtres orga-
nisés ? — En quoi consiste la respiration en général ? —
2. Faut-il entendre par respiration la décomposition de
l'acide carbonique par les feuilles ? — Cette décomposition
est-elle du domaine de la respiration ou de la nutrition ? — 3. En quoi consiste réellement la respiration des
plantes ? — Quelles différences présentent les deux
échanges gazeux entre les végétaux et l'atmosphère ? —
Toutes les parties de la plante absorbent-elles de l'oxygène ? — Une plante peut-elle vivre sans oxygène ? —
Peut-elle vivre dans une atmosphère d'acide carbonique ?
— 4. Quels sont les effets inverses des végétaux sur
l'atmosphère ? — En quoi consistent l'effet diurne et l'effet
nocturne ? — Quel est celui qui l'emporte sur l'autre ?

— Quelle est définitivement l'action des végétaux sur la composition de l'atmosphère? — 5. En quelles parties du végétal la respiration a-t-elle la plus grande activité? — Combien d'oxygène absorbe en vingt-quatre heures une fleur de Passiflore? — Combien en absorbe une feuille de la même plante? — Quel danger présentent les appartements clos où l'on a réuni un grand nombre de fleurs? — Comment se comportent les végétaux dépourvus de coloration verte? — 6. D'où provient la chaleur propre aux animaux? — Les végétaux dégagent-ils de la chaleur? — De combien s'élève en général leur température au-dessus de la température de l'air ambiant? — Dans quels organes surtout la production de chaleur est-elle sensible? — 7. Comment est disposée l'inflorescence des Arum? — Que présente de remarquable la massue au moment de la floraison? — De combien s'élève un thermomètre plongé dans la spathe? — Que se passe-t-il au moment de cette production de chaleur? — 8. Où se trouve l'organe phosphorescent du Ver-luisant? — Quelle est la cause de la phosphorescence? — Citez quelques animaux phosphorescents. — 9. Quels sont les végétaux doués de phosphorescences? — 10. Qu'est-ce que l'Agaric de l'Olivier? — Où est le siège de sa phosphorescence? — Que se passe-t-il pendant l'émission lumineuse?

CHAPITRE XVIII

MOUVEMENTS DES FEUILLES

1. Retournement des feuilles. — Une feuille comprend deux faces : l'une supérieure, plus lisse et plus verte; l'autre inférieure, plus pâle et plus rugueuse. Leur structure anatomique n'est pas exactement la même, leur rôle dans le travail de la végétation ne l'est pas davantage; la face qui regarde la lumière du ciel a d'autres fonctions que la face ayant devant elle l'ombre du sol. Qu'adviendra-t-il donc si la feuille est artificiellement mise dans une position inverse, si l'on tourne vers le ciel son dessous et vers la terre son dessus? Avec ce retournement, qui donne l'ombre à la face faite pour la lumière, et de la lumière à la face faite pour l'ombre, la feuille ne peut accomplir son habituel travail.

D'un mouvement très-lent, mais obstiné, continu, ja feuille se retourne alors d'elle-même en tordant son pétiole et remet dessus ce qui doit être dessus, dessous ce qui doit être dessous. Si, à diverses reprises, la main de l'homme intervient pour rétablir la position renversée, chaque fois, par une nouvelle torsion du pétiole, la feuille remet les choses en leur état normal.

2. Expérience de Ch. Bonnet. — « J'ai incliné, dit Ch. Bonnet, le naturaliste philosophe de Genève, j'ai incliné ou courbé des rameaux de plus de vingt espèces de plantes, soit herbacées, soit ligneuses, et le les ai tenus fixés dans cette situation. Les feuilles de ces rameaux ayant été mises ainsi dans une position contraire à celle qui leur est naturelle, j'ai eu bientôt le plaisir de les voir se retourner et reprendre leur position ordinaire. J'ai réitéré l'expérience sur le même rameau jusqu'à quatorze fois consécutives, sans que le retournement ait cessé de s'y opérer. »

Cette persistance de la feuille à se tordre sur son pétiole, se détordre, se retordre encore pour déjouer les obstacles et reprendre la position conforme à sa nature, rappelle l'invincible tendance de la plante en germination, qui se coude toutes les fois qu'on dérange la graine et remet la racine en bas, la tige en haut. Cependant, comme si la fatigue la gagnait, la feuille est plus lente à se retourner à mesure que l'épreuve se répète. Dans les expériences de Ch. Bonnet, une feuille de Vigne mettait un jour pour revenir à sa position naturelle après la première inversion; elle en mettait quatre après la quatrième, et huit après la sixième. C'est sous le stimulant de la lumière solaire que le retournement se fait dans le plus court délai. En deux heures, aux rayons d'un soleil ardent, l'ingénieux expérimentateur de Genève a vu se retourner une feuille d'Arroche. Telle promptitude n'a été dépassée par aucune autre plante.

3. **Végétaux à rameaux pendants.** — En dehors des renversements artificiels œuvre de l'homme, la plante est parfois dans la nécessité de retourner toutes ses feuilles. Certains végétaux, au lieu de diriger leurs ramifications de bas en haut, les dirigent en sens inverse, de haut en bas. Cette marche rétrograde est tantôt le résultat purement mécanique de la longueur et de la faiblesse des rameaux, qui pendent suivant la verticale faute d'une rigidité suffisante pour résister à la pesanteur; le Saule pleureur en est un exemple. Tantôt elle n'a d'autre cause que les propensions mêmes du végétal, dont les jets vigoureux s'infléchissent, non sous leur poids, mais par l'effet d'une tendance naturelle. Ainsi le Sophora du Japon, arbre assez fréquent dans nos jardins, recourbe en crosse à leur base toutes ses branches et dirige ses rameaux faibles ou forts de haut en bas, en formant à distance, autour de la tige, une enceinte de verdure. Le renversement de tout le feuillage est la conséquence de cette direction inverse; mais les feuilles savent reprendre, à mesure qu'elles se développent

la situation qui leur convient. Elles sont composées-
pennées, comme celles de notre vulgaire Acacia. Le
pétiole commun porte à la base un vigoureux renflement qui se tord sur lui-même, entraîne la feuille
entière malgré son poids et la remet dans la position
normale.

4. **Sainfoin oscillant.** — A ces mouvements
d'une lente ténacité par lesquels les feuilles renversées sont ramenées dans leur régulière situation, la
plante en associe d'autres, amples et brusques, qui
rappellent mieux ceux de l'animal. Trois plantes surtout sont renommées sous ce rapport : le Sainfoin
oscillant, la Dionée gobe-mouche et la Sensitive.

Le Sainfoin oscillant est originaire du delta du
Gange. Ses feuilles, comme celles de notre Trèfle,
sont composées chacune de trois folioles, avec cette
différence que les folioles de la plante indienne sont
très-inégales : celle du milieu est grande, ovale et
atteint jusqu'à un décimètre de longueur; les deux
latérales sont très-petites en proportion et mesurent
au plus une paire de centimètres.

La grande foliole est soumise à une alternative de
redressement et d'abaissement que provoque la présence ou l'absence du soleil. Dans la nuit, elle est
pendante et appliquée contre le pétiole par sa face
inférieure. Aussitôt le jour paru, elle se meut lentement et se redresse peu à peu à mesure que le soleil
monte. A l'heure de midi, par un jour bien vif, elle
est en ligne droite avec le pétiole. On la voit alors,
si la chaleur est ardente, s'animer d'un tremblotement très-appréciable. Puis le soleil décline et la foliole décline aussi, pour reprendre, à la nuit, sa position pendante. Outre cette oscillation générale, réglée-
par le cours de l'astre, elle en accomplit d'accidentel-

les d'après l'état lumineux du ciel. Un nuage vient-il à projeter de l'ombre, la foliole descend ; le jour reprend-il sa sérénité, la foliole remonte. Elle est enfin tellement sensible à l'influence de la lumière, qu'à toute heure du jour elle change de direction, s'élève ou s'abaisse suivant que l'illumination de l'atmosphère s'accroît ou s'affaiblit.

Le mouvement des deux folioles latérales est bien plus remarquable et indépendant de l'excitation lumineuse. Dans l'obscurité comme à la lumière, de nuit ainsi que de jour, pourvu que la température soit élevée, ces deux folioles s'abaissent et se relèvent à tour de rôle sans discontinuer, semblables à deux ailes qui lentement battraient l'air en sens inverse. Dès que celle de droite est parvenue au terme de son ascension, la foliole de gauche descend, reste un moment stationnaire au point le plus bas de sa course, puis remonte, tandis que la foliole opposée redescend. Il suffit d'une paire de minutes pour l'aller et le retour. L'ascension est plus lente que la descente et s'effectue quelquefois par secousses pareilles à celles d'une aiguille de montre à secondes. Le nombre de ces petits élans saccadés est d'une soixantaine par minute. Ce perpétuel jeu de balançoire est d'autant plus actif, que le temps est plus humide et plus chaud ; il ne cesse qu'à la mort des folioles.

Des mouvements analogues, mais bien plus faibles, s'observent dans les feuilles du Pois et du Haricot. Il est donc à croire que beaucoup de végétaux, même de ceux qui nous sont le plus familièrement connus, offriraient des mouvements spontanés comme ceux du Sainfoin oscillant, si nous les examinions avec le soin nécessaire. En général, ils nous échappent à cause de leur extrême faiblesse et de leur lenteur.

5. Dionée Gobe-mouche (fig. 102). — La Dionée

Fig. 102. — Dionée Gobe-mouche.

Gobe-mouche est une petite herbe des marais de la
Caroline du Nord. Ses feuilles se composent d'un pétiole dilaté sur les côtés en larges ailes, et d'un limbe

arrondi dont les deux moitiés peuvent jouer autour de la nervure médiane comme autour d'une charnière et s'appliquer l'une contre l'autre. Ce limbe est en outre bordé de longs cils pointus et raides. Si quelque insecte vient à s'y poser, la feuille rapproche vivement ses deux moitiés et saisit la bestiole dans le filet de ses cils entre-croisés. Plus l'insecte s'agite pour se libérer, plus le piége végétal se contracte, excité par les mouvements du captif. La feuille ne se rouvre et ne lâche le prisonnier que lorsque l'animal ne bouge plus, exténué de fatigue ou tout à fait mort.

6. **Sensitive.** — La Sensitive est une plante herbacée originaire de l'Amérique méridionale, recherchée à cause de son extrême irritabilité qui l'a rendue célèbre et lui a valu son nom. On la cultive en pots dans nos jardins. Elle a des feuilles deux fois pennées, une tige armée d'aiguillons crochus et des fleurs disposées en petites houppes globuleuses.

Supposons la plante au soleil, avec ses feuilles pleinement étalées. On touche légèrement une foliole, une seule, à l'extrémité de la feuille par exemple. Aussitôt cette foliole se redresse obliquement, sa compagne du côté opposé en fait de même, et les deux viennent s'appliquer l'une contre l'autre par la face supérieure au-dessus du pétiole. L'impulsion donnée se propage plus loin. La seconde paire de folioles se meut comme la première, la troisième en fait autant, puis la quatrième, la cinquième, si bien que de proche en proche et chacune à son tour, d'après l'ordre de succession, toutes se redressent et se couchent l'une sur l'autre. La propagation de l'ébranlement peut suivre une marche inverse. Si l'on touche une foliole à la base de la double rangée, les autres se replient par ordre, d'arrière en avant de la feuille. L'impression est donc transmise dans un sens comme dans l'autre de la foliole touchée aux folioles suivantes.

Si l'événement a peu de gravité, les trois ou quatre paires voisines du point atteint se replient, les autres ne remuent pas. Si le choc est plus rude, les folioles se replient d'un bout à l'autre, les pétioles partiels se rassemblent en un faisceau, le pétiole commun pivote sur son point d'attache et s'infléchit vers la terre. Enfin, si la secousse est violente, toutes les feuilles se replient à la hâte, prennent un aspect fané et pendent, comme mortes, le long de la tige. Dans tous les cas, le trouble est momentané. Le calme revenu, les pétioles tournent lentement sur leur point d'attache, les feuilles se redressent et les folioles s'étalent de nouveau.

Dans les plaines brûlantes du Brésil, où la Sensitive couvre de grandes étendues de terrain, il suffit du galop d'un cheval ou même de la marche d'un passant sur la route, pour provoquer l'extrême irritabilité de la plante. Le faible ébranlement que le pas du voyageur imprime au sol fait refermer leurs feuilles aux Sensitives les plus rapprochées; celles-ci, en se mouvant, secouent leurs voisines, et de l'une à l'autre l'impulsion se propage à la ronde. Sans cause apparente, le tapis de verdure soudainement s'agite et prend un aspect fané.

QUESTIONNAIRE.

1. Les deux faces de la feuille ont-elles exactemen les mêmes fonctions, la même structure ? — Une face peut-elle remplir les fonctions de l'autre ? — Qu'arrive-

t-il quand on retourne une feuille ? — 2. En quoi consistent les expériences de Ch. Bonnet sur le retournement des feuilles ? — Quelle est la durée du retournement à mesure que l'expérience se répète ? — Quelle est la moindre durée observée ? — 3. Qu'appelle-t-on végétaux à rameaux pendants ? — La cause de la direction pendante est-elle toujours la faiblesse des rameaux ? — Citez un exemple. — Qu'arrive-t-il dans les feuilles du Sophora ? — 4. De quel pays est originaire le Sainfoin oscillant ? — Quelle est la forme de ses feuilles ? — En quoi consistent les mouvements de la grande foliole ? — Quelle influence provoque ces mouvements ? — En quoi consistent les mouvements des folioles latérales ? — Observe-t-on quelque chose d'analogue dans quelques-unes de nos plantes vulgaires ? — 5. De quel pays est originaire la Dionée Gobe-mouche ? — Quelle est la structure de ses feuilles ?, — En quoi consistent leurs mouvements ? — 6. D'où nous vient la Sensitive ? — Quelle est la structure de ses feuilles ? — Qu'arrive-t-il quand on touche légèrement une foliole ? — Quel est l'effet d'un choc, d'une secousse un peu violente ? — Qu'observe-t-on dans les plaines du Brésil où la plante vient en grand nombre ?

CHAPITRE XIX

SOMMEIL DES PLANTES.

1. Sommeil des plantes. — On appelle de ce nom la disposition que le feuillage de beaucoup de végétaux affecte pendant la nuit, disposition toute différente de celle qui est prise pendant le jour. — L'Epinard, quand vient l'obscurité, redresse ses feuilles vers le haut de la tige et les applique contre la sommité encore tendre de la pousse. — L'Impatiente, frêle Balsamine du bord des eaux, fait tout le contraire : elle infléchit ses feuilles vers le bas de la tige. — L'Œnothère, dont les grandes fleurs jaunes et odorantes embellissent les bords des fleuves, dispose ses feuilles supérieures en un abri nocturne autour de ses corolles. — Les Oxalis, à feuilles composées de trois folioles en forme de cœur, plient celles-ci en deux suivant la nervure médiane, et les laissent pendre renversées à l'extrémité du pétiole commun. — Les Trèfles rassemblent leurs feuilles autour des fleurs ; les Lupins, au contraire, quoique de la même famille, laissent, la nuit, leurs fleurs à découvert en dirigeant leur feuillage vers le bas.

2. Végétaux à feuilles composées. — C'est principalement dans les feuilles composées pennées que la disposition nocturne est frappante. Examinons de jour un Acacia, une Mimose, enfin un de ces arbres à feuillage penné si fréquemment cultivés dans nos jardins ; examinons-le de nouveau à la tombée de la nuit, et nous trouverons dans le port du feuillage une modification profonde. De jour, les folioles étalées des deux côtés du pétiole commun donnent au feuillage un aspect touffu, un air de vigueur ; le soir, ces folioles se couchent l'une contre l'autre, se replient, et l'arbre paraît dégarni et comme frappé à mort par le hâle du jour. Mais cet état est temporaire ; au retour de la lumière, l'arbre épanouit de nouveau ses feuilles, aussi fraîches que jamais.

3. Exemples divers. — Dans les Mimosées, les folioles, étalées à l'état de veille, se rabattent d'arrière en avant sur le pétiole commun et se recouvrent en partie l'une l'autre, à la manière des tuiles d'un toit. — Dans l'Amorpha ligneux ou Faux-Indigotier, dès les premiers rayons du jour, les folioles sont étalées horizontalement. A mesure que le soleil monte, elles montent aussi, et à midi elles pointent vers le ciel. Puis elles redescendent, et, quand la nuit approche, elles sont tout à fait pendantes, appliquées dos à dos au-dessous du pétiole commun. — Le Baguenaudier, dont les gousses membraneuses et gonflées ressemblent à de petites vessies, met ses folioles dans une disposition toute contraire : il les applique deux à deux, par leur face supérieure, au-dessus du pétiole. — La Casse de Maryland abaisse le soir les siennes, comme le fait le Faux-Indigotier. De cette façon, les folioles d'une même paire devraient s'assembler par leurs faces inférieures; mais en se tordant sur leur court pétiole, elles s'assemblent par leurs faces supérieures. — La Sensitive relève les siennes, les couche à peu près suivant la longueur de leur support commun et les dispose en deux rangées imbriquées, accolées l'une à l'autre. En outre, les pétioles secondaires se rapprochent en un faisceau, le pétiole principal pivote sur son point d'attache, et la feuille entière, régulièrement pliée, se rabat de haut en bas. Cette attitude nocturne est précisément la même que prend la Sensitive soumise de jour à une excitation.

4. **Action du choc, de l'agitation.** — La même remarque s'applique aux diverses plantes chez lesquelles on peut exciter des mouvements : toutes prennent, de nuit, la pose qu'elles affectent quand on met en jeu, d'une manière ou de l'autre, l'irritabilité de leur feuillage. Ainsi les trois folioles de l'Oxalis corniculé (fig. 103), quelque temps battues à petits coups, se plient en long et pendent au bout du pétiole. C'est exactement la disposition qu'elles auraient prise d'elles-mêmes aux approches de la nuit. Ainsi encore,

un rameau de Mimose ou d'Acacia, longtemps et rudement secoué, replie ses feuilles comme il l'aurait fait sous la seule influence de l'obscurité. Telle est la cause du changement d'aspect qu'un vent prolongé peut amener dans le paysage : divers arbres, à feuillage difficilement impressionnable, finissent par céder aux secousses continues du vent et prennent en plein jour l'attitude nocturne.

5. Influence de la lumière. — C'est une question fort obscure que celle du sommeil des plantes ; on sait seulement que la lumière remplit ici un rôle, sinon exclusif, du moins très-grand. Toutes les feuilles aptes au sommeil s'ouvrent le matin et se ferment le soir, toutes s'étalent quand reparaît la lumière du soleil, toutes se replient quand elle disparaît. Il est donc manifeste que la clarté solaire,

Fig. 103. — Oxalis corniculé.

si puissante d'ailleurs sur la végétation, est en cause dans les mouvements diurnes ou nocturnes des feuilles.

6. Expériences de Decandolle. — Cette action de la lumière a été démontrée expérimentalement par Decandolle. Des Sensitives furent enfermées dans un appartement clos, qui de jour restait dans une profonde obscurité, et de nuit était éclairé par la vive lumière de six lampes. A ce revirement, qui du jour leur faisait la nuit, et de la nuit le jour, les Sensitives hésitèrent d'abord, tantôt ouvrant, tantôt fermant leur feuillage sans règle fixe. Les unes dormaient en présence de la lumière, les autres veillaient dans l'obscurité; néanmoins, après quelques jours de lutte entre les habitudes et les nouvelles conditions d'existence, les plantes se soumirent à l'artificielle alternative de ténèbres et de clarté. Elles épanouirent le feuillage le soir, commencement de leur jour; elles le fermèrent le matin, commencement de leur nuit.

Le stimulant de la lumière, qui, distribuée en sens inverse de l'état naturel, change les heures de sommeil en heures de veille et réciproquement, est donc bien une cause des mouvements des feuilles, mais elle n'est pas la seule. En effet, ayant soumis des Sensitives les unes à l'action continue de la lumière artificielle, d'autres à l'action continue de l'obscurité, Decandolle constata dans les deux cas des alternatives de sommeil et de veille; seulement ces alternatives étaient plus courtes que dans les circonstances habituelles, et en outre très-irrégulières. Ainsi un jour sans fin n'empêche pas la plante de dormir, une nuit sans fin ne l'empêche pas de veiller.

D'autre part, si la Sensitive intervertit ses heures et se plie aux conditions de l'expérience lorsque la lumière et l'obscurité alternent en sens inverse de la périodicité naturelle, on connaît des plantes moins impressionnables qui, soumises aux mêmes épreuves, ne changent rien à leurs habitudes. Tels sont les Oxalis, sur lesquels échouèrent toutes les tentatives de Decandolle. La lumière continue, l'obscurité continue, l'alternance de la lumière pendant la nuit et de l'obscurité pendant le jour, restèrent sans effet aucun; les Oxalis dormaient ou veillaient aux heures habituelles de sommeil ou de veille, malgré tous les artifices de l'expérimentateur.

7. **Le sommeil des plantes n'est pas comparable à celui des animaux.** — Par un mécanisme inhérent à l'exercice de la vie, le végétal a donc en lui-même la cause essentielle des mouvements périodiques de ses feuilles; la lumière, tantôt plus, tantôt moins, suivant la sensibilité de la plante, éveille ces mouvements mais elle ne les produit pas. Aller plus loin serait impossible : le sommeil de la plante échappe à l'explication tout comme le sommeil de l'animal. Il nous est même plus profondément inconnu encore à cause de sa dissemblance avec notre propre sommeil.

Les plantes, en effet, ne dorment pas dans l'acception ordinaire du mot; il n'y a pas évidemment chez elles de somnolence comparable à l'état de l'animal endormi, mais un simple retour des feuilles à l'arrangement qu'elles avaient à peu près dans le bourgeon. Ce retour à la pose du premier âge paraît signe du repos, de suspension momentanée dans l'activité vitale, et cependant la manière d'être de la plante est alors tout le contraire de ce que le repos nous semble exiger. Les feuilles endormies sont dans des positions forcées, pénibles à garder, où elles se maintiennent à la faveur d'une rigidité qu'elles n'ont pas pendant la veille. Si l'on essaie de relever une feuille qui dort abaissée, ou d'abaisser une feuille qui dort relevée, cette feuille casse au point d'attache plutôt que de fléchir. Il suffit de comparer la roideur de la

Sensitive endormie avec l'inerte flaccidité de l'animal qui dort, pour voir qu'entre le sommeil de la plante et celui de l'animal, il n'y a peut-être de commun que le nom.

QUESTIONNAIRE

1. Qu'appelle-t-on sommeil des plantes ? — Dites l'attitude nocturne de l'Épinard, de l'Impatiente, de l'Œnothère, de l'Oxalis, des Trèfles, des Lupins. — 2. Quelles sont les feuilles où le sommeil se manifeste le mieux ? — 3. Dites l'attitude nocturne des Mimoses, du Faux-Indigotier, du Baguenaudier, de la Casse de Maryland, de la Sensitive ? — Quelle pose prennent pour le sommeil les plantes à feuillage excitable ? — 4. Comment peut-on provoquer l'attitude nocturne de l'Oxalis corniculé ? Quelle est l'influence d'un vent prolongé sur l'aspect du paysage ? — 5. Quelle est l'influence de la lumière sur le sommeil des plantes ? — 6. Citez les expériences de Decandolle sur les Sensitives ? — Comment se comportent les Sensitives dans une lumière continue, ou dans une obscurité continue ? — Peut-on artificiellement changer les heures de sommeil de toutes les plantes ? — Que présentèrent de remarquable les Oxalis dans les expériences de Decandolle ? — 7. La lumière est-elle seule en jeu dans le sommeil des plantes ? — Ce sommeil est-il comparable à celui de l'animal ? — Dans quelle position sont les feuilles pendant le sommeil ? — A quel arrangement retournent les feuilles pendant le sommeil ?

CHAPITRE XX

MÉTAMORPHOSES.

1. Définition. — Le rôle ordinaire du limbe de la feuille est d'étaler à l'air atmosphérique sa large surface verte, siége de la transpiration et de la respiration; celui du pétiole est de servir de support au limbe; celui des stipules est d'envelopper et de protéger les feuilles naissantes. Mais assez fréquemment des conditions particulières d'existence exigent, dans la plante, des organes spéciaux; alors, tantôt le limbe, tantôt le pétiole, les stipules ou d'autres organes, perdent leur forme habituelle pour en adopter une accommodée aux nouvelles fonctions, tandis que d'autres parties se modifient pour les suppléer dans leur propre travail. Parfois encore, sans aucun motif que nous puissions entrevoir, la plante change la structure ou même intervertit les rôles de ses organes. On donne le nom de *métamorphose*[1] à ces transformations. Les unes sont amenées par des manières de vivre particulières; les autres n'ont, sans doute, d'autre cause que la grande loi présidant à la création entière : l'infinie variété dans l'uniformité.

2. Le Petit-Houx (fig. 104). — Nos haies des terrains arides abondent en Petit-Houx, rude arbuste, mais gracieux de forme, toujours vert et paré de grosses baies d'un rouge de corail. Son feuillage est d'une raideur remarquable et chaque limbe est dans une position verticale. A ce caractère seul, on peut déjà

---

1. Du grec : *méta*, préposition qui marque le changement; *morphé*, forme.

soupçonner une nature anomale dans l'étrange feuillage, car les feuilles véritables ont plus de souplesse

Fig. 104. — Petit-Houx.

et tiennent leur limbe horizontal. De plus, à la base de ces lames imitant des feuilles, une petite écaille se voit, réduite presque à rien. Ces écailles sont les feuilles normales, mais sans valeur pour le travail respiratoire de l'arbuste : elles sont trop petites, trop pâles, trop faciles à se détacher. Ce n'est pas tout : les feuilles ne viennent jamais sur les feuilles; il n'y vient pas davantage ni des fleurs, ni des fruits. Or, au centre de leur limbe, les feuilles problématiques du Petit-Houx portent un faisceau de petites feuilles ou d'écailles; et du milieu de ce faisceau s'élève la fleur, qui deviendra plus tard une baie rouge. Puisque ces lames vertes naissent chacune à l'aisselle d'une écaille, c'est-à-dire d'une feuille, comme le font les rameaux; en outre, puisqu'elles portent elles-mêmes des écailles, des fleurs, des fruits à la manière des rameaux, elles sont réellement des rameaux malgré leur forme aplatie de feuilles. Ainsi, pour remplacer dans leurs fonctions ses véritables feuilles dégénérées en écailles sans valeur, le Petit-Houx aplatit ses rameaux en lames vertes ayant toute l'apparence foliacée.

3. **Acacie hétérophylle.** — En d'autres végétaux, c'est le pétiole qui subit semblable métamorphose, même lorsque les feuilles vraies sont régu-

lièrement développées. Les Acacies surtout sont remarquables sous ce rapport. L'un d'eux, l'Acacie hétérophylle, présente sur le même rameau tous les intermédiaires possibles entre une feuille composée régulière et une feuille réduite à son pétiole dilaté. Tantôt la feuille deux fois pennée n'a rien d'exceptionnel; tantôt son pétiole s'aplatit en ruban, qui, de droite et de gauche, porte la rangée habituelle de pétioles secondaires couverts de leurs folioles; tantôt enfin folioles et pétioles secondaires disparaissent, et il ne reste de la feuille que le pétiole principal converti en une large lame verte.

4. **Phyllodes.** — On donne le nom de *phyllodes*[1] aux rameaux et aux pétioles ainsi transformés en feuilles. Leur limbe se tient dans un plan vertical au lieu d'être couché horizontalement. De cette verticalité résulte, dans les arbres à feuillage composé de phyllodes, une étrange distribution d'ombre et de lumière qui frappa d'étonnement les premiers explorateurs de la Nouvelle-Hollande, patrie par excellence des Acacies à phyllodes. Sous ce feuillage raide et dur, se présentant par la tranche aux rayons du soleil, le couvert est presque nul et l'ombre sans fraicheur.

5. **Vrilles.** — Diverses plantes émettent de longues ramifications qui, trop faibles pour se dresser elles-mêmes, traîneraient à terre sans le secours de certains filaments flexibles qui s'entortillent ou s'enroulent autour des corps voisins. Ces filaments, espèces de *longs* doigts flexibles qui saisissent, enlacent tout ce qui se trouve à leur portée, y prennent appui et soulèvent la plante au grand jour, s'appellent

---

1. Du grec: *phyllon,* feuille; *eidos,* apparence.

des *vrilles*. Les rameaux, les pétioles, les nervures médianes des feuilles, tour à tour, suivant l'espèce végétale, se métamorphosent en ces organes d'ascension.

6. Vrilles des Légumineuses. — Sans rien changer au feuillage, le Fumeterre et la Clématite se bornent à grossièrement entortiller leurs pétioles dans les haies; d'autres les recourbent en crochet qui harponne la ramée voisine; d'autres les roulent en tours de spire réguliers. Mais, en général, la présence des vrilles résulte d'une profonde modification des feuilles, dans la famille des Légumineuses surtout.

Considérons, par exemple, le Pois cultivé (Voir (fig. 84, p. 138). A la base du pétiole sont deux grandes stipules, qui, vertes et minces comme les folioles, doivent participer au travail respiratoire de celles-ci, et dans une large mesure à cause de l'ampleur de leur surface. Plus haut sont disposées sur le pétiole commun trois paires de folioles, qui vont en diminuant, mais sans rien présenter de particulier dans leur forme. Par delà vient la *vrille* dite *rameuse* parce qu'elle se subdivise en un nombre variable de filaments, aptes chacun à s'enrouler en spirale. La figure en représente sept, dont six groupées par paires comme le sont les folioles, et un terminal. Ces sept filaments que représentent-ils? La réponse est aisée. Si la feuille composée du Pois conservait dans toute sa longueur la forme habituelle, aux trois paires de folioles qu'elle possède feraient suite d'autres paires de folioles occupant la place précise des filaments de la vrille, et une foliole impaire terminerait le tout à la place du filament impair. Ces divers filaments sont donc des folioles réduites à leur simple nervure médiane devenue vrille

7. Vrilles de la Vigne (fig. 105). — Les vrilles des Légumineuses dérivent des feuilles; celles de la Vigne sont d'une autre nature. Rappelons-nous d'abord l'habituelle structure du végétal, la manière dont sont assemblés entre eux rameaux, bourgeons et feuilles. Le rameau s'allonge en un axe qui, de distance en distance, émet une feuille; et dans l'angle de l'axe et de la feuille, à l'aisselle enfin, naît un bourgeon, le plus souvent simple, quelquefois multiple. En ayant la feuille devant soi, on trouve donc en premier lieu le pétiole, puis le bour-

Fig. 105. — Vrilles de la Vigne dont l'une porte quelques petits grains de raisin.

geon, puis l'axe du rameau, qui occupe la face opposée et par delà lequel il n'y a plus rien. Examinons maintenant un rameau de Vigne (fig. 105).

Sur une face doit être la feuille, sur la face opposée le rameau, et entre les deux le bourgeon, soit unique, soit multiple. Or que voyons-nous ici? A l'opposé de la feuille, précisément au point que devrait occuper la continuation de l'axe, est placée la vrille, et entre les deux s'élève une forte pousse, tantôt seule, tantôt accompagnée d'un ou de plusieurs bourgeons. Malgré les apparences et d'après les seules dispositions relatives, on conclut donc que la vrille est en réalité la continuation du rameau, tandis que la pousse intercalée entre la vrille et la feuille est un des bourgeons axillaires développé en un jet vigoureux, qui rejette latéralement l'axe primitif et semble le continuer en usurpant sa place. Le rameau *usurpateur*, ainsi qu'on l'appelle, se termine plus haut à son tour par une vrille et produit des bourgeons, dont l'un se développe aussitôt formé et le remplace pour continuer le jet, comme il sera lui-même remplacé par un troisième quand son extrémité deviendra vrille. En son ensemble, le rameau de la Vigne n'est donc pas un axe unique, une pousse émanée d'un seul bourgeon, mais bien une succession d'axes nés l'un de l'autre et dégénérés chacun en vrille à l'extrémité.

8. **Enroulement des vrilles.** — Habituellement les vrilles s'enroulent en spirale autour de l'objet enlacé. L'extrémité du filament, durci et courbé en griffe comme on peut le voir dans la Vigne, harponne d'abord l'objet qui se trouve en contact avec lui, y prend appui et resserre sa courbure en une boucle complète, après quoi les tours de spire vont se multipliant, pressés l'un contre l'autre avec une géométrique régularité si la place occupée laisse à la vrille toute sa liberté d'évolution. L'enroulement peut se faire de deux manières, de droite à gauche ou de gauche à droite, comme l'enroulement des tiges volubiles autour de leur support. En général, chaque espèce de plante adopte, pour ses vrilles, l'une ou l'autre des deux directions et se refuse à l'enroulement contraire. Néanmoins, lorsque la vrille est fort longue et s'enroule en commençant par l'extrémité, la spire rétrograde est cause d'une torsion sur lui-même du filament, qui finirait par se rompre; alors, comme si elle prévoyait cette rupture des fibres toujours tordues dans le même sens, la vrille brusquement change de cours, s'enroule en sens contraire, et détruit ainsi

par une torsion inverse l'effet nuisible de la torsion
primitive. On observe ce changement de direction, répété à plusieurs reprises, dans les vrilles de la Bryone
(fig. 106), dont les longs jets, chargés de baies rouges,
se montrent fréquemment dans
les haies. Il n'est pas rare de le
constater aussi dans les vrilles
de la Vigne.

9. Vrilles adhésives. —
Si la plante doit s'élever en pre-
nant appui sur la ramée voisine, les vrilles ne peuvent mieux
remplir leur rôle d'organes as-
censionnels que sous la forme
de lacets spiraux roulés autour
des ramilles saisies; mais lorsqu'elle doit gravir une surface
plane, un mur, un rocher vertical, l'enroulement resterait
inefficace à cause de l'impossibilité de rien enlacer. La difficulté est merveilleusement sur-
montée. Prenons, pour exemple, la Vigne-Vierge ou Cissus,
que l'on emploie pour tapisser
d'un rideau de verdure les faça-
des des habitations de campa-
gne et les murs des jardins. Sans

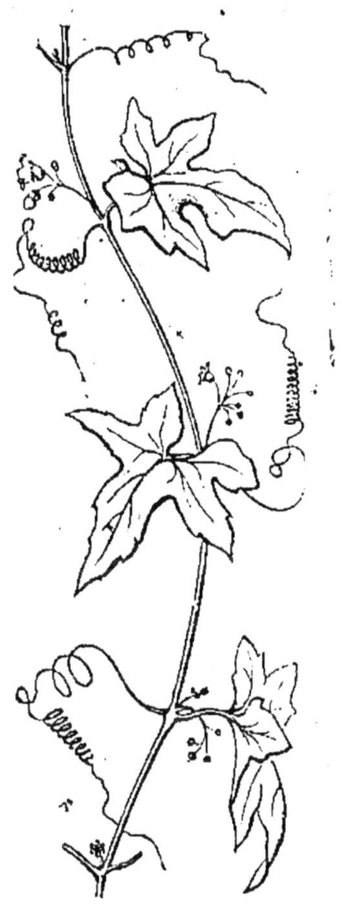

Fig. 106. — Bryone.

autre appui que la surface verticale, la plante s'élève
à une grande hauteur, et se fixe, d'une manière assez
solide pour tenir tête aux coups de vent, sur la bri-
que, la pierre, le mortier uni, les pièces de bois rabo-
tées et peintes. Les extrémités de ses vrilles rameuses
se terminent en pelotes adhésives ; c'est-à-dire qu'une

fois appliquées sur le mur, elles s'aplatissent et se façonnent en disques dont la petite masse charnue se moule sur les moindres irrégularités, pénètre dans les plus étroites fissures et fait pour ainsi dire corps avec le point touché. En outre, afin de rendre l'adhérence plus parfaite, ces disques transpirent une espèce de mastic résineux. Le filament est si solidement fixé, qu'on ne peut l'arracher de force sans entraîner des parcelles de mortier. Dans une expérience, on a vu une vrille de Cissus composée de cinq ramifications, supporter, avant de céder, une traction de cinq kilogrammes. Quelle ne doit pas être alors la force d'adhérence de la plante entière, couvrant toute une façade de ses innombrables vrilles.

10. **Épines**. — Passons à d'autres genres de métamorphoses. L'Epine-vinette est un arbuste qui mûrit dans les haies ses grappes de fruits rouges à saveur acide. Sa tige est armée de fortes épines, les unes simples, les autres composées de plusieurs poinçons et étalées en éventail. Rien ne ressemble moins à des feuilles que ces rudes piquants, et cependant la réflexion y voit bientôt des feuilles transformées. A leur aisselle, en effet, est un bourgeon ; et l'on doit reconnaître pour feuille ce qui abrite un bourgeon à son aisselle. La démonstration se complète en remarquant que certaines de ces épines conservent en partie la nature foliacée. L'armure de l'Epine-vinette (fig. 107) résulte donc de la métamorphose des feuilles.

Bien d'autres organes peuvent contribuer à la formation de l'appareil défensif. Aussi dans le Robinier (fig. 78, page 130) et le Jujubier, les deux stipules deviennent deux épines symétriquement dressées à la base de la feuille. Le Paliure des haies du midi de la

France a ses stipules changées l'une en dard tout
droit, l'autre en un croc recourbé.

Le Prunellier et l'Aubépine aiguisent en piquants
de courts rameaux, qui por-
tent quelques feuilles et dégénèrent brusquement en
pointe. De tels piquants disparaissent avec facilité par
la culture et deviennent des
rameaux ordinaires. C'est
ainsi que les dards du Poirier sauvage sont remplacés,
dans le Poirier cultivé, par
de vrais rameaux feuillés, se
couvrant de fleurs et de
fruits. Les Féviers, grands
arbres voisins de notre vulgaire Acacia, transforment
en hallebardes étoilées de
menus rameaux éclos,çà et
là, au hasard sur la tige.

11. **Aiguillons**. — Le
Rosier et la Ronce soulèvent
en crocs acérés la couche
subéreuse de leur écorce. Ce
genre d'armure se nomme

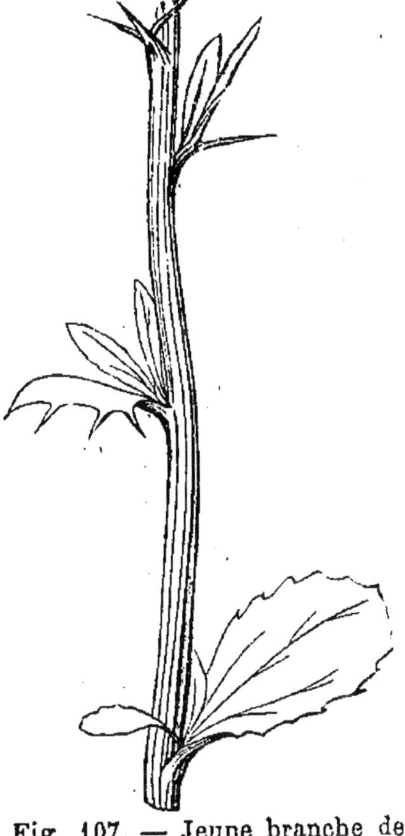

Fig. 107. — Jeune branche de
l'Épine-vinette.

aiguillon. Il ne faut pas confondre les aiguillons avec
les épines. Celles-ci sont des organes métamorphosés,
qui ont perdu leur habituelle structure pour en prendre une conforme à leurs nouvelles fonctions. Elles
se montrent donc en des points déterminés, places
normales des organes dont elles dérivent, feuilles, stipules, rameaux. De plus, elles se détachent difficilement de la tige. Les aiguillons, au contraire, sont des

organes accessoires, superficiels, qui se montrent un peu partout, sans régularité et se détachent sans déchirure de l'écorce, en laissant une cicatrice nette, ainsi qu'il est facile de le constater sur le Rosier.

QUESTIONNAIRE.

1. En quoi consiste la métamorphose dans les plantes ? — Par quoi sont amenées ces transformations ? — 2. En quoi consiste le feuillage du Petit-Houx ? — Quelles raisons établissent que ce feuillage résulte en réalité de rameaux aplatis en forme de feuilles ? — 3. Que présentent de remarquable les feuilles de l'Acacie hétérophylle ? — 4. Qu'appelle-t-on phyllode ? — D'où vient cette expression ? — Quel aspect a le feuillage d'un arbre à phyllodes ?—5. Qu'appelle-t-on vrilles ?—6. Comment le Fumeterre et la Clématite se soutiennent-ils ? — D'où proviennent les vrilles du Pois ? — 7. Décrivez la forme et l'emplacement des vrilles de la Vigne. — Qu'appelle-t-on rameau usurpateur ? — Comment est constitué un rameau de Vigne ?— Quelle est la nature des vrilles ?— 8. Comment s'enroulent les vrilles ? — Que présentent de remarquable les vrilles de la Bryone ? — Quelle est l'utilité de ces enroulements inverses ? —9. Décrivez les vrilles adhésives de la Vigne-vierge. — Quelle traction peut supporter une de ces vrilles ? — 10. D'où proviennent les épines de l'Épine-vinette, du Robinier, du Jujubier, du Paliure, du Prunellier, de l'Aubépine, des Féviers? —Que deviennent par la culture les épines du Poirier sauvage ? — 11. En quoi consistent les aiguillons du Rosier et de la Ronce ? — Quelle différence y a-t-il entre les épines et les aiguillons ?

CHAPITRE XXI

LA FLEUR

1. Nécessité de la graine. — La conservation de l'individu pour la prospérité du présent, et la conservation de l'espèce pour la prospérité de l'avenir, sont les deux fonctions primordiales de tout être vivant. L'individu se conserve par la *nutrition*, qui entretient en lui la vie jusqu'aux limites assignées; l'espèce se conserve par la *reproduction*, qui procrée de nouveaux individus semblables au premier et perpétue l'animal et la plante à travers les temps par une filiation non interrompue.

En dehors des moyens artificiels, comme la bouture et la greffe, mis en œuvre par notre industrie, nous avons déjà reconnu, dans le végétal, certains modes de propagation au moyen de bourgeons, qui s'isolent de l'individu souche et deviennent des plantes distinctes. Il suffit de rappeler à ce sujet les stolons du Fraisier, les yeux de la Pomme de terre, les bulbilles de l'Ail, les tubercules des Orchidées. Mais ces moyens de perpétuer l'espèce sont loin d'être généraux : la grande majorité des plantes ne les emploie jamais. D'ailleurs seraient-ils universellement répandus, ils seraient insuffisants pour le maintien d'une prospérité indéfinie. Un bourgeon, en effet, simple démembrement du tout dont il faisait partie, répète, avec une monotone fidélité, les caractères de son origine, sans avoir en lui de nouvelles tendances, de nouvelles énergies. Il maintient tout au plus intacte la puissance vitale dont il est le dépositaire, sans pouvoir la rajeunir par une nouvelle impulsion. Aussi la filiation indéfinie par bourgeon aurait pour inévitable conséquence d'abord la monotonie, puisque, privée de la faculté de varier dans les détails, l'espèce se composerait d'individus identiques. En second lieu, chose plus grave, cette filiation, apte à dépérir à travers les mille accidents d'une longue descendance, mais impuissante à ranimer une vitalité qui languit, amènerait tôt ou tard la dégénérescence et finalement l'extinction de l'espèce.

Il faut donc à la plante un autre mode de reproduction, qui donne à chaque individu des tendances spéciales pour les caractères de détail, et lui imprime une vigueur toujours rajeunie. Cette reproduction se fait par la *graine* ou *semence*. Tous les végétaux, sans exception aucune, se multiplient par des semences, et c'est ainsi que les diverses espèces se conservent prospères et riches d'un avenir indéfini. A ce mode général de reproduction, quelques-uns adjoignent la propagation accessoire par bourgeons isolés. Nos plantes cultivées, longtemps multipliées de boutures, finissent par dépérir; pour ranimer en elles la puissance de vie qui s'éteint, il faut recourir à la graine.

2. La fleur. — Dans les végétaux supérieurs, dicotylédonés et monocotylédonés, la graine est le produit de la *fleur*. Malgré sa richesse de coloris et son élégance de forme, celle-ci n'est au fond qu'un rameau très-court, dont les feuilles sont métamorphosées en vue de nouvelles fonctions. Nous avons déjà vu avec quel art merveilleux la vie utilise la queue d'une feuille, la nervure d'une foliole, la terminaison épuisée d'un rameau, pour faire au Pois son tire-bouchon suspenseur, à la Vigne son lacet spiral, au Cissus ses grappins de pelotes adhésives. Des conditions nouvelles d'existence se présentent : telle plante doit escalader les murs et les rochers, telle autre doit se hisser dans les haies, telle autre doit atteindre la cime des grands arbres. Pour ce travail d'ascension, qui semblerait exiger des appareils expressément créés, y a-t-il en réalité des organes nouveaux introduits dans l'habituel ensemble? Nullement : il suffit à la vie de retoucher ce qui existe déjà pour lui donner, avec une étonnante habileté, la forme et les propriétés qu'exigent les nouvelles conditions d'existence. L'incomparable artiste semble se jouer des difficultés, en utilisant pour les services les plus variables, d'invariables matériaux. Tour à tour, d'un rameau chétif, elle fait le piquant du Prunellier, la feuille du Petit-Houx, la spirale enlaçante de la Vigne, les doigts à pelotes visqueuses du Cissus. Mais son chef-d'œuvre est la fleur. Pour cette gracieuse et délicate production, elle met en œuvre les mêmes matériaux que pour un vulgaire et grossier rameau : un axe et des feuilles. Rien de nouveau n'est créé pour le berceau de la graine; ce qui existe déjà devient fleur par une exquise métamorphose. Le rameau se ramasse sur lui-même, se contracte, rassemble en une rosette ses feuilles transformées, et la merveille est accomplie. Anticipant sur la démonstration qui viendra plus loin, nous dirons donc : *la fleur est un rameau contracté dont les feuilles sont métamorphosées en vue de la production de la graine.*

Il y a de la sorte, associés sur le même végétal, deux ordres de rameaux. Les uns sont préposés aux intérêts du présent, à la conservation de l'individu, c'est-à-dire à la nutrition; ce sont les rameaux ordinaires, à feuilles vertes. Les autres sont préposés aux intérêts de l'avenir, à la conservation de l'espèce, c'est-à-dire à la reproduction ; ce sont les rameaux à feuilles métamorphosées, enfin les fleurs.

3. Composition générale. — Examinons maintenant en quoi consiste la structure générale de la fleur, et prenons pour sujet d'observation la fleur du Lis (fig. 108) qui, par son ampleur, se prête à un examen

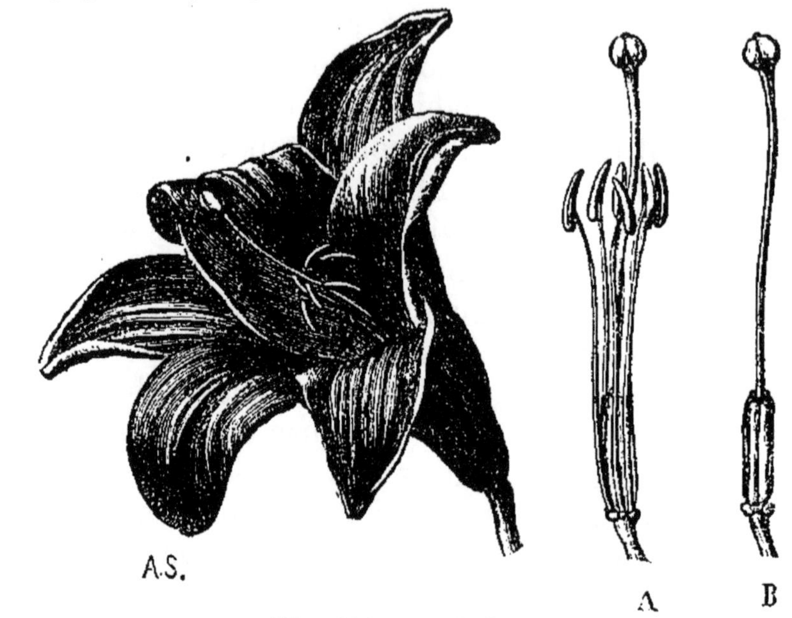

Fig. 108. — Lis blanc.
A, étamines et pistil. — B, pistil seul.

facile. La partie qui tout d'abord frappe les regards consiste en six grandes pièces d'un beau blanc qui, la floraison finie, se détachent séparées l'une de l'autre. Chacune de ces pièces prend le nom de *pétale* [1], et leur ensemble s'appelle *corolle* [2]. Viennent après six filaments allongés qui portent au sommet, transversalement suspendu sur leur pointe, un sachet à double loge, plein d'une abondante poussière jaune. Chacun de ces organes en son entier se nomme *étamine* [3]. Le sac à

1. Du grec : *pétalon*, feuille. — 2. Du latin : *corolla*, petite couronne, guirlande. — 3. Du latin : *stamen*, filament.

double loge est l'*anthère* [1], la poussière jaune est le *pollen* [2], le filament est le *filet* de l'étamine. Au centre de la fleur, au milieu du faisceau des six étamines, est le *pistil* [3]. Dans celui-ci, on distingue, à la base, un renflement à trois côtés arrondis; c'est l'*ovaire*, contenant les semences en voie de formation, c'est-à-dire les *ovules* [4]. Au-dessus de l'ovaire se dresse un long filament appelé *style* [5]; enfin le style se termine par une tête divisée en trois par des échancrures et nommée *stigmate* [6].

Cette structure de la fleur du Lis se retrouve dans beaucoup de monocotylédonées, par exemple, dans la Tulipe, la Jacinthe, l'Hémérocalle; mais un très-grand nombre de plantes, appartenant surtout aux dicotylédonées, ont, en outre, en dehors de la corolle une enveloppe protectrice verte à laquelle on donne le nom de *calyce* [7]. Ainsi nous trouvons dans la Rose, tout en dehors, cinq lanières anguleuses vertes qui, dans la fleur en bouton, se rejoignent exactement pour protéger les organes intérieurs plus délicats, puis s'ouvrent et s'étalent quand la corolle s'épanouit. Chacune des parties du calyce prend le nom de *sépale*. Dans une fleur complète, on trouve donc, en allant de l'extérieur au centre 1° le calyce, composé de sépales; 2° la corolle, composée de pétales; 3° les étamines; 4° le pistil.

4. Organes essentiels de la fleur. — Les parties essentielles de la fleur, les seules vraiment nécessaires pour la production des graines, sont les étamines et le pistil; le calyce et la corolle ne sont que des

1. Du grec: *antheros*, fleuri. — 2. Du latin: *pollen*, poussière. — 3. Du latin: *pistillum*, pilon.— 4. Diminutif de *ovum*, œuf. Du même mot latin vient ovaire. — 5. Du grec: *stylos*, colonne. — 6. Du grec: *stigma*, marque. — 7. Du grec : *calyx* même signification.

enveloppes protectrices ou des ornements ; ils peuvent manquer, l'un ou l'autre, ou tous les deux, et la fleur n'en existe pas moins. C'est ainsi que nous venons déjà de voir le Lis dépourvu de calyce. Il y a fleur partout où se trouvent des organes nécessaires à la formation de graines fertiles, ne serait-ce que le pistil, ne serait-ce qu'une seule étamine. C'est ainsi qu'une foule de plantes considérées comme privées de fleurs, en possèdent réellement, mais réduites au nécessaire et privées des élégants accessoires qui d'habitude attirent seuls nos regards. Sans exception aucune, tout végétal appartenant aux dicotylédonées ou aux monocotylédonées, a des fleurs aptes à produire des semences, quoique souvent de peu d'éclat il est vrai ; mais aucun des végétaux acotylédonés n'en possède. Ceux-ci n'ont jamais rien d'identique à la corolle, aux étamines, au pistil ; leurs semences sont le produit d'organes tout différents et qui demandent une étude à part. D'après la présence ou l'absence des fleurs, les végétaux se divisent ainsi en deux séries : les *phanérogames* [1] ou végétaux à fleurs, comprenant les dicotylédonés et les monocotylédonés ; enfin les *cryptogames* [2] ou *agames* [3], ou végétaux sans fleurs, comprenant les acotylédonés.

5. **Calyce.** — L'enveloppe la plus extérieure d'une fleur complète est le calyce, composé de sépales. Sa coloration est ordinairement verte et sa consistance plus ferme, plus grossière que celle des organes intérieurs qu'il a pour fonction de protéger, d'abriter même en entier dans la fleur en bouton. Le nombre des sépales est variable d'une espèce à l'autre. Il y en

1. Du grec : *phaneros*, apparent, manifeste ; et *gamos*, noces. — 2. Du grec : *kryptos*, caché, et *gamos*. — 3. Du grec *a*, qui marque la privation, et *gamos*.

a deux dans le Coquelicot, très-faciles à observer sur la fleur en bouton, mais d'une durée éphémère, car ils se détachent et tombent dès que la fleur étale ses grands pétales rouges chiffonnés. Il y en a quatre dans la Giroflée, cinq dans la Rose.

Quel que soit leur nombre, tantôt ils sont distincts et nettement séparés l'un de l'autre; tantôt ils sont plus ou moins soudés entre eux par les bords et simulent alors une pièce unique, mais en laissant dans le haut du calyce des dentelures libres, qui permettent de reconnaître le nombre de sépales assemblés.

Quand les sépales sont en entier distincts l'un de l'autre, le calyce est dit *polysépale*[1] (fig. 109); c'est le cas du Coquelicot, du Lin, de la Giroflée. Quand ils sont soudés l'un à l'autre, le calyce est qualifié de *monosépale*[2]; (fig. 110), c'est ce que nous montrent le Tabac, l'Œillet, les Silènes. De ces deux termes, mis en opposition l'un à l'autre, le second est vicieux, quoique consacré par l'usage. Le calyce du Tabac et des Silènes ne se compose

Fig. 109.
Calyce polysé-
pale d'un
Lin.

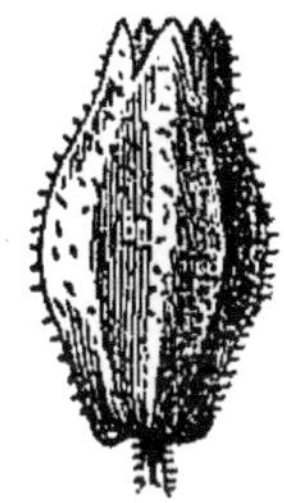

Fig. 110.
Calyce mo-
nosépale
d'un Silène.

pas, en effet, d'une pièce unique, comme semblerait le dire l'expression de monosépale, mais bien de cinq sépales, unis par les bords et reconnaissables aux cinq dentelures du sommet. Aussi emploie-t-on, pour un calyce à sépales distincts le mot de *dialysépale*[3], désignant la séparation, et pour un calyce à sépales soudés entre eux le nom de *gamosépale*[4], désignant la réunion.

1. Du grec : *polys*, plusieurs. — 2. Du grec : *monos*, un, seul, unique. — 3. Du grec : *dialyo*, je sépare. — 4. Du grec : *gaméo*, j'unis.

Qu'ils soient distincts ou soudés, les sépales sont groupés autour de l'axe de la fleur et l'entourent de même que des feuilles verticillées entourent le rameau. Pour rappeler cette parité de groupement, on dit que le calyce forme le *verticille* extérieur de la fleur.

6. **Corolle.** — Les pétales forment le verticille suivant ou la corolle. Ce sont de grandes lames minces, délicates, à coloration vive, d'où le vert est presque toujours exclu. Il y en a quatre dans le Coquelicot, quatre encore dans la Giroflée, cinq dans la Rose sauvage, le Cerisier, le Pommier et nos divers arbres fruitiers. Comme les sépales du calyce, les pétales peuvent être distincts l'un de l'autre, comme dans la Rose sauvage, le Coquelicot, l'OEillet, ou soudés entre eux par les bords sur une longueur plus ou moins grande, comme dans le Tabac, la Campanule, le Liseron. Dans ce dernier cas, les dentelures, les sinuosités, les plis de la corolle, font connaître le nombre de pétales assemblés.

Lorsque les pétales sont libres, la corolle est dite *polypétale* ou mieux *dialypétale* (fig. 111); quand ils sont soudés entre eux, elle est dite *monopétale* ou mieux *gamopétale* (fig. 112).

Malgré l'ampleur, l'élégance et le coloris, qui en font, pour le regard superficiel, la partie principale de la fleur, la corolle ne remplit cependant qu'un rôle très-secondaire, moindre même que celui du calyce, propre du moins, par sa robuste contexture, à protéger contre les intempéries les parties plus centrales. C'est une enveloppe de luxe qui manque dans beaucoup de végétaux, dont les fleurs alors passent généralement inaperçues. La plupart de nos arbres forestiers, le Chêne, le Hêtre, l'Orme, par exemple, sont dépourvus de corolle et n'ont pour enveloppes florales que de petites écailles vertes, derniers ves-

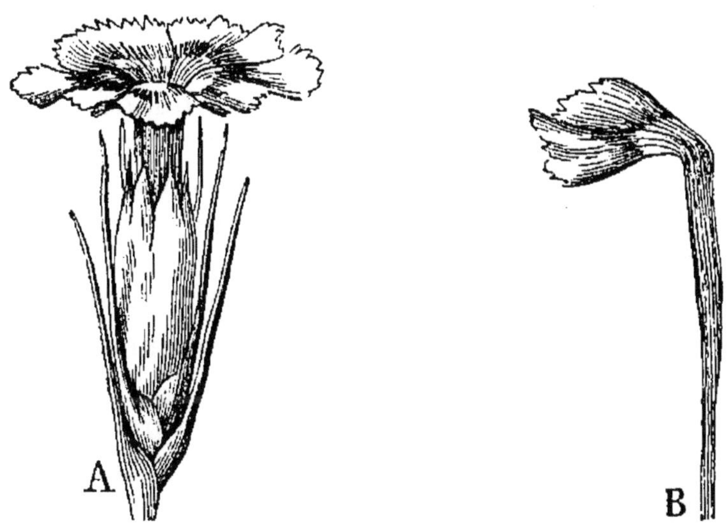

Fig. 111. — Fleur polypétale d'OEillet. — A, fleur complète;
B, un des cinq pétales séparé.

tiges d'un calyce. Quand la fleur est dépourvue de corolle, elle est dite *apétale*[1].

L'ensemble des enveloppes florales, calyce et corolle, porte le nom de *périanthe*[2]. Si l'une ou l'autre des deux enveloppes manque, la fleur est qualifiée de *monopérianthée*[3]. Elle est monopérianthée par défaut de calyce dans le Lis, et par défaut de corolle dans nos arbres forestiers. Dans quelques cas plus rares, les deux enveloppes manquent à la fois; la fleur est alors *apérianthée* ou *nue*[4]. Ainsi la fleur des Lentilles d'eau se compose uniquement soit d'une étamine, soit d'un pistil.

1. *a* marque la privation. — 2. Du grec : *péri*, autour; *anthos*, fleur. — 3. Du grec : *monos*, unique. — 4. *a* privatif.

7. **Étamines.** — Les étamines forment la troisième rangée circulaire ou le troisième verticille de la fleur. La partie indispensable d'une étamine est l'anthère, avec son contenu poudreux de pollen, dont la fonction est de fertiliser les semences et d'éveiller en elles la vie quand elles commencent à se former dans l'ovaire. Il suûit donc de l'anthère pour constituer une étamine ; le filet qui la porte est d'intérêt secondaire, il peut être plus ou moins court, ou même, quoique assez rarement, manquer en entier. La soudure des étamines entre elles, surtout par leurs filets, se présente quelquefois, mais moins fréquemment que celle des sépales ou des pétales.

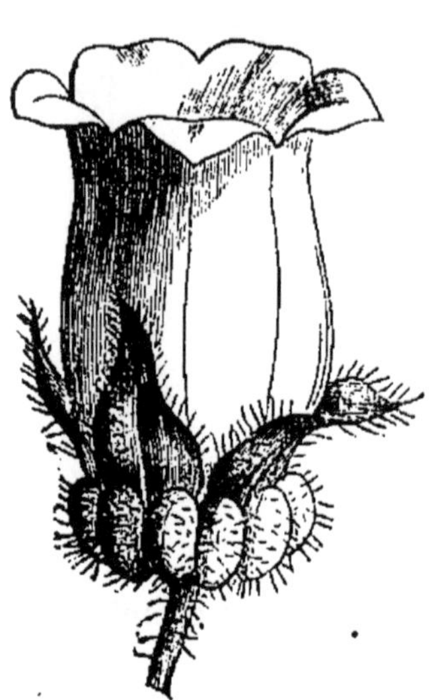

Fig. 112. — Fleur monopétale de Campanule.

8. **Pistil.** — Le quatrième et dernier verticille de la fleur est celui du pistil. A cause de leur position centrale, qui les met en contact les unes avec les autres par de grandes surfaces, les diverses pièces dont le pistil se compose, très-fréquemment sont soudées entre elles et forment un tout simple en apparence quoique en réalité complexe.

Examinons d'abord une fleur où les diverses pièces du pistil soient isolées l'une de l'autre, celle du Pied-d'Alouette (fig. 113), par exemple. Nous y trouverons trois petits sacs ventrus et membraneux, à l'intérieur desquels les jeunes semences ou ovules sont rangées le long de la paroi. Chacun d'eux est surmonté d'un court filament que termine une tête peu apparente, mais de structure spéciale. Comme leur ensemble

doit devenir le fruit de la fleur, on donne à chacune
de ces pièces le nom de *carpelle* [1]. Le sac membraneux contenant les ovules est l'*ovaire* du carpelle, le
prolongement filiforme est le *style,* et la tête terminale est le *stigmate.* Le pistil d'une
fleur se compose donc d'un verticille de carpelles qui, lorsqu'ils ne
şont pas soudés entre eux, ont chacun leur ovaire distinct, leur style
et leur stigmate.

Mais pressés l'un contre l'autre à
cause de leur position centrale, les
carpelles habituellement se soudent
entre eux. Tantôt la réunion a lieu
par les ovaires seulement, les styles
et les stigmates restant séparés ; tantôt la soudure porte à la fois sur les
ovaires et les styles et ne laisse libre

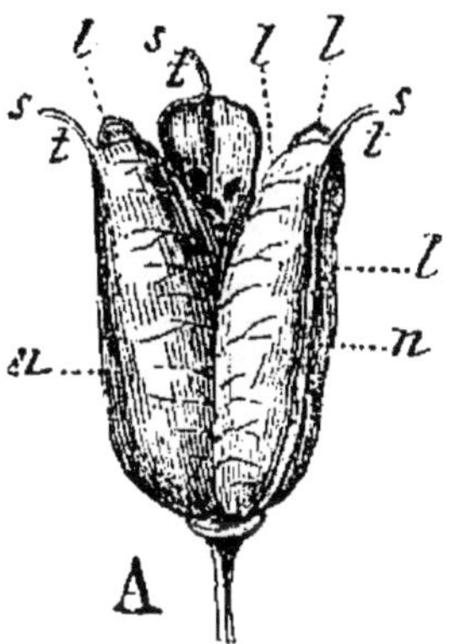

Fig. 113. — Pistil du
Pied-d'Alouette.
n, ovaire ; — *t*, style ;
s, stigmate.

que les stigmates ; tantôt enfin les carpelles sont
assemblés dans toutes leurs parties en un organe qui
paraît simple.

Cependant, en ce dernier cas même, il est facile de
constater la nature complexe du pistil et de reconnaître
le nombre de carpelles dont il se compose, soit par le
stigmate commun, divisé par des échancrures en autant de lobes qu'il y a de carpelles assemblés, soit par
l'ovaire commun, qui indique au dehors, par le nombre de ses renflements, de ses plis, de ses sillons, le
nombre d'ovaires simples composant le premier.
Ainsi dans le pistil du Lis, on reconnaît un stigmate
à trois lobes nettement accusés, et un ovaire à trois
renflements obtus. Malgré ce qu'il y a de simple dans

1. Diminutif du grec : *carpos,* fruit.

sa structure d'ensemble, ce pistil est donc formé par la réunion de trois carpelles.

Alors même que ni le stigmate ni l'ovaire commun ne feraient connaître par leur configuration le nombre de carpelles assemblés, un moyen resterait encore de déterminer sûrement ce nombre. Coupons en travers l'ovaire du Lis (fig. 114). Nous verrons qu'il est creusé de trois compartiments ou *loges*, dans chacune desquelles des ovules sont rangés. Chaque loge est la cavité d'un ovaire; de leur nombre, on conclut donc celui des carpelles réunis pour constituer le pistil. Soit encore une pomme, qui est l'ovaire mûri et grossi de la fleur du Pommier. Nous voulons reconnaître de combien de carpelles se composait le pistil de la fleur qui l'a produite. En la coupant en travers, nous y reconnaissons cinq *loges*, entourées d'une paroi coriace et contenant les graines ou pépins. Ces cinq loges nous indiquent cinq carpelles assemblés. La règle est générale : autant de compartiments ou de loges présente l'ovaire commun, autant il entre d'ovaires élémentaires dans sa composition et par conséquent autant de carpelles comprend le pistil.

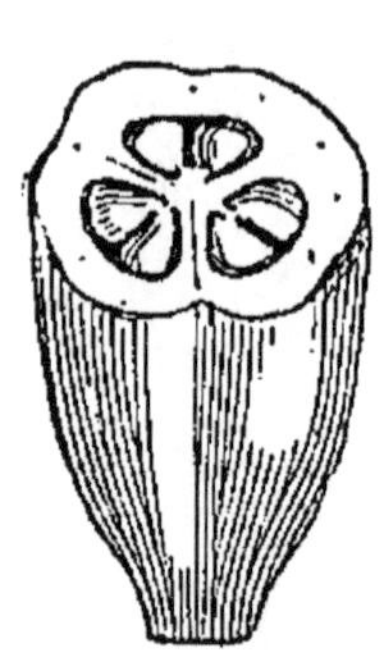

Fig. 114. — Coupe horizontale de l'ovaire du Lis.

9. **Lois numériques de la fleur.** — Nous venons de reconnaître dans une fleur quatre verticilles, savoir : celui du calyce, dont les pièces élémentaires sont les sépales; celui de la corolle, composé de pétales; celui des étamines; celui du pistil formé de carpelles. Sous le rapport de leur nombre et de leur position respective, les pièces dont se composent ces

quatre verticilles suivent certaines règles, à exceptions très-nombreuses du reste. Mentionnons d'abord les règles et laissons les exceptions pour les signaler à mesure qu'elles se présenteront.

Dans les végétaux dicotylédonés, le nombre de pièces de chaque verticille floral fréquemment est cinq; et dans les végétaux monocotylédonés, ce nombre est fréquemment trois. Le nombre cinq caractérise pour ainsi dire l'architecture florale des végétaux à deux cotylédons; et le nombre trois, celle des végétaux à un seul cotylédon.

Cette loi est la conséquence d'un principe de phyllotaxie. La fleur, avons-nous dit avant de le démontrer encore, est un rameau d'une structure à part; ses diverses parties sont des feuilles métamorphosées. Nous devons donc retrouver dans l'arrangement des parties de la fleur quelques traces des lois qui président à l'arrangement des feuilles sur le rameau. Or, dans les végétaux dicotylédonés le cycle le plus fréquent des feuilles est cinq; dans les monocotylédonés, ce cycle est trois. Si le rameau se raccourcit à l'extrême pour devenir la fleur, les feuilles d'un cycle se rassemblent en un verticille, et c'est ainsi que les pièces des divers verticilles floraux se comptent par cinq dans les dicotylédonés, par trois dans les monocotylédonés.

10. **Multiplication des verticilles floraux.** — Chaque genre d'organes, notamment les pétales et les étamines, ne forment pas toujours une rangée circulaire unique autour de l'axe, enfin un seul verticille, comme le suppose l'exposé qui précède. La corolle, par exemple, peut comprendre deux verticilles de pétales, ou davantage, disposés à l'intérieur l'un de l'autre; de même les étamines peuvent former deux ou plusieurs rangées. Or, il est de règle que

dans ces verticilles répétés, le nombre des pièces se maintient le même, ce qui double, triple, etc., le total des pétales, des étamines. On voit par là que le nombre cinq peut être remplacé par l'un de ses multiples dans les fleurs dicotylédonées, et le nombre trois par l'un de ses multiples dans les fleurs monocotylédonées.

Comme exemples prenons la fleur du Pommier et celle du Lis. La première, appartenant à un végétal dicotylédoné, comprend cinq sépales au calyce, cinq pétales à la corolle, des étamines au nombre de vingt environ, enfin cinq carpelles reconnaissables aux cinq loges de la pomme. La seconde, appartenant à un végétal monocotylédoné, comprend un double verticille d'enveloppes florales, chacun de trois; un double verticille d'étamines, chacun de trois aussi; enfin un pistil composé de trois carpelles.

N'oublions pas que cette loi numérique comporte de fréquentes exceptions, sinon toujours dans l'ensemble des verticilles floraux, du moins dans quelques-uns. Ainsi la fleur de l'Amandier, construite comme celle du Pommier sur le type quinaire, n'a cependant qu'un seul carpelle au pistil comme nous le montre l'ovaire mûr ou l'amande.

11. Alternance des verticilles floraux. — La seconde loi concerne l'arrangement des parties de la fleur. Nous avons reconnu que, sur le rameau, les feuilles verticillées alternent, c'est-à-dire que les feuilles d'un verticille quelconque sont placées en face des intervalles du verticille immédiatement inférieur, afin que l'accès de la lumière soit gêné le moins possible. Il y a une semblable alternance dans les organes floraux, chaque verticille qui suit alterne avec le verticille qui précède. Ainsi les pétales sont placés en face des intervalles des sépales, les étamines en face des intervalles des pétales, les carpelles enfin en face des intervalles des étamines. Cette loi d'alternance ne souffre qu'un petit nombre d'exceptions.

12. **Diagramme de la fleur.** — Pour représenter la distribution d'un édifice, les architectes imaginent une section qui couperait les murs horizontalement. Le dessin de cette section est le plan de l'édifice. La botanique obtient de la même manière le plan de la fleur; elle en représente les divers organes par une section perpendiculaire à son axe, ce qui permet de figurer avec une netteté géométrique l'arrangement des parties florales entre elles. Un tel dessin se nomme *diagramme* [1] de la fleur (fig. 115 et 116). Voici pour une fleur dicotylédonée et pour une fleur monocotylédonée les diagrammes généraux qui mettent sous les yeux la loi numérique et la loi d'alternance.

Dans le diagramme de la fleur dicotylédonée, les cinq traits extérieurs *s* représentent les cinq sépales du calyce. En face de leurs intervalles sont placés les cinq pétales *p*; viennent ensuite, en alternant toujours, les cinq étamines *e*, que l'on représente par un trait bouclé à cause de la double loge de l'anthère; enfin les cinq carpelles, avec leur contenu d'ovules, font face aux intervalles des étamines.

Dans le diagramme de la fleur monocotylédonée, *p p'*, représentent deux verticilles d'enveloppes florales alternant entre elles, et généralement douées toutes les deux de la coloration propre aux corolles. C'est ainsi que dans le Lis et la Tulipe, on trouve, presque également riches en coloris, trois pétales extérieurs et trois pétales intérieurs. A ne tenir compte

1. Du grec : *dia,* au travers de; *gramma,* tableau.

que de leur position, les trois pièces extérieures sont assimilables aux sépales d'un calyce, mais la couleur verte leur manque la plupart du temps.

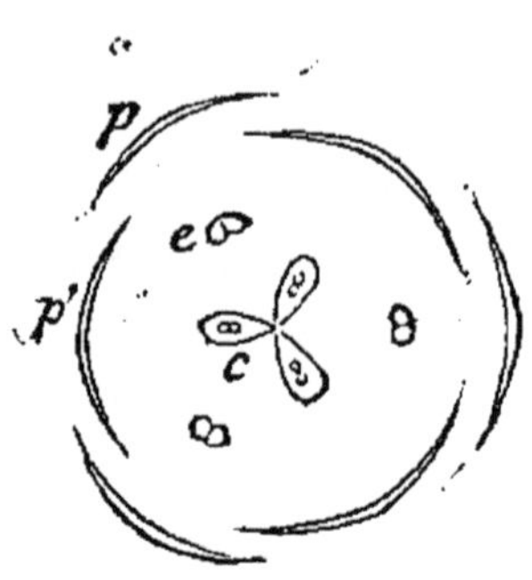

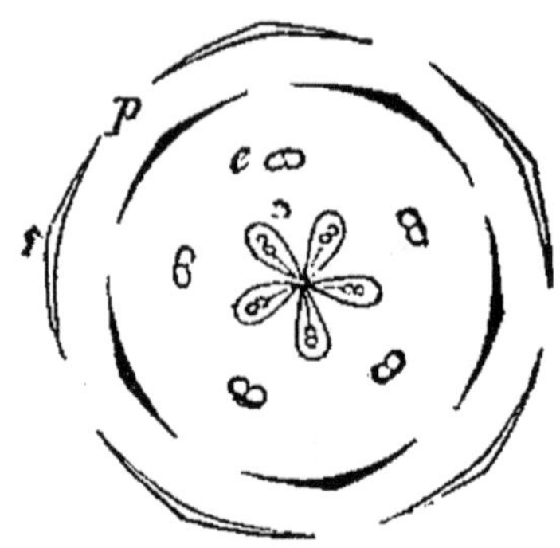

Fig. 115. — Diagramme d'une fleur monocotylédonée. — *p* et *p*, pétales. — *e*, étamines, *c*, carpelles.

Fig. 116. — Diagramme d'une fleur dicotylédonée. — *s* sépales ; *p*, pétales ; *e*, étamines ; — *c*, carpelles.

Quoi qu'il en soit de l'indécision où nous laisse parfois le verticille extérieur du périanthe dans les végétaux monocotylédonés, avec les trois pétales intérieurs alternent trois étamines *e*. Quelquefois, comme dans le Lis et la Tulipe, à ces trois étamines s'en adjoignent trois autres, un peu plus intérieures et alternant avec les premières. Enfin trois carpelles *c* font face aux intervalles du dernier verticille d'étamines.

13. **Végétaux monoïques et végétaux dioïques.** — Dans une fleur, les organes absolument indispensables sont le pistil, dont l'ovaire contient les ovules, et en second lieu les étamines, dont le pollen vivifie ces ovules et les fait se développer en graines fertiles. La grande majorité des plantes possède les deux genres d'organes réunis dans la même fleur, le pistil au centre, les étamines autour du pistil. Mais quelques végétaux ont deux espèces de fleurs

qui mutuellement se complètent, les unes donnant le pollen, les autres les ovules. A l'intérieur de leurs enveloppes florales, les fleurs uniquement destinées à produire du pollen ne contiennent que des étamines, sans pistils. On les nomme *fleurs à étamines* ou *fleurs staminées* [1]. Les autres, uniquement destinées à produire des ovules, ne contiennent que des pistils, sans étamines. On les nomme *fleurs à pistils* ou *fleurs pistillées*.

Tantôt les fleurs staminées et les fleurs pistillées

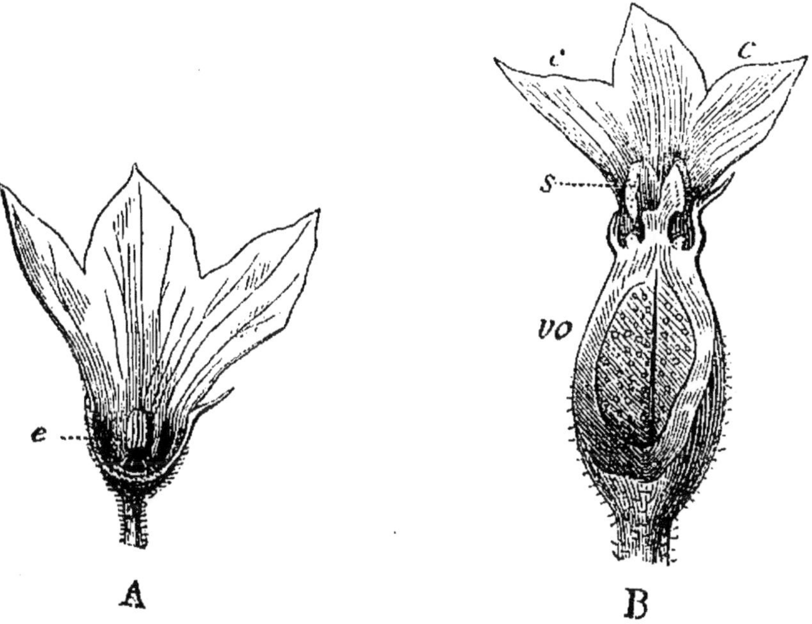

Fig. 117-118. — A, fleur staminée de Citrouille; *e*, étamines.
B, fleur pistillée de Citrouille; *vo*, ovaire; *s*, stigmate; *c*, corolle.

viennent à la fois sur le même individu végétal, sur le même pied. Pour désigner cette communauté d'emplacement, d'habitation en quelque sorte, on dit que la plante est *monoïque* [2]. La Citrouille et le Melon, par

1. De *stamen*, étamine. — 2. Du grec : *monos*, unique ; *oïkia*, maison.

exemple, sont monoïques. Sur la même plante, sur le même rameau, se trouvent à la fois des fleurs à étamines et des fleurs à pistil. Les premières, après l'émission du pollen, se fanent et se détachent de la plante sans laisser de traces; les secondes, tout d'abord reconnaissables à leur gros renflement inférieur, ne tombent pas en entier, une fois flétries : elles laissent en place leur ovaire fertilisé, qui devient le fruit.

Tantôt enfin, les fleurs staminées et les fleurs pistillées se trouvent sur des pieds différents, de manière que, pour la fructification, deux individus distincts sont nécessaires, l'un fournissant le pollen et l'autre les ovules. La plante alors est dite *dioïque* [1]. Tels sont le Chanvre et la Bryone. Seule, la plante pistillée fructifie et donne des graines; la plante staminée n'en donne jamais, mais elle n'est pas moins indispensable car en l'absence de son pollen la fructification serait impossible.

QUESTIONNAIRE.

1. La multiplication par bourgeons qui s'isolent se retrouve-t-elle dans toutes les plantes? — Qu'arrive-t-il quand un végétal est longtemps reproduit de bourgeons? — Quel est le mode de reproduction général dans tous les végétaux? — **2.** Quelle est la fonction de la fleur? — Quelle définition peut-on donner de la fleur ? — **3.** Quelle est la composition générale de la fleur ? — **4.** Décrivez la corolle, les étamines, le pistil de la fleur du Lis? — Que possède ne outre la fleur du Rosier? — **4.** Parmi ces divers organes, quels sont ceux qui sont essentiels et ceux qui sont accessoires ? — Qu'appelle-t-on végétaux phanérogames et végétaux cryptogames ou agames? **5.** — Qu'est-ce que le calyce? — Qu'appelle-t-on sépales?

---

[1]. Du grec: *duo*, deux; *oïkia*, maison.

Dans quel cas un calyce est-il appelé polysépale ou dialysépale, monosépale ou gamosépale ? — Comment reconnaît-on le nombre de pièces dont un calyce gamosépale se compose ? — 6. Qu'est-ce que la corolle? — Qu'appelle-t-on pétales? — Quels noms porte la corolle suivant que ses pétales sont libres ou soudés entre eux? — Qu'est-ce qu'une fleur apétale ? — Que désigne le mot de périanthe? — Qu'est-ce qu'une fleur monopérianthée, apérianthée ? — 7. De quoi se compose une étamine? — Quelle est sa partie essentielle ? — 8. Qu'est-ce que le pistil ? — Qu'appelle-t-on carpelles? — Décrivez les carpelles d'un Pied-d'Alouette. — Comment reconnaît-on le nombre de carpelles qui entrent dans la composition du pistil du Lis et du Pommier? — Qu'appelle-t-on loges de l'ovaire, ovules, style, stigmate ? — 9. Quelle loi numérique préside à la structure de la fleur? — D'où provient la fréquence du nombre cinq dans les fleurs des végétaux dicotylédonés et la fréquence du nombre trois dans les fleurs des végétaux monocotylédonés? — 10. La fleur se compose-t-elle toujours de quatre verticilles seulement ? — Qu'y a-t-il à remarquer quant au nombre des pièces dans les nouveaux verticilles ? — 11. En quoi consiste la loi d'alternance? — 12. Qu'appelle-t-on diagramme? — Tracez le diagramme d'une fleur dicotylédonée et d'une fleur monocotylédonée. — 13. Qu'appelle-t-on fleurs pistillées et fleurs staminées? — Dans quel cas un végétal est-il monoïque? — Donnez des exemples. Dans quel cas est-il dioïque? — Donnez des exemples.

CHAPITRE XXII

ORIGINE DES ORGANES FLORAUX.

1. Feuilles florales. — La fleur doit être considérée comme un rameau dont les feuilles rassemblées en verticilles sur un axe très-court, changent de forme en changeant de fonctions, et deviennent sépales, pétales, étamines, carpelles. La démonstration de cette admirable métamorphose, qui donne à la plante des organes aptes à la conservation de l'espèce par une simple retouche des feuilles, sera le sujet de ce chapitre.

Puisque la fleur est un rameau, elle doit, comme tout rameau, naître à l'aisselle d'une feuille. C'est effectivement la règle générale. Avant de se terminer en fleur, le rameau floral peut plus ou moins s'allonger en un axe qui vulgairement porte le nom de *queue* de la fleur, et prend en botanique le nom de *pédoncule* [1]. Ce pédoncule, dans l'immense majorité des cas, s'élève de l'aisselle d'une feuille, que l'on nomme *feuille florale*, quand, par sa forme, elle diffère peu ou point des feuilles ordinaires.

2. **Bractées.** — Mais très-fréquemment la métamorphose modifie déjà les feuilles avoisinant les fleurs, et la modification est d'autant plus profonde, que la feuille considérée est plus rapprochée du sommet de la tige. Dans le Populage des marais, par exemple, les feuilles inférieures sont longuement pétiolées et se terminent par un large limbe échancré; plus haut, le pétiole devient très-court et le limbe s'amoindrit; plus haut encore, au voisinage immédiat des fleurs, le pétiole devient nul, le limbe perd sa profonde échancrure, et prend une forme différant à peine de celle des enveloppes florales.

Quand elle n'a plus sa configuration ordinaire, la feuille accompagnée d'une fleur à son aisselle, est appelée *bractée* [2]. Le changement consiste en général

1. Diminutif du latin *pes, pedis*, pied. — 2. Du latin *bractea*, feuille métallique, à cause de l'éclat que possèdent certaines bractées, par exemple, celles de l'Immortelle.

dans la disparition du pétiole ou son expansion en
membrane foliacée, dans la réduction du limbe, qui

Fig. 119. — Populage des marais.

se simplifie, devient entier si la feuille est divisée en
lobes, se réduit à une étroite languette, à une écaille,
ou même est nul si le pétiole s'élargit pour le suppléer.
Ces altérations de forme sont parfois accompagnées
d'un changement de teinte; le vert, couleur normale

de la feuille, disparaît par degrés et fait place, dans des bractées supérieures, au coloris des fleurs.

3. **Sépales.** — Par leur couleur verte, les sépales du calyce rappellent les feuilles. La forme parfois est presque identique de part et d'autre; du moins les bractées supérieures diffèrent peu ou point des enveloppes calycinales. Dans bien des cas, il est d'ailleurs facile de constater le passage des feuilles aux sépales par des transitions graduelles.

Considérons, par exemple, la Pivoine. Les feuilles inférieures, divisées en trois parties, elles-mêmes subdivisées en nombreux segments, sont suivies au voisinage des fleurs, de feuilles réduites à trois folioles. Plus haut il n'y a plus qu'une foliole, mais le pétiole s'élargit et devient membraneux; plus haut encore, la membrane du pétiole s'étale davantage et le limbe se réduit à une courte languette. Enfin, dans les sépales, on trouve cette languette à l'état de filet très-court et surmontant la membrane pétiolaire devenue simple lame verte. Pour devenir sépale, la feuille de la Pivoine a donc perdu son limbe et dilaté la base de son pétiole.

4. **Pétales.** — Dans bien des plantes, le passage des sépales aux pétales est d'une évidence qui s'impose même au regard le moins exercé. Par exemple, on cultive dans les serres un arbuste, le Camellia du Japon, dont les fleurs rappellent, pour l'aspect général, nos plus belles variétés de roses; dans ces fleurs, il n'y a pas de démarcation possible entre les sépales et les pétales. Toutes les pièces du périanthe sont des lames ovalaires; celles de la base de la fleur sont plus courtes et uniformément vertes. A ces pièces en succèdent d'autres graduellement plus larges, qui, sur les bords, dans les variétés de Camellia rose, ont une

légère teinte rougeâtre, tout en restant vertes dans leur partie centrale; plus haut le vert s'amoindrit, le rouge devient plus vif et gagne en étendue; enfin, par une série de transitions ménagées, la lame perd toute apparence de sépale et devient un beau pétale rouge.

Nous pouvons observer des transitions d'un autre genre dans la plus grande des fleurs européennes, le Nénuphar, ornement des eaux stagnantes. Son calyce

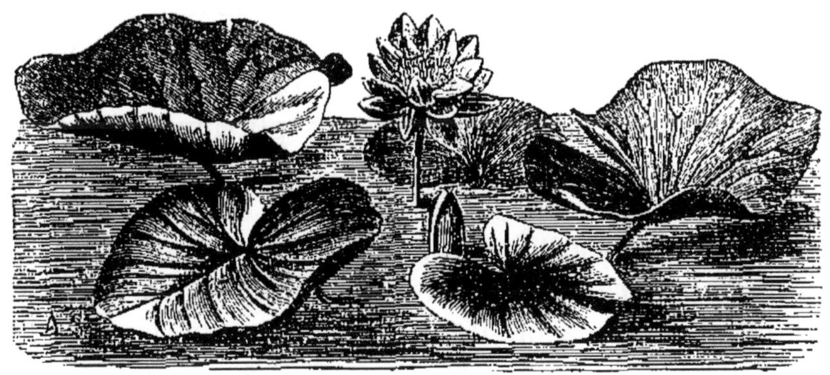

Fig. 120. — Nénuphar blanc.

se compose de quatre grandes lames concaves, à demi sépales, à demi pétales. Par leur face externe, qui est verte et grossière, elles ont l'aspect ordinaire des sépales; par leur face interne, qui est blanche et délicate, elles ont l'aspect des pétales, eux-mêmes d'un blanc pur. D'autre part, les fleurs ne sont pas rares où les sépales rivalisent de coloration avec les pétales eux-mêmes. Dans les Fuchsia, les quatre pièces calycinales, pourpres, roses, blanches ou jaunâtres, ont presque l'éclat des pétales eux-mêmes. Ces divers exemples qui nous font remonter du calyce à la corolle, ou nous font redescendre de la corolle au calyce, établissent que les pétales sont des feuilles aux mêmes titres que les sépales.

5. Étamines. — Si quelques organes floraux paraissent ne pouvoir se rapporter à des feuilles, certai
nement se sont les étamines, dont la forme n'a rien
de commun avec elles. Cependant la démonstration
de cette métamorphose est ici peut-être encore plus
facile que pour les autres verticilles. Dans les fleurs
du Camellia, il est impossible d'assigner de démarcation entre les sépales et les pétales ; pareillement
dans les fleurs du Nénuphar, la transition des pétales
aux étamines se fait par des intermédiaires si gra-
dués, qu'on ne saurait dire où la corolle finit et où
commencent les organes staminaux. Les pétales, d'un
blanc de lait, sont disposés sur plusieurs rangs et
vont en diminuant de grandeur de l'extérieur vers le
centre, tout en conservant la forme ovalaire. A peine
amoindris de moitié, ils commencent à montrer, sur
le bord supérieur de leur limbe, une petite callosité
brunâtre divisée en deux moitiés symétriques d'où
s'épanche un peu de poussière jaune. Dans cette callosité, il n'est pas difficile de reconnaître une anthère,
avec sa double loge pleine de pollen. Plus avant vers
le centre, le limbe se rétrécit peu à peu et l'anthère
s'allonge ; il arrive ainsi un moment où l'anthère
normalement conformée surmonte une lame blanche
de nature incontestablement pétaloïde. Cet organe à
double caractère, qu'est-il ? Une étamine, un pétale ?
— Ni l'un ni l'autre exclusivement, mais l'un et l'autre à la fois : c'est un pétale-étamine, si l'on peut se
servir de cette expression. Enfin la lame pétaloïde
s'amincit toujours, devient filet, et l'étamine apparaît
avec sa forme normale.

6. **Fleurs doubles.** — D'innombrables exemples
du retour inverse des étamines aux pétales nous sont
fournis par les fleurs doubles. si fréquentes dans nos

jardins. On nomme *fleurs doubles* celles qui, par la culture, ont acquis un nombre de pétales supérieur à celui qu'elles ont dans l'état naturel. Cet accroissement de la corolle se fait en général aux dépens des étamines, qui dégénèrent en pétales. Considérons en particulier la Rose. A l'état sauvage, telle qu'elle croît sur l'Eglantier des haies, elle n'a que cinq pétales et des étamines très-nombreuses. La Rose cultivée des jardins possède, au contraire, de très-nombreux pétales, et peu d'étamines ou même point. Eh bien, si nous examinons la partie centrale d'une Rose cultivée, nous y trouverons, comme dans la fleur du Nénuphar, tous les passages possibles du pétale à l'étamine; nous y verrons de larges pétales surmontés d'un vestige d'anthère, d'autres plus étroits portant une anthère bien conformée, d'autres enfin réduits à d'étroites lanières qui finissent par ne plus différer des étamines. Ce que nous venons de dire de la Rose, nous le retrouverions dans les diverses fleurs doubles indifféremment; dans toutes nous reconnaîtrions le retour incontestable des étamines à l'état de pétales, et par conséquent à l'état de feuilles.

7. **Carpelle.** — Le pistil se compose de carpelles, libres ou soudés entre eux, et fréquemment d'aspect foliacé par leur couleur verte et même par leur forme. Plions une petite feuille en deux le long de sa nervure médiane, rapprochons les deux bords pour les souder l'un à l'autre; nous obtiendrons ainsi une sorte de sac dont la cavité sera l'ovaire, tandis que la pointe terminale de la feuille sera le style et le stigmate. Ce sac foliaire, c'est le carpelle du Pied-d'Alouette, de l'Aconit, de la Pivoine, de l'Ancolie. Le carpelle vésiculeux du Baguenaudier a presque tous les caractères d'une feuille pliée comme nous venons de le

dire. Dans les deux moitiés de la gousse du Pois et du Haricot se reconnaissent aussi les deux moitiés d'une feuille pliée le long de sa nervure, qui forme le dos de la gousse.

8. **Fleurs doubles**. — D'autres preuves sont apportées par les fleurs doubles. Tantôt, comme dans le Camellia et quelquefois dans la Rose, les carpelles se changent en pétales aussi bien que les étamines. La fleur alors atteint ce qui est la perfection pour le regard, ne demandant que le luxe des pétales, mais ce qui est aussi la dégénérescence sous un autre aspect, car la fleur, privée de ses organes de fructification, ne peut plus remplir les fonctions assignées par la nature c'est-à-dire produire des graines. Tantôt enfin la métamorphose rétrograde est plus profonde et les carpelles dégénèrent jusqu'à l'état des feuilles ordinaires. Ainsi, dans certaines variétés de Roses, les carpelles se résolvent en un amas informe de feuilles chiffonnées; quelquefois même le centre de la fleur s'allonge en véritable rameau couvert de feuilles. Des Cerisiers, des Pommiers à fleurs doubles remplacent leurs carpelles par un petit bouquet de feuilles vertes au centre de la corolle blanche. Par conséquent les carpelles sont, comme les autres verticilles, des feuilles transformées. Ainsi se trouve démontrée la proposition du pré-

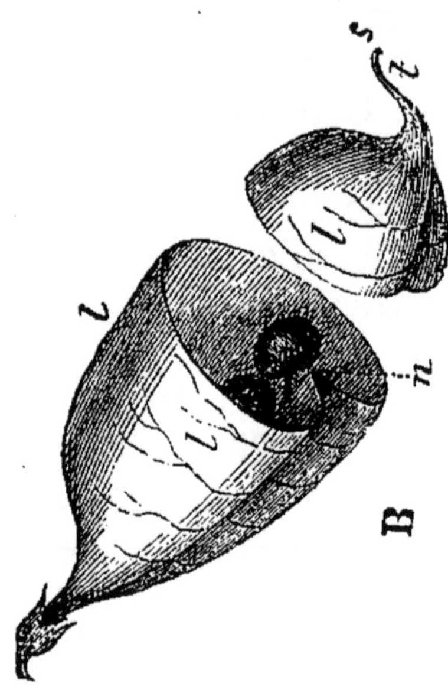

Fig. 121. — Carpelle du Baguenaudier coupé en travers. — *l*, limbe de la feuille carpellaire; *t*, style; *s*, stigmate.

cédent chapitre : la fleur est un rameau contracté dont les feuilles sont métamorphosées en vue de la production des graines.

Avant de clore ce chapitre, nous ferons observer que les fleurs doubles doivent être rejetées des études botaniques. Si par leurs curieuses transformations elles nous renseignent sur la nature des verticilles floraux et sont à ce sujet très-utiles à consulter, il n'en est plus de même quand on veut s'instruire des lois normales de la végétation. Les fleurs doubles, vraies monstruosités, ont perdu, pour un amas somptueux de pétales, leurs organes les plus essentiels, ceux de la fructification ; elles n'ont plus l'ordre et la symétrie caractéristique de la fleur, telle qu'elle vient en dehors des exagérations de la culture. Pour nos études, nous nous adresserons donc toujours à des fleurs simples.

QUESTIONNAIRE.

1. En quels points du rameau naissent les fleurs ? — Qu'appelle-t-on pédoncule ? — Qu'est-ce qu'une feuille florale ? — 2. Qu'appelle-t-on bractées? — Quelles modifications éprouve ordinairement une feuille florale pour devenir bractée ? — Que présentent de remarquable certaines bractées sous le rapport de la coloration ? — La métamorphose des feuilles en bractées est-elle également prononcée sur toute la longueur de la tige ? — 3. En quoi les sépales se rapprochent-ils des feuilles? — Quels changements éprouve une feuille de Pivoine pour devenir sépale?—4. Que présente de remarquable le Camellia du Japon au sujet du calyce et de la corolle? — Que remarque-t-on dans le calyce du Nénuphar ? — Les sépales peuvent-ils acquérir l'aspect pétaloïde ? — Comment est le calyce des Fuchsia?— 5. Qu'observe-t-

on dans la fleur du Nénuphar au sujet du passage des pétales aux étamines ? — Dans quel cas pourrait s'appliquer l'expression de pétale-étamine ? — 6. Qu'appelle-t-on fleur double ? — D'où proviennent en général les pétales surajoutés ? — Que remarque-t-on dans une Rose double relativement aux pétales et aux étamines ? — 7. Quel est l'aspect d'un carpelle de Pied-d'Alouette, de Pivoine, d'Aconit ? — Comment peut-on se représenter la formation d'un carpelle ? — D'où provient l'ovaire ? — D'où proviennent le style et le stigmate ? — Citez quelques carpelles d'apparence foliacée. — 8. Que deviennent les carpelles dans les fleurs de Camellia et les Roses parfaitement doublées ? — Y a-t-il des fleurs doubles où les carpelles deviennent des faisceaux de véritables feuilles ? — A-t-on des exemples de fleurs dont le centre s'allonge en un rameau feuillé ? — Que résulte-t-il de l'ensemble des observations faites sur les divers organes floraux ? — Les fleurs doubles peuvent-elles fructifier toujours ? — Ces fleurs sont-elles à consulter pour l'étude des lois normales botaniques ?

CHAPITRE XXIII

PÉRIANTHE

—

Calyce

1. Coloration. — Nous avons déjà vu que l'ensemble des enveloppes florales, calyce et corolle, prend le nom de *périanthe*. Les pièces dont le calyce se compose se nomment *sépales* ; suivant que les sépales sont libres ou soudés entre eux par les bords, le calyce est dit *polysépale* ou *monosépale*. Nous allons examiner maintenant les principales modifications de ce premier verticille de la fleur.

Sous le rapport de la couleur, le plus souvent verte, ainsi que sous le rapport de la consistance du tissu, le calyce est le verticille qui rappelle le mieux les feuilles ordinaires, d'où la fleur dérive par métamorphose. Néanmoins la coloration verte n'est pas un caractère invariable du calyce; ce verticille assez fréquemment prend des teintes qui rivalisent avec celles de la corolle, ainsi qu'on le voit, par exemple, dans le Grenadier, où il est d'un rouge écarlate aussi vif que celui des pétales. Nous avons déjà mentionné, comme possédant au plus haut degré l'éclat de la corolle, le calyce du Fuchsia. Quelquefois enfin, par la délicatesse de leur tissu aussi bien que par leur coloration, les sépales se confondent avec les pétales, comme dans l'Aconit, l'Ancolie. Le calyce est dit alors *pétaloïde*.

Fig. 122. — Ancolie.

2. **Durée.** — Généralement le calyce est la partie du périanthe dont la durée est la plus longue; il survit à la corolle, et son rôle protecteur à l'égard de la fleur en bouton se continue à l'égard de l'ovaire pendant qu'il mûrit et devient le fruit. Néanmoins, dans quelques plantes, comme dans le Coquelicot, il se détache et tombe au moment où la corolle s'épanouit. C'est alors ce qu'on nomme un *calyce caduc*.

Lorsqu'il survit à la corolle et persiste autour de l'ovaire, tantôt il conserve à peu près son aspect primitif; tantôt il se dessèche tout en restant en place et conservant sa forme; tantôt enfin, il continue de s'accroître, et parfois s'épaissit, devient charnu.

3. **Régularité et irrégularité.** — Qu'il soit à sépales libres ou à sépales soudés, le calyce est régulier lorsque ses divisions sont toutes semblables entre elles et symétriquement disposées autour d'un point central. Tels sont les calyces du Fuchsia, de la Rose, de la Bourrache. Lorsque cette similitude et cet arrangement symétrique manquent, le calyce est *irrégulier*.

Un calyce exceptionnel par sa forme, est celui qu'on appelle *éperonné*, et dont le Pied-d'Alouette et la Capucine nous offrent des exemples. Dans le Pied-d'Alouette, le calyce est le plus développé des deux vecticilles du périanthe et a l'aspect d'une élégante corolle. Son sépale supérieur se prolonge à la base en un sac étroit et conique que l'on nomme *éperon*; les autres sépales sont dépourvus d'un pareil prolongement. Un éperon analogue, mais formé par les concours de trois pièces calycinales, se trouve dans la Capucine.

4. **Calyce libre ou adhérent.** — Non-seulement les pièces calycinales peuvent se souder entre elles par les bords et former ainsi un calyce monosépale, mais encore elles peuvent contracter une intime adhérence avec les organes plus intérieurs, notamment avec l'ovaire. Le calyce est *libre* s'il n'est pas soudé avec les verticilles suivants, dans le cas contraire il est *adhérent*. La Garance, le Cognassier, le Poirier, l'Aubépine, ont des calyces adhérents; le Mouron, le Tabac, l'Œillet, la Giroflée ont des calyces libres. Un moyen fort simple permet de reconnaître à laquelle des deux catégories le calyce se rapporte, alors même que l'observation directe est rendue impraticable par des soudures difficiles à démêler. Remarquons que l'ovaire

étant le verticille central de la fleur, est aussi le plus
élevé sur l'axe, si réduit que soit ce dernier ; les trois
autres verticilles doivent donc le précéder et avoir
attache au-dessous de lui : c'est effectivement ce que
l'on observe dans toutes les fleurs où les verticilles
sont sans adhérence entre eux. Alors, pour voir l'o-
vaire, terminaison de l'axe, il faut écarter les enveloppes florales, et c'est au centre de celles-ci qu'on le
trouve. Mais supposons que le périanthe, dans sa
partie inférieure, soit étroitement soudé avec l'ovaire
et que par delà il s'épanouisse en liberté. Dans ce cas,
le calyce et la corolle semblent prendre naissance
au-dessus de l'ovaire, bien qu'en réalité ils prennent
naissance en dessous ; de plus, l'ovaire, revêtu du
périanthe, forme à la base de la fleur un renflement
que rien ne dérobe à la vue. Eh bien, toute fleur dont
l'ovaire est caché au centre des enveloppes florales a
un calyce libre ; toute fleur dont l'ovaire se montre
au dehors sous forme d'un renflement au-dessus duquel paraît prendre naissance le périanthe, a un
calyce adhérent. En examinant les fleurs de l'Aubépine, de la Carotte, de la Garance, de l'Iris, du Narcisse, on reconnaîtra sans peine à l'extrémité du pédoncule un renflement que rien ne voile. Le Mouron,
au contraire, le Lin, la Sauge, le Tabac, la Pomme
de terre, n'ont pas de renflement à l'extrémité du
pédoncule ; leur calyce est donc libre.

Lorsqu'il est sans adhérence avec le calyce, l'ovaire
se montre à sa réelle place, il occupe l'extrémité de
l'axe floral, il est supérieur au périanthe, et porte
le nom d'ovaire *supère*. Par sa soudure avec les verticilles qui précèdent, l'ovaire en réalité ne change
pas de place, il reste toujours le verticille terminal ;
mais comme alors il se montre sous la forme d'un

renflement inférieur en apparence au périanthe, il prend le nom d'ovaire *infère*. Avec un calyce libre l'ovaire est supère, exemple la Giroflée; avec un calyce adhérent, il est infère, exemple la Rose.

5. **Calycule.** — Dans quelques plantes, les bractées les plus rapprochées de la fleur se groupent en un verticille ayant l'aspect d'un calyce et désigné pour ce motif sous le nom de *calycule*[1]. On peut regarder ces fleurs comme douées d'un double verticille calycinal, celui du calycule d'abord, puis celui du calyce. Tantôt les pièces du calycule sont en même nombre que les sépales et alors elles alternent régulièrement avec ces derniers, ainsi qu'on le voit dans la fleur du Fraisier; tantôt elles sont en nombre moindre et par conséquent sans alternance possible, comme nous le montrent les Mauves, où le calycule est à trois folioles.

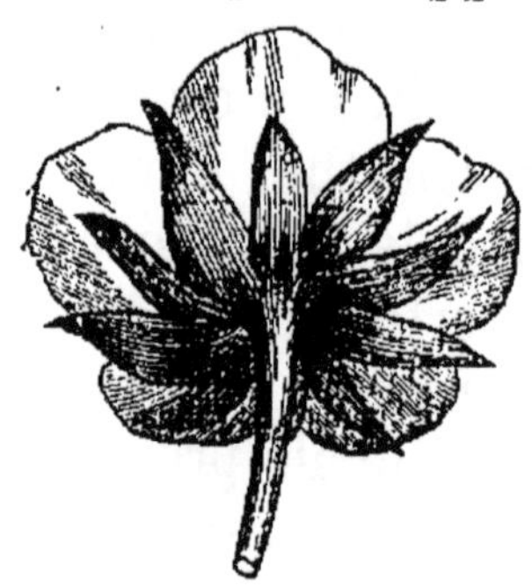

Fig. 123. — Fleur du Fraisier.—Calycule et calyce alternant entre eux.

6. **Aigrette.** — Dans les Composées, le calyce est adhérent et s'épanouit au-dessus de l'ovaire, en une *aigrette* de forme variable et dont les figures ci-jointes donnent une idée. L'aigrette de l'Hélianthe est formée d'un petit nombre de courtes écailles; celle du Pissenlit s'allonge en une fine tige qui s'épanouit à l'extrémité supérieure en un élégant pinceau de filaments étalés et soyeux.

Dans le Centranthe, de la famille des Valérianées, le calyce, également adhérent, s'épanouit en une aigrette dont les filaments sont plumeux.

____

1. Diminutif du calyce.

7. Fleurs apétales. — Nous avons nommé *apé-*

Formes diverses de l'aigrette.

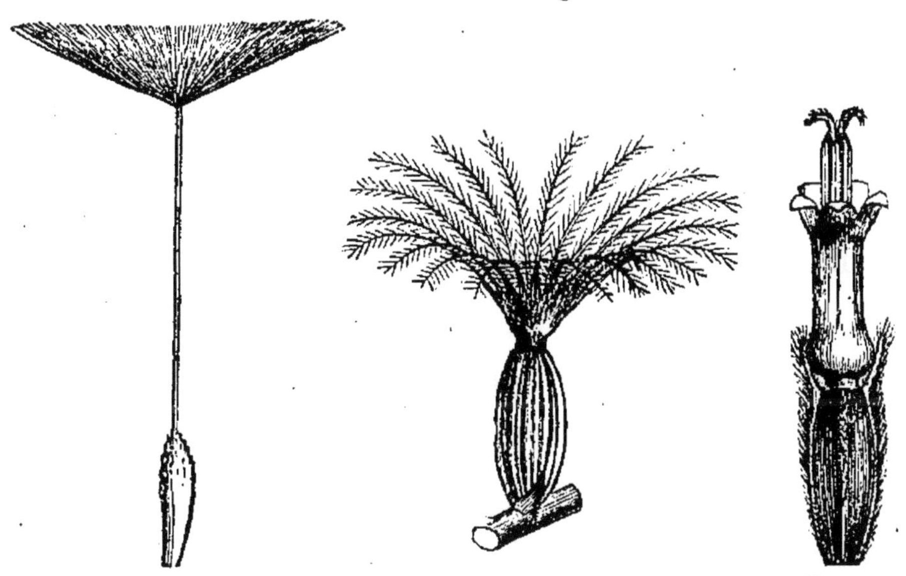

Fig. 124. — Pissenlit.   Fig. 125. — Centranthe.   Fig. 126. — Hélianthe.

tales les fleurs dépourvues
de corolle, et dont le pe-
rianthe se compose ainsi
du seul calyce. La confi-
guration de cette enve-
loppe unique est trop va-
riable pour qu'elle se prête
à une description géné-
rale ; nous dirons seule-
ment que, dans bien des
cas, le verticille calycinal
se réduit à l'expression
la plus simple, et consiste
en quelques petites é-
cailles, ou même en une
seule. Parfois cependant
le périanthe formé du

Fig. 127. — Aristoloche-Siphon.

seul calyce s'embellit jusqu'à faire oublier la corolle absente. Tel est le cas de l'Aristoloche-Siphon, vulgairement Pipe-de-Tabac, dont on garnit les tonnelles et les berceaux des jardins. Son périanthe en forme de pipe est lavé de jaune et de rouge noir, et s'étale à l'orifice en trois lobes obtus que l'on prendrait pour les lobes d'une corolle. On remarquera dans la même fleur l'ovaire infère, accusé par le renflement qui termine le pédoncule.

Corolle

8. Pétales. — Les folioles dont la corolle se compose se nomment *pétales*. Leur structure est à peu près celle des feuilles : on y trouve des nervures, un épiderme et un tissu cellulaire où, sauf quelques cas assez rares, manquent les grains de chlorophylle ; aussi ces organes sont-ils impropres à la décomposition de l'acide carbonique. Dans un pétale on distingue une partie élargie correspondant au limbe de la feuille et nommée elle-même *limbe*; puis une partie rétrécie nommée *onglet*, et représentant le pétiole. Très-fréquemment l'onglet est fort court ou nul, et le pétale est alors *sessile*. Si les pétales sont libres, la fleur est dite *polypétale*; s'ils sont soudés entre eux par les bords, elle est dite *monopétale*. Dans l'un comme dans l'autre cas, la corolle peut être composée de pétales semblables entre eux et semblablement disposés autour du centre, ou bien de pétales dissemblables et non symétriquement arrangés autour du point central. De là résulte la division des corolles en *régulières* et *irrégulières*.

9 Corolles polypétales régulières. — Dans cette catégorie, nous distinguerons trois formes principales, savoir :

1° La *corolle rosacée*, dont nous trouvons le type dans la Rose sauvage ou fleur de l'Eglantier Elle se compose de cinq pétales sans onglet, étalés en rosace. La plupart de nos arbres fruitiers, Poirier, Pommier, Cerisier, Pêcher, Abricotier, Cognassier, Amandier, ont des fleurs se rapportant à cette forme.

2° La *corolle cruciforme* appartient au Colza, au Radis, au Navet,

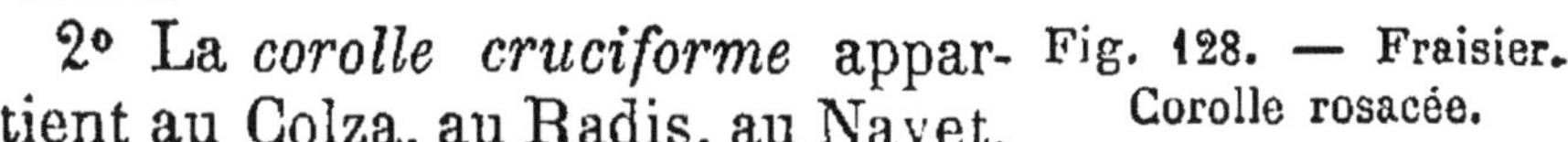

Fig. 128. — Fraisier. Corolle rosacée.

Fig. 129. — Colza. Corolle cruciforme.

au Chou, enfin à la famille des *Crucifères* [1]. Elle se

1. Du latin : *crux, crucis,* croix; *fero,* je porte.

compose de quatre pétales à long onglet opposés deux à deux et figurant ainsi une croix.

3° La *corolle caryophyllée* [1] a pour type l'Œillet et se retrouve dans toute la famille des Caryophyllées, dont l'Œillet lui-même fait partie. Elle comprend cinq pétales dont le limbe s'infléchit à angle droit à l'extrémité d'un long onglet, qui plonge dans un pro-

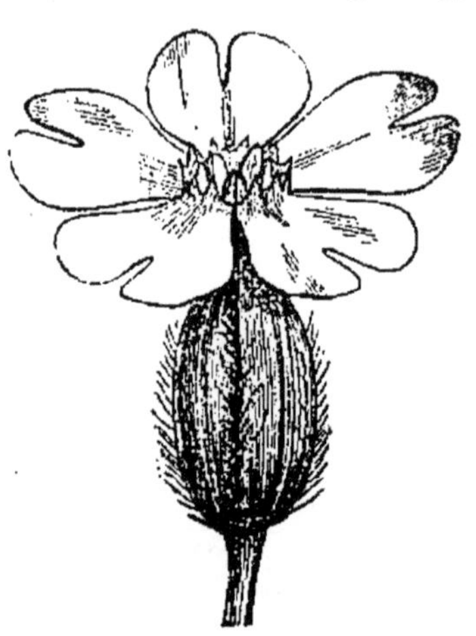

Fig. 130. — Lychnis.
Corolle caryophyllée.

Fig. 131. — Pois.
Corolle papilionacée.

fond calyce monosépale. (Voir p. 245, fig. 111.)

10. **Corolles polypétales irrégulières.** — Une seule forme porte un nom spécial; les autres sont comprises sous une dénomination qui ne précise rien.

1° *Corolle papilionacée* [2]. Accordons notre attention à la structure si remarquable de la fleur du Pois. Le calyce monosépale enlevé, nous reconnaîtrons cinq pétales inégaux, dont le plus grand occupe la partie supérieure de la fleur et s'épanouit en large limbe. Ce pétale prend le nom d'*étendard*. Deux autres pétales de dimension moindre et semblables entre eux, occu-

1. Du grec : *caryophyllon*, œillet. — 2. Du latin : *papilio*, papillon.

pent chacun l'un des flancs de la fleur, et viennent s'adosser par le bord en avant. On les nomme les *ailes*. Enfin sous l'espèce de toit formé par les deux ailes est une pièce légèrement courbée à la face inférieure et imitant l'arête d'une carène de navire. Cette forme lui a valu le nom de *carène*. Cette pièce est formée de deux pétales accolés ou même légèrement soudés l'un à l'autre. Dans la cavité ou nacelle qui résulte de leur ensemble sont contenus les organes de la fructification. La corolle ainsi construite prend le nom de *papilionacée* à cause d'une vague ressemblance de papillon qu'on a voulu y voir. Elle est caractéristique de la famille des *Papilionacées*, à laquelle appartiennent le Pois, le Haricot, la Fève, le Trèfle, la Luzerne.

2º *Corolle anomale*. Les autres formes irrégulières, comme celle de la Pensée, de la Violette, de la Balsamine, de la Capucine, des Orchis, de l'Aconit, du Pied-d'Alouette, sont comprises sous la dénomination générale de corolle *anomale* [1].

11. Corolles monopétales régulières. — Dans cette division sont comprises sept formes.

1º *Corolle tubulée*. Elle se compose d'un tube plus ou moins long sans épanouissement d'ampleur disproportionnée. Les fleurons des Composées, les fleurs de la Grande Consoude, appartiennent à cette forme.

2º *Corolle campanulée*[2]. Par son tube large à la base et graduellement évasé, elle rappelle la forme d'une cloche. Exemple : les fleurs des Campanules. (p. 246, fig. 112.)

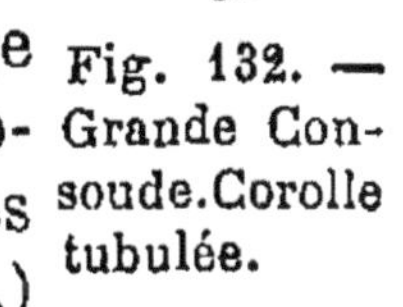

Fig. 132. — Grande Consoude. Corolle tubulée.

1. Du grec : *a* qui marque la privation, l'absence ; et *omalos*, pareil. — 2. *Campanula*, diminutif du latin *campanu*, cloche.

3° *Corolle infundibuliforme* [1]. Comme son nom l'indique, elle a la forme d'un entonnoir plus ou moins ouvert. Exemple : le Liseron, le Tabac.

4° *Corolle hypocratériforme* [2]. Limbe étalé à plat, en soucoupe, à l'extrémité d'un tube long et étroit. Le Jasmin, le Lilas, la Primevère.

5° *Corolle rotacée* [3]. Limbe étalé à plat, en roue, à l'extrémité d'un tube très-court. Bourrache, Mouron.

6° *Corolle étoilée*. Limbe à cinq divisions aiguës, formant les cinq branches d'une étoile à l'extrémité d'un tube très-court. Garance, Caille-Lait, et en général la famille des Rubiacées [4].

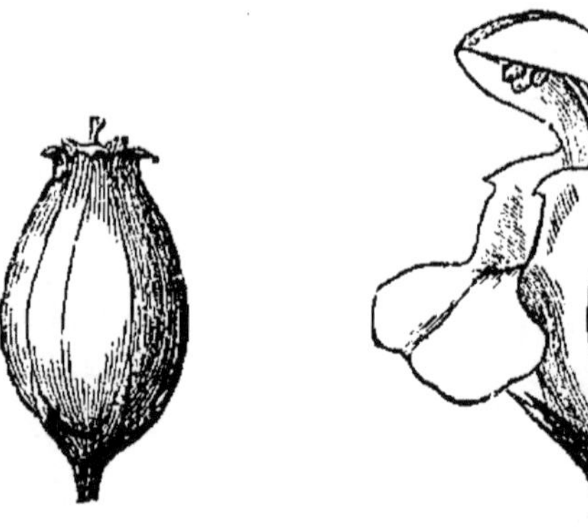

Fig. 133. — Liseron. Corolle infundibuliforme.

7° *Corolle urcéolée* [5]. Corolle renflée en manière de petite cruche, et rétrécie à l'orifice. Exemple : les fleurs de diverses Bruyères.

12. **Corolles monopétales irrégulières.** — Dans cette catégorie se classent les formes suivantes :

1° *Corolle labiée* [6]. Cinq lobes, tantôt plus tantôt moins distincts, composent le limbe

Fig. 134. — Bruyère cendrée. Corolle urcéolée.

Fig. 135. Lamier. Corolle labiée.

1. Du latin, *infundibulum*, entonnoir. — 2. Du grec : *hypo*, sous; *crater*, coupe. — 3. Du latin : *rota*, roue. — 4. Du latin : *rubia*, garance. — 5. Du latin : *urceolus*, diminutif de *urceus*, tasse, cruche. — 6. Du latin : *labia*, lèvres.

épanoui à l'extrémité d'une partie tubuleuse, et indiquent cinq pétales dans la structure de cette corolle. Ils se divisent en deux groupes inégaux ou *lèvres*, séparées l'une de l'autre par deux profondes échancrures latérales et dirigées l'une en haut l'autre en bas. La lèvre supérieure comprend deux lobes, fréquemment, mais non toujours, indiqués par une fissure médiane; la lèvre inférieure en comprend trois, presque toujours nettement accusés. En outre, les deux lèvres sont largement baillantes, et laissent à découvert l'entrée ou la *gorge* de la partie tubuleuse. La famille des *Labiées*, à laquelle appartiennent le Thym, la Sauge, le Basilic, la Menthe, la Lavande, le Romarin, la Sarriette, le Lamier, doit son nom à cette configuration labiée de la corolle, générale dans l'ensemble des végétaux qu'elle comprend. Le calyce est lui-même *labié*, mais l'alternance des sépales et des pétales amène une répartition inverse dans les lèvres des deux verticilles consécutifs. La lèvre supérieure du calyce est à trois sépales et celle de la corolle à deux pétales, tandis que la lèvre inférieure comprend deux sépales dans le calyce et trois pétales dans la corolle.

2° *Corolle personnée*[1] Comme la précédente, elle est divisée en deux lèvres, la supérieure à deux lobes, l'inférieure à trois; seulement cette dernière se renfle en une voûte qui ferme l'entrée de la fleur. La pression des doigts sur les côtés fait bâiller les deux lèvres, qui se referment dès que la pression

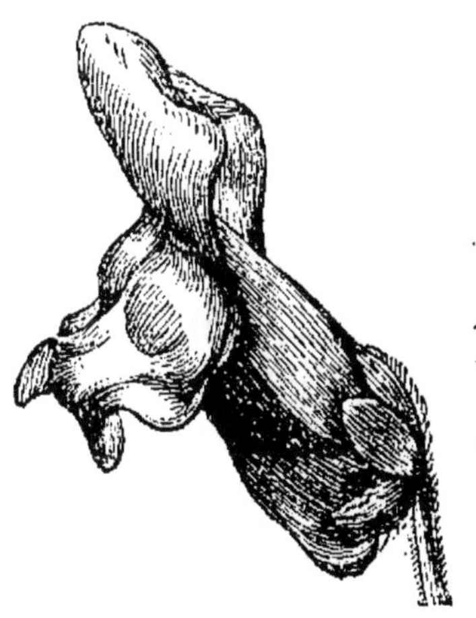

Fig. 136. — Muflier. Corolle personnée.

1. Du latin : *personna*, masque du théâtre antique.

cesse. De là une certaine ressemblance avec la gueule ou le mufle d'un animal, ressemblance qui a fait donner à la plante où cette forme est le mieux accentuée, le nom de Muflier ou Gueule-de-Loup. On a voulu voir encore quelque analogie d'aspect entre les deux grosses lèvres du Muflier et les traits exagérés du masque dont les acteurs se couvraient la tête sur les théâtres antiques pour représenter le personnage dont ils remplissaient le rôle. C'est de là que provient l'expression de corolle *personnée*.

3° *Corolle digitaliforme* [1]. La Digitale, vulgairement

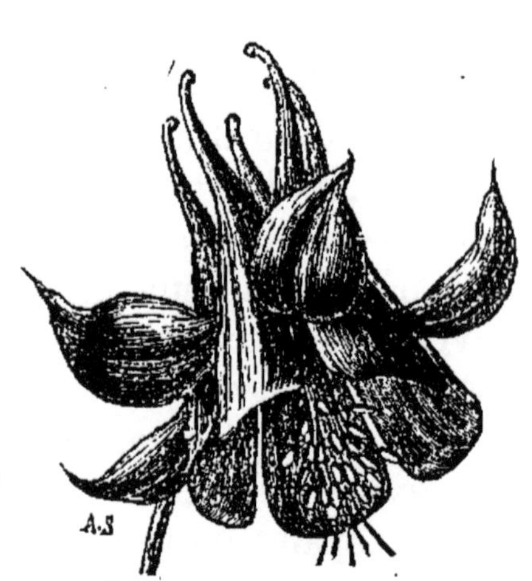

Fig. 137. — Digitale.
Fleur digitaliforme.

Fig. 138. — Ancolie.
Corolle éperonnée.

Gantelée, Gant de Notre-Dame, a des fleurs légèrement irrégulières dont la forme rappelle l'extrémité d'un doigt de gant. Le nom scientifique de la plante, ses noms vulgaires, ainsi que celui de la corolle, font tous allusion à cette forme.

13. **Eperon.** — Nous avons vu la base de certains sépales se prolonger en une profonde cavité étroite

1. Du latin : *digitus*, doigt.

et conique que l'on nomme éperon. La même particularité se retrouve dans les pétales de quelques fleurs. Ainsi l'Ancolie a cinq sépales pétaloïdes dont la forme n'a rien d'exceptionnel, mais avec eux alternent cinq pétales prolongés chacun en un long éperon légèrement crochu à l'extrémité.

L'éperon est fréquent surtout dans les fleurs irrégulières. Dans le Muflier, il se réduit à une gibbosité obtuse ; dans la Violette, il forme un sachet un peu courbe ; dans les Linaires, il est disposé en long appendice aigu.

QUESTIONNAIRE.

1. Quelle est généralement la couleur du calyce ? — Qu'appelle-t-on calyce pétaloïde ? — Que présentent de particulier les calyces du Grenadier et de l'Ancolie ? — 2. Quel est le verticille du périanthe dont la durée est la plus longue ? — Qu'appelle-t-on calyce caduc et calyce persistant ? — 3. Dans quel cas le calyce est-il appelé régulier ? — Dans quel cas est-il appelé irrégulier ? — Qu'appelle-t-on calyce éperonné ? — De quoi sont formés les éperons du Pied-d'Aloutte et de la Capucine ? — 4. Dans quel cas le calyce est-il appelé libre, et dans quel cas est-il appelé adhérent ? — A quel caractère extérieur peut-on reconnaître que le calyce est libre ou adhérent ? — Qu'appelle-t-on ovaire supère et ovaire infère ? — 5. Qu'est-ce que le calycule ? — De quoi se composent le calycule du Fraisier et celui des Mauves ? — 6. Que représente l'aigrette des Composées ? — Citez quelques formes d'aigrettes. — 7. Quand la fleur est apétale, que devient le calyce ? — Décrivez la fleur de l'Aristoloche-Siphon. — 8. Quelle est la structure des pétales. — Qu'appelle-t-on onglet et limbe ? — Qu'appelle-t-on pétale sessile ? — Dans quel cas la corolle est-elle

qualifiée de régulière ou d'irrégulière? — 9. Qu'appelle-t-on corolle rosacée, cruciforme, caryophyllée, et donnez des exemples? — 10. Décrivez la corolle papilionacée. — Qu'appelle-t-on corolle anomale? — 11. Décrivez la corolle tubulée, campanulée, infundibuliforme, hypocratériforme, rotacée, étoilée, urcéolée. — Citez des exemples et donnez l'étymologie de ces diverses expressions. — 12. Décrivez la corolle labiée. — Quelle est la forme du calyce accompagnant la corolle labiée? — Qu'est-ce que la corolle personnée? — D'où provient ce nom ainsi que ceux de Muflier, Gueule-de-Loup? — Comment appelle-t-on la corolle de la Digitale? — Que présente de particulier la corolle de l'Ancolie? — Dans quelles fleurs l'éperon est-il le plus fréquent?

CHAPITRE XXIV

ORGANES DE LA FRUCTIFICATION

—

Étamines

1. Leur structure. — Une étamine est généralement formée d'un support délié plus ou moins long, nommé *filet*, et d'un organe terminal ou *anthère*, contenant la poussière, habituellement jaune, que l'on nomme *pollen*. L'anthère avec son contenu poudreux est la partie vraiment indispensable de l'étamine; le filet n'a qu'une importance très-médiocre. Celui-ci peut être libre de toute adhérence avec les organes voisins, ou bien être soudé avec eux, sur une portion plus ou moins grande de sa longueur. Ainsi, dans les fleurs monosépales, les filets sont assez souvent soudés avec la corolle.

2. Leur nombre. — Fréquemment les étamines sont en même nombre que les pétales, avec lesquels elles alternent, mais fréquemment aussi elles sont en nombre tantôt plus grand, tantôt moindre. Leur multiplicité résulte parfois de plusieurs verticilles staminaux qui alternent les uns avec les autres et doublent, triplent, quadruplent le nombre d'une simple rangée. On trouve, par exemple, deux verticilles de cinq étamines chacun dans l'Œillet, dont les pétales sont au nombre de cinq. Parfois encore, les étamines deviennent si nombreuses, qu'aucun ordre d'alternance par verticilles successifs ne préside peut-être à leur arrangement, ou du moins, est impossible à constater. C'est ce qui a lieu dans le Coquelicot. Enfin, quand les étamines sont en nombre moindre que les pétales, dans bien des cas on reconnaît que l'inégalité provient du défaut de développement de quelques-unes d'entre elles, dont il est souvent facile de déterminer la place et même de trouver des vestiges, ainsi que nous allons le voir.

3. Etamines didynames. — Les corolles irrégulières sont souvent affectées d'un développement inégal dans le verticille des étamines. Les Labiées et les Personnées sont surtout remarquables sous ce rapport. Rappelons d'abord, en peu de mots, la structure de ces corolles. Elles sont partagées en deux lèvres que séparent deux profondes échancrures latérales. La lèvre supérieure, formée de la réunion de deux pétales, présente en son entier une fissure, tantôt plus, tantôt moins prononcée, indice de sa composition binaire; la lèvre inférieure en présente deux, indice des trois pétales assemblés. Le limbe de la corolle a donc en tout cinq échancrures, correspondant aux lignes de démarcation des cinq pétales soudés, savoir : une en haut, deux latéralement, deux en bas. A chacune d'elles, d'après la loi d'alternance, devrait correspondre une étamine. Mais l'irrégularité de la fleur amène la disposition suivante: 1° l'étamine supérieure manque; 2° les deux étamines latérales sont courtes; 3° les deux étamines inférieures sont longues. Il n'y a donc en tout, dans les corolles labiées et dans les corolles personnées, que quatre étamines, dont deux sont plus longues et deux sont plus courtes. On désigne cette disposition par couples inégaux en disant que les étamines sont *didynames* [1]

4. **Etamines tétradynames.** — Habituellement, dans une fleur régulière, les étamines sont égales en longueur, du moins pour un même verticille; mais si la fleur a deux verticilles staminaux, il n'est pas rare que celles de l'un soient plus longues que celles de l'autre, ainsi qu'on le constate dans les OEillets et les Silènes. L'inégalité est plus frappante quand le verticille staminal est unique. Un cas de ce genre est général dans toute la famille des Crucifères et constitue l'un de ses caractères les plus nets.

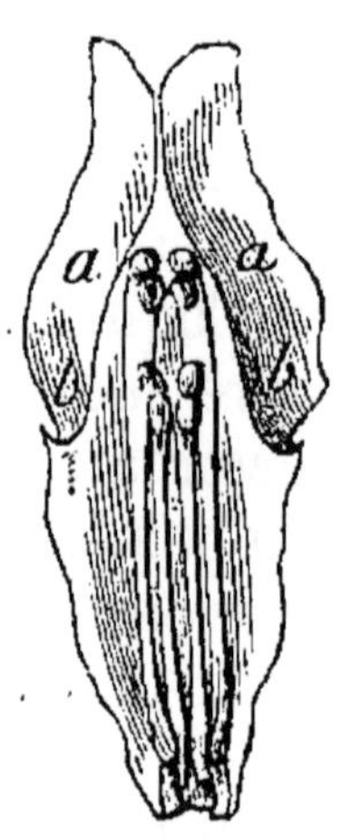

Fig. 139. — Digitale. Étamines didynames. *a*, Étamines inférieures plus longues; *b*, étamines supérieures plus courtes.

Prenons, par exemple, une fleur de Giroflée ; nous reconnaîtrons que les quatre sépales du calyce ne sont pas exactement égaux entre eux : il y en a deux, opposés l'un à l'autre, qui sont un peu renflés à la

1. Du grec : *dis*, deux fois; *dynamis*, force, puissance.

base et comme bossus; la seconde paire n'a rien de semblable. Or, en face de chaque sépale bossu, on trouve une étamine courte, tandis qu'en face de chaque sépale sans renflement, on trouve une paire d'étamines longues. Le verticille se compose ainsi de six étamines, quatre plus longues et deux plus courtes. Les quatre étamines plus longues sont assemblées deux par deux en face des sépales sans renflement à la base ; les deux plus courtes sont placées une à une en face des sépales bossus. Pour rappeler cet excès en longueur de quatre étamines sur les deux autres, on dit que les étamines des Crucifères sont *tétradynames* [1]. A la

Fig. 140. — Giroflée. — Étamines tétradynames.

même expression, il faut rattacher encore l'idée de groupement en couples égaux d'une part, et en étamines isolées de l'autre, comme nous venons de l'indiquer.

5. **Soudures par les filets.** — Lorsque les étamines adhèrent entre elles, c'est habituellement par les filets. Tantôt tous les filets sont soudés entre eux en une colonne creuse que traverse le pistil et dont le sommet se divise en une abondante houppe d'anthères. Cette disposition s'observe dans la Mauve, la Guimauve, la Rose trémière, enfin dans toute la famille des Malvacées. Tantôt les filets ne sont soudés en un seul corps qu'à la base comme dans la Lysimachie vulgaire. Dans l'un et l'autre cas, les étamines sont

Fig. 141. Mauve. — Étamines monadelphes.

1. Du grec : *tétra*, quatre ; *dynamis*, puissance.

dites *monadelphes*[1], c'est-à-dire réunies en un seul faisceau par l'adhérence des filets.

Elles sont *diadelphes* lorsque l'adhérence des filets partage le verticille staminal en deux groupes, qui peuvent être égaux ou inégaux. Ainsi les diverses fleurs à corolle papilionacée, comme celles du Pois, du Haricot, des Gesses, ont dix étamines, dont neuf

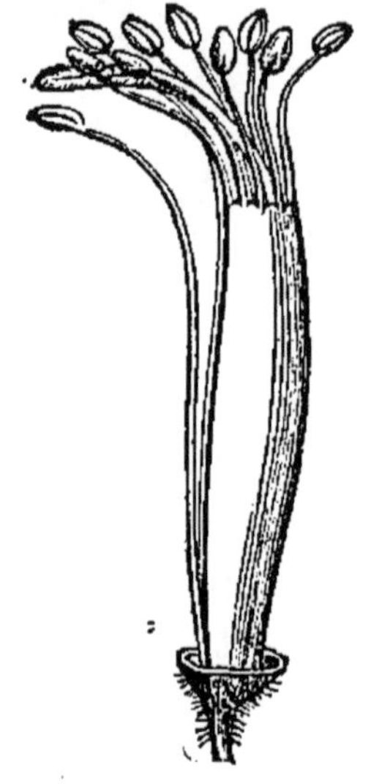

Fig. 142. — Pois.
Étamines diadelphes.

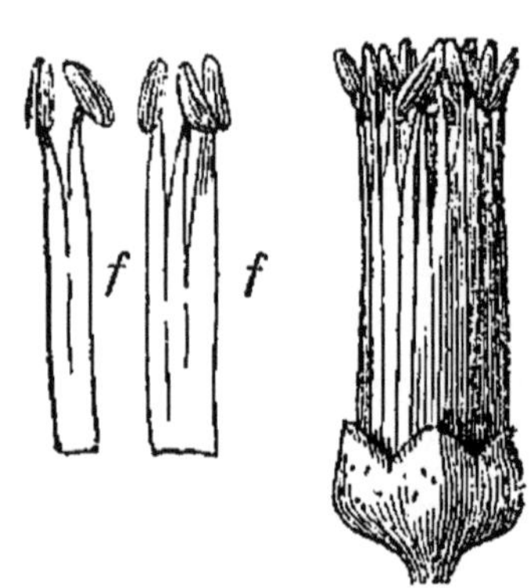

Fig. 143. — Oranger.
Étamines polyadelphes. *ff*, groupes
d'étamines séparés.

sont soudées entre elles par leurs filets en un canal fendu supérieurement, et dont la dixième est libre et occupe la fente laissée par les neuf autres. Dans cette espèce d'étui est l'ovaire, qui grossit sans obstacle en écartant peu à peu, grâce à la fissure occupée par la dixième étamine, l'étroite enveloppe que lui forment les filets staminaux. La même expression de diadelphes s'applique aux six étamines de la Fumeterre commune assemblées par les filets en deux groupes égaux.

1. Du grec : *monos*, un seul; *adelphos*, frère.

Enfin les étamines sont qualifiées de *polyadelphes* [1] quand elles se soudent par les filets en plusieurs groupes distincts les uns des autres. Cette disposition s'observe dans l'Oranger, le Millepertuis.

6. Soudure par les anthères. — Les cinq étamines des Composées adhèrent par les anthères, tout en ayant les filets libres. On les désigne par l'expression d'étamines *syngénèses* [2].

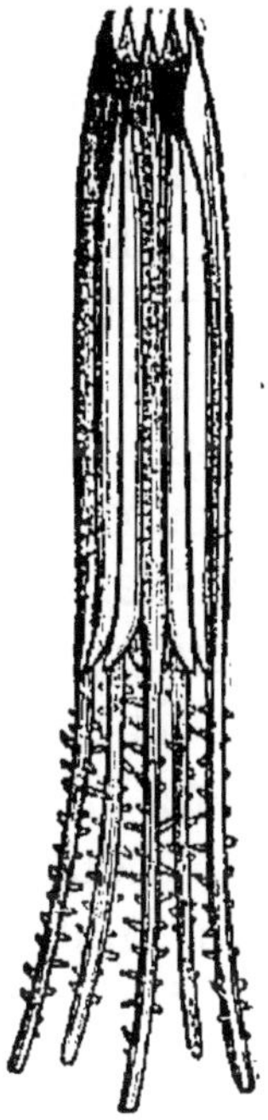

7. Structure de l'anthère. — L'anthère est divisée par un sillon médian en deux moitiés égales, creusées chacune d'une cavité ou *loge* où se forme le pollen. La cloison placée entre les deux loges se nomme *connectif* [3]. A la maturité, chaque loge s'ouvre suivant une fente longitudinale pour laisser échapper son contenu pollinique.

8. Pollen. Coloration. — Le plus souvent le pollen est jaune, comme une fine poussière de soufre. Au printemps, lorsque les forêts de Pins et de Sapins épanouissent leurs innombrables chatons, les coups de vents emportent des nuages de cette poudre jaune, qui, retombant plus loin, soit seule, soit accompagnée de pluie, donne naissance aux prétendues pluies de soufre. Le pollen est blanc dans les Liserons et les Mauves, violacé dans le Coquelicot, bleuâtre dans les Epilobes.

Fig. 144.

Chardon. — Étamines syngénèses

9. Forme des grains de pollen. — Examiné au microscope, le pollen apparaît comme un amas d'in-

1. Du grec : *polys*, plusieurs. — 2. Du grec : *syn*, avec; *génésis,* naissance. — 3. Du latin : *connectere,* lier ensemble.

nombrables granules, tous pareils de forme et de dimension dans la même plante, mais très-variables d'une espèce végétale à l'autre. Parmi les grains de pollen les plus gros que l'on connaisse, nous citerons ceux des Lavatères qui, au nombre de cinq seulement, font la longueur d'un millimètre; et, parmi les plus petits, ceux des Figuiers élastiques dont il faudrait de 130 à 140 pour représenter la même longueur. Par leur configuration très-variée, par les élégants dessins de leur surface, les grains de pollen sont un des sujets les plus intéressants des observations microscopiques. Il y en a de sphériques, d'ovalaires, d'allongés comme des grains de blé. D'autres ressemblent à de petits tonneaux, à des boules cernées par un ruban spiral. Quelques-uns sont triangulaires avec les angles arrondis, d'autres semblent résulter de l'assemblage de trois courts cylindres groupés par la base, d'autres encore affectent la forme de cubes à arêtes émoussées. Ceux-ci sont lisses à la surface, ou hérissés uniformément de fines rugosités; ceux-là se taillent en polyèdres dont les faces sont encadrées dans un rebord saillant, ou bien se plissent d'un pôle à l'autre de sillons semblables à des méridiens. Tous présentent à leur surface des espaces plus clairs, de forme ronde, distribués avec une géométrique symétrie, et dont le contour est délimité par une ligne d'une grande netteté. Ces espaces se nomment *pores*.

10. **Enveloppes polliniques**. — Chaque grain est composé d'une cellule unique à double enveloppe: l'extérieure colorée, opaque, ferme, élastique, fréquemment ornée d'élégantes granulations; l'intérieure mince, lisse, extensible, incolore, diaphane. Dans les points translucides que nous avons nommés pores, la membrane externe manque et la paroi y est unique-

ment formée par la membrane interne. Quelquefois, comme dans les grains de pollen de la Courge, les pores sont clos par un *opercule* rond, qui se détache tout d'une pièce et laisse l'ouverture libre à l'enveloppe interne.

11. Fovilla. Tubes polliniques. — Le contenu des grains de pollen consiste en un liquide visqueux au milieu duquel nagent de nombreuses et très-fines granulations; on lui donne le nom de *fovilla*. Au microscope, les grains étant mis dans de l'eau pure, on observe les faits suivants, d'un intérêt majeur. Deux liquides sont ici en présence, séparés par la

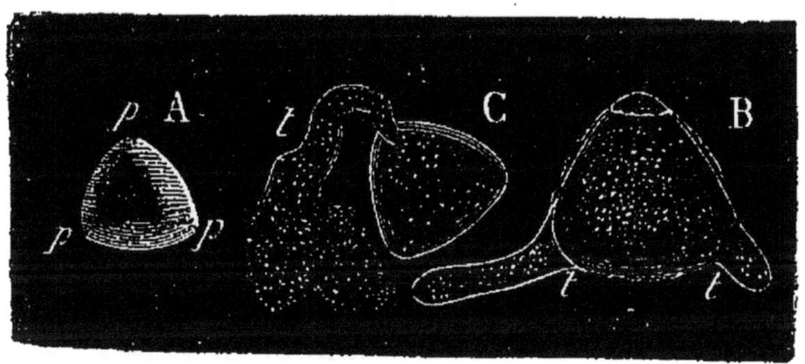

Fig. 145. — Grains de pollen, avec pores et tubes polliniques.

cloison membraneuse du grain : le liquide de l'intérieur, plus dense et plus visqueux, le liquide de l'extérieur, moins dense et plus fluide. L'endosmose entre donc en jeu. On voit, en effet, le grain se gonfler peu à peu, perdre ses plis, ses rides, s'il en avait au début, et enfin se distendre pour l'afflux de l'eau vers le contenu visqueux de la cellule pollinique. La membrane interne, ainsi refoulée du dedans au dehors, se fait jour par les pores de la membrane externe, et apparaît sous forme de mamelons diaphanes, qui quelque temps s'allongent, puis crèvent à l'extrémité, en laissant écouler la fovilla, quand l'endosmose rapide augmente trop brusquement leur tension.

Recommençons l'expérience avec de l'eau sucrée ou gommée, ce qui ralentira l'endosmose : les deux liquides différant moins en viscosité, les mêmes faits se reproduiront, mais avec plus de lenteur ; la membrane intérieure sortira par les pores et cédant par degrés sans rupture à une tension ménagée, s'allongera en un long tube, très-délié, diaphane et plein de fovilla. C'est ce qu'on nomme un *tube pollinique*. Nous verrons dans un chapitre ultérieur la haute importance de ce fait.

Pistil

12. Sa structure. — Un carpelle unique ou bien un verticille de carpelles, soit libres, soit plus ou moins soudés entre eux, forme le pistil. Nous savons déjà qu'un carpelle résulte d'une feuille qui replie ses deux moitiés à droite et à gauche de sa nervure médiane et enclôt une cavité nommée *ovaire*. Le prolongement de la nervure médiane devient le *style*, et la terminaison renflée de ce prolongement constitue le *stigmate*. Les bords de la feuille carpellaire se rejoignent du côté du centre de la fleur et se soudent l'un à l'autre soit directement, soit par un petit repli qui rentre à l'intérieur. La ligne de soudure prend le nom de *placenta* [1]. C'est la partie la plus épaisse de la paroi ovarienne, et c'est sur elle uniquement que naissent les *ovules*, c'est-à-dire les rudiments des futures graines.

Si plusieurs carpelles entrent dans la composition

---

1. Du latin : *placenta*, gâteau, à cause de son épaisseur et de sa consistance charnue.

des pistils, ils se rangent circulairement, la nervure médiane au dehors, le placenta au centre· Il peut se faire que les carpelles ainsi assemblés restent libres entre eux, mais il est plus fréquent qu'ils se soudent par les faces en contact. Alors l'ovaire général se subdivise en autant de cavités partielles ou *loges*, qu'il entre d'ovaires élémentaires dans sa composition. Enfin ces loges sont séparées l'une de l'autre par des *cloisons*, résultant de la double paroi par laquelle se touchent deux carpelles contigus. L'adhérence peut aller au-delà des ovaires, atteindre les pistils et finalement les stigmates, ainsi que nous l'avons déjà développé; de sorte qu'un pistil, organe simple en apparence, est quelquefois réellement complexe; mais en reconnaissant le nombre des loges, on peut déterminer le nombre des carpelles assemblés.

13. Ovules. — Les graines débutent par l'état *d'ovules*. Ce sont des bourgeons spéciaux incapables par eux-mêmes de tout développement ultérieur, tant qu'ils n'ont pas reçu la vivifiante influence du pollen.

Dès sa première apparition, l'ovule forme sur le placenta un petit mamelon nommé *nucelle* [1] autour duquel ne tardent pas à se montrer deux enveloppes que l'on distingue à deux bourrelets concentriques. Ces deux bourrelets resserrent leur diamètre, achèvent de couvrir le nucelle et finissent par ne laisser qu'un orifice très-étroit nommé *micropyle* [2]. En même

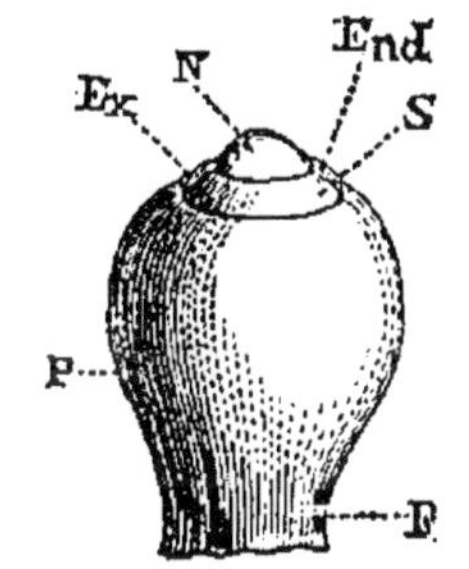

Fig. 146. — Ovule. N, nucelle; S, enveloppe interne; P, enveloppe externe; F, base qui doit s'allonger en funicule.

---

1. Diminutif du latin : *nux, nucis,* noix. — 2. Du grec : *micros,* petit; et *pylé,* porte.

temps, au-dessous du micropyle, le nucelle se creuse d'une cavité qui prend le nom de *sac embryonnaire,* parce que c'est le récipient où doit naitre, suscité par le pollen, l'*embryon* [1] ou rudiment de la future graine. Enfin l'ovule, d'abord simple mamelon proéminent au-dessus du placenta, finit par se rattacher à celui-ci au moyen d'un délicat cordon suspenseur nommé *funicule* [2].

QUESTIONNAIRE.

1. — Rappelez la composition d'une étamine. — **2.** Quel est généralement le nombre des étamines dans une fleur? — Si le nombre des étamines dépasse celui des pétales, comment d'ordinaire se fait l'augmentation? — **3.** Quelle est la structure du verticille staminal dans les Labiées et les Personnées? — Quelle est l'étamine qui manque? — Où sont les étamines courtes? — Où sont les étamines longues? — Que désigne-t-on par l'expression de didynames? — **4.** Décrivez la structure du calyce et du verticille staminal des Crucifères? — Que désigne-t-on par l'expression de tétradynames? — **5.** Qu'appelle-t-on étamines monadelphes? — Décrivez les étamines diadelphes des Papilionacées? — Comment sont les étamines de l'Oranger et du Millepertuis? — **6.** Qu'appelle-t-on étamines syngénèses? — **7.** Décrivez la structure de l'anthère. — Qu'est-ce que le connectif? — **8.** Quelle est la coloration du pollen? — D'où proviennent les prétendues pluies de soufre? — **9.** Quelle est la forme des grains de pollen? — Qu'appelle-t-on pores? — **10.** En quoi consistent les enveloppes d'un grain de pollen? — Qu'ont de remarquable les grains de pollen de la Courge? — **11.** Qu'est-ce que la fovilla? — Que se passe-t-il

1. Du grec : *en,* dans; *bryein,* croitre et végéter. — 2. Du latin : *funiculus,* cordon.

dans un grain de pollen mis dans de l'eau pure? — Que
se passe-t-il si le grain est mis dans de l'eau gommée?
— En quoi consistent les tubes polliniques? — 12. Rappelez la structure du pistil? — Qu'appelle-t-on placenta?
— D'où proviennent les loges de l'ovaire, les cloisons?
— 13. Qu'appelle-t-on ovules? — Quelle est leur structure? — Qu'est-ce que le nucelle, le micropyle, le sac
embryonnaire, le funicule?

CHAPITRE XXV

ACTION DU POLLEN.

1. Emission des tubes polliniques. — Par lui-
même, l'ovule ne peut devenir la graine; sans le concours d'un agent complémentaire, il ne tarderait pas
à se flétrir, impuissant à dépasser l'état que nous venons de décrire. Cet agent complémentaire, c'est le
pollen, qui éveille la vie dans l'ovule et y suscite la
naissance d'un germe par une mystérieuse coopération
qui sera toujours l'un des sujets les plus élevés que
puisse agiter la science.

Au moment où la fleur est dans la plénitude de
l'épanouissement, le stigmate transpire un liquide
visqueux sur lesquels se fixent englués les grains de
pollen tombés des anthères, ou apportés par les insectes et les vents. Ici se reproduisent les faits d'endosmose dont nous avons précédemment parlé; ils
se reproduisent, non au sein de l'eau pure dont l'absorption rapide provoque la rupture du grain, mais à
la surface d'une couche d'humidité visqueuse, qui
lentement pénètre à l'intérieur et permet à la membrane interne de sortir par les pores en longs tubes
polliniques. De sa face en contact avec le stigmate
humide, chaque grain émet donc un tube délié, sem-

blable à la fine radicule qui s'échapperait d'une imperceptible semence. Comme une radicule encore, qui s'allonge dans une invariable direction descendante et plonge dans le sol, le tube pollinique traverse l'épaisseur du stigmate, s'engage dans le tissu du style, s'ouvre une voie en écartant un peu les rangées de cellules, s'insinue toujours plus avant et franchit enfin toute la longueur du style si considérable qu'elle soit. Le grain, comme enraciné, se maintient toujours à la surface du stigmate; par la contraction de sa membrane externe, il refoule son contenu de fovilla, et, se vidant lui-même, remplit le tube à mesure que celui-ci s'allonge.

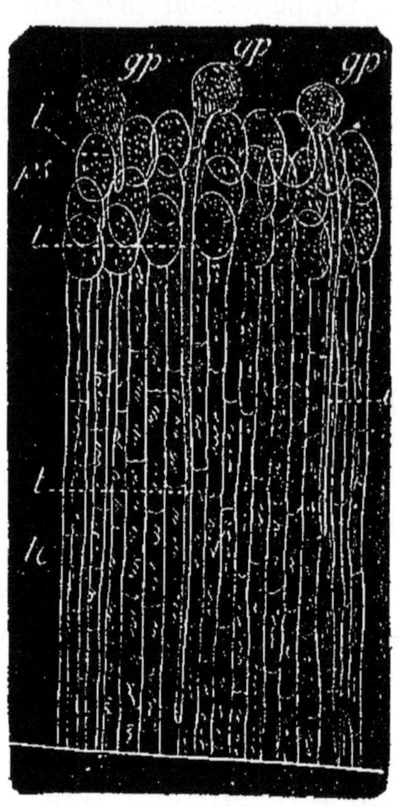

Fig. 147. — Portion de stigmate au moment où les grains de pollen *g p*, émettent leurs tubes polliniques *t*, à travers le tissu cellulaire *tc*.

Les matériaux ainsi transvasés, pour une part sans doute servent à l'accroissement du tube pollinique, car la membrane interne, si flexible qu'elle soit, ne pourrait se prêter à toute l'extension nécessaire. Dans les plantes à long style, en effet, pour parvenir du stigmate à l'ovaire, un tube pollinique doit s'allonger de plusieurs centaines, de plusieurs milliers de fois même, le diamètre du grain d'où il sort. Le temps employé pour ce trajet ne dépend pas seulement de la longueur parcourue ; elle dépend surtout de conditions délicates concernant la structure interne du style. Dans quelques plantes, il suffit d'un petit nombre d'heures, dans d'autres il faut plusieurs jours pour que les tubes polliniques achèvent leur trajet.

2. **Arrivée du tube pollinique dans l'ovule.** — Quand ce premier acte touche à sa fin, le stigmate poudré de nombreux grains de pollen plongeant chacun son tube dans le tissu du style, pourrait être comparé à une pelote à long pied dans laquelle s'enfonceraient profondément des épingles dont la tête seule resterait au dehors. Maintenant les tubes polliniques remplis de fovilla plongent leur extrémité dans la cavité de l'ovaire. Une puissance les dirige, une puissance clairvoyante qui vous saisit de stupeur. Sans trouble, malgré leur nombre, sans hésitation, comme guidé par l'infaillibilité d'un inconcevable instinct, chaque tube s'infléchit dans la direction du placenta voisin et plonge son extrémité dans le micropyle béant d'un ovule. Le filament pollinique pénètre dans le sac embryonnaire, en atteint la paroi, et, au point de contact désormais s'organise lentement un nouvel être, le germe vivant de la graine. Comment? nul ne le sait. Devant ces mystères de la vie, la raison s'incline inpuissante, et s'abandonne à un élan d'admiration envers l'Auteur de ces ineffables merveilles.

3. **Preuve de la nécessité du pollen. Le Caroubier.** — Sans le concours du pollen, l'ovaire se flétrirait, incapable de devenir fruit, incapable de produire des graines. Les preuves de ce fait fondamental surabondent. Citons les plus simples, celles que nous fournissent les végétaux dioïques ou monoïques.

Le Caroubier est un arbre de l'extrême midi de la

France; il produit des fruits, appelés caroubes, pareils aux gousses du Pois, mais bruns, très-longs et très-larges. Ces fruits, outre leurs graines, contiennent une chair sucrée. Or cet arbre est dioïque, et porte, sur des pieds différents, soit des fleurs à étamines, soit des fleurs à pistils seulement. Planté seul dans un jardin, sous un climat qui lui convienne, le Caroubier à pistils chaque année fleurit abondamment, mais sans donner de fruits, car ses fleurs tombent sans laisser un seul ovaire sur les rameaux, pourvu toutefois qu'il n'y ait pas dans le voisinage quelque Caroubier à étamines, dont le vent et les insectes puissent lui apporter le pollen. Que lui manque-t-il pour être en état de fructifier? L'action du pollen sur ses ovules. A proximité du Caroubier à pistils, plantons en effet un Caroubier à étamines. Maintenant la fructification marche sans entraves. L'air agité, les insectes qui butinent d'une fleur à l'autre, portent le pollen de l'arbre staminé sur les stigmates de l'arbre pistillé, et les ovaires engourdis s'éveillent à la vie, les caroubes grossissent et mûrissent, pleines de graines aptes à germer.

4. **Dattier.** — Dans les oasis de l'Afrique septentrionale, les Arabes cultivent de nombreux Dattiers, qui leur fournissent les dattes, leur principale ressource alimentaire. Les Dattiers sont encore dioïques. Or, au milieu de plaines de sable brûlées par le soleil, les coins de terre arrosés et fertiles sont rares; il importe de les utiliser du mieux. Les Arabes plantent donc uniquement des dattiers à pistils, seuls aptes à produire des dattes; mais, lorsque la floraison est venue, ils vont au loin chercher des paquets de fleurs à étamines sur les Dattiers sauvages, pour en secouer la poussière pollinique sur leurs plantations. Si cette précaution n'est pas prise, la récolte est nulle.

5. Citrouille. — La Citrouille est monoïque; sur le même pied se trouve des fleurs pistillées et des fleurs staminées, très-faciles à distinguer les unes des autres même avant tout épanouissement. Les premières ont au-dessous de la corolle un gros renflement qui est l'ovaire ; les secondes n'ont rien de pareil. Sur un pied de Citrouille isolé coupons les fleurs staminées avant qu'elles s'ouvrent et laissons les fleurs pistillées. Pour plus de sûreté, enveloppons chacune de celles-ci d'une coiffe de gaze assez ample pour permettre à la fleur de se développer sans entraves. Cette séquestration doit être faite avant l'épanouissement, pour être certain que le stigmate n'a pas déjà reçu du pollen. Dans ces conditions, ne pouvant recevoir la poussière staminale, puisque les fleurs à étamines sont supprimées et que d'ailleurs l'enveloppe de gaze arrête les insectes qui pourraient en apporter du voisinage, les fleurs à pistil se fanent après avoir langui quelque temps, et leur ovaire se dessèche sans grossir en citrouille. Voulons-nous, au contraire, que telle ou telle autre fleur à notre choix fructifie malgré l'enceinte de gaze et la suppression des fleurs à étamines? Du bout du doigt, prenons un peu de pollen et déposons-le sur le stigmate, puis remettons en place l'enveloppe. Cela suffira pour que l'ovaire devienne citrouille et donne des graines fertiles.

6. Ablation des étamines. — Quoique un peu plus délicate à conduire, une expérience analogue se fait avec succès sur les fleurs pourvues à la fois d'étamines et de pistils. Dans la fleur sur le point de s'épanouir, on retranche les anthères avant que leurs loges soient ouvertes pour l'émission du pollen. La fleur ainsi mutilée est alors coiffée d'une enveloppe de gaze pour empêcher l'arrivée du pollen du voisinage.

Ce traitement suffit pour stériliser l'ovaire, qui se flétrit sans développement ultérieur. Mais si du pollen est déposé avec un pinceau sur le stigmate de la fleur, l'ovaire se développe comme d'habitude, malgré l'ablation des étamines et l'enveloppe de gaze.

7. **Transport du pollen sur le stigmate.** — Puisque le pollen est indispensable à la production de semences fertiles, son transport de l'anthère sur le stigmate doit être assuré par des moyens appropriés à la structure de la fleur et aux conditions d'existence de la plante. Et, en effet, les ressources les plus ingénieuses, les plus étonnantes combinaisons parfois, sont mises en œuvre pour que la poussière staminale arrive à sa destination. La botanique n'a pas de plus intéressant chapitre que celui qu'elle consacre aux mille petites merveilles en jeu dans le solennel moment de l'émission du pollen. Le défaut d'espace ne nous permet d'en donner qu'une bien faible idée.

Si la fleur possède à la fois des pistils et des étamines, l'arrivée du pollen sur le stigmate est en général très-facile : il suffit du moindre souffle d'air, du passage d'un moucheron qui butine pour secouer les étamines et faire tomber le pollen. Du reste, des dispositions sont prises pour que la chute de la poussière pollinique se fasse sur le stigmate. Si la fleur est dressée, comme dans les Tulipes, les étamines sont plus longues que le pistil; si elle est pendante, comme dans les Fuschia, les étamines sont plus courtes; de manière que, dans les deux cas, le pollen tombant atteint le stigmate placé en dessous. — Dans les Campanules, les cinq anthères cohérentes entre elles forment un canal contenant le style, d'abord plus court que les étamines. A la maturité du pollen, le style s'allonge rapidement, le stigmate monte au-dessus

du canal des anthères et de sa surface hérissée de
poils rudes brosse le pollen, qu'il emporte avec lui.

8. **Coulure des fruits**. — Dans les plantes aquatiques, des précautions spéciales sont prises à cause
de l'action nuisible exercée par l'eau sur le pollen.
Nous avons déjà dit que, mis en rapport avec de l'eau
pure, les grains de pollen se distendent sans ménage-
ment par une trop rapide endosmose, ce qui amène la
rupture des enveloppes et la dispersion de la fovilla. En
cet état, le pollen n'est plus apte à son rôle, qui est de
faire parvenir à chaque ovule, à travers le tissu du
style, un tube pollinique gonflé de fovilla. Tout pollen
mouillé est désormais sans efficacité aucune. Nous
trouvons là d'abord l'explication du fâcheux effet des
pluies continues au moment de la floraison. En partie
balayé par les pluies, en partie éclaté dans son contact avec l'eau, le pollen n'agit plus sur les ovaires,
et les fleurs tombent sans parvenir à fructifier. Cette
destruction de la récolte par les pluies est connue des
cultivateurs sous le nom de *coulure*.

9. **Vallisnérie**. — D'après cela, à moins de dispositions particulières que nous examinerons plus
loin, aucune plante aquatique ne doit épanouir ses
fleurs dans l'eau, où la coulure serait inévitable; il
faut, de toute nécessité, que la floraison se fasse à
l'air libre. Examinons quelques-uns des moyens
employés pour amener à l'air les fleurs immergées.

La Vallisnérie vit au fond des eaux; elle est exces-
sivement abondante dans le canal du Midi, où elle
finirait par mettre obstacle à la navigation si de nombreux faucheurs n'étaient annuellement occupés à
la faire disparaître. Ses feuilles sont d'étroits rubans
verts, et ses fleurs sont dioïques. Les fleurs à pistil sont
portées sur de longues tiges, menues, flexibles et

roulées en tire-bouchon. Quand le moment de la floraison arrive, la tige déroule graduellement sa spirale, et la fleur, entraînée par sa légèreté spécifique, monte à la surface où elle s'épanouit. Les fleurs staminées, au contraire, sont portées sur des tiges très-courtes, qui les maintiennent tout au fond. Ici la difficulté paraît insurmontable ; elle est cependant levée et d'une admirable manière. Encore en bouton, et les étamines protégées par le périanthe étroitement fermé, ces fleurs rompent d'elles-mêmes leur liaison avec la plante, se détachent spontanément et montent à la surface où elles flottent parmi les fleurs à pistil. Alors elles ouvrent leur périanthe et livrent leur pollen au vent et aux insectes, qui le déposent sur les fleurs pistillées. Enfin celles-ci resserrent leur spirale et redescendent au fond de l'eau pour y mûrir en repos leurs ovaires.

10. **Utriculaire.** — Le mécanisme pour élever les fleurs au-dessus de l'eau n'est pas moins remarquable dans les Utriculaires, plantes submergées de nos étangs. Leurs feuilles, découpées en très-fines lanières, portent de nombreux sachets globuleux ou délicates petites outres qui ont valu son nom à la plante [1]. Ces sachets, ces *utricules*, comme on les appelle, ont l'orifice muni d'une espèce de soupape ou de couvercle mobile. Leur contenu con-

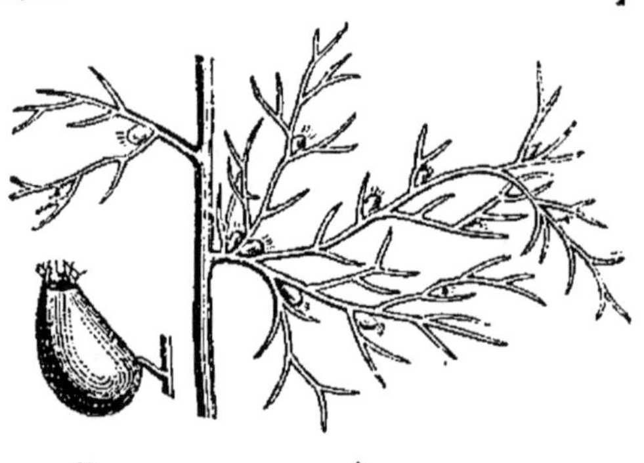

Fig. 148. — Utriculaire.
A, fragment de la plante ; B, utricule grossie.

1. Du latin : *utriculus*, petite outre.

siste d'abord en une mucosité plus pesante que l'eau. Retenu par ce lest, la plante se maintient au fond ; mais quand la floraison approche, une bulle d'air transpire au fond des utricules et chasse la mucosité qui s'écoule par l'orifice en forçant la soupape. Ainsi allégée par une foule de vessies natatoires, la plante lentement se soulève et vient à l'air épanouir ses fleurs. Puis, lorsque les fruits sont près de leur maturité, les utricules remplacent leur contenu aérien par de la mucosité qui alourdit la plante et la fait redescendre au fond, où les graines doivent achever de mûrir, se disséminer et germer.

11. Action du vent. — Le transport du pollen ne s'effectue pas simplement des anthères sur le pistil d'une même fleur ; il a lieu encore d'une fleur à l'autre, d'une plante à l'autre et quelquefois à de grandes distances. Dans les végétaux soit monoïques, soit dioïques, les grains de pollen qui vivifient un ovaire arrivent toujours d'une fleur étrangère ; dans les autres végétaux, le concours d'un pollen venu d'ailleurs est tout aussi fréquent que celui du pollen de la fleur même. Les agents de transport sont les vents et les insectes.

Des innombrables faits que l'on pourrait citer à l'appui de l'envoi du pollen à distance, nous nous bornerons à celui-ci. Le jardin botanique de Paris possédait depuis longtemps deux Pistachiers à pistils qui chaque année se couvraient de fleurs sans jamais produire de fruits ; il leur manquait, pour fructifier, le concours de la poussière pollinique. Aussi l'étonnement fut grand lorsque, sans motif connu, on les vit, une année, nouer et mûrir parfaitement leurs ovaires. Bernard de Jussieu conjectura qu'il devait se trouver dans le voisinage quelque Pistachier d'où était parvenu le pollen. Des recherches furent faites et on trouva qu'en effet, dans une pépinière des environs, un Pistachier à étamines avait, à la même époque, fleuri pour la première fois. Apporté par le vent, au-dessus des édifices d'une partie de Paris, son pollen était venu fertiliser les deux Pistachiers jusque-là stériles.

Sur la fin de l'hiver, lorsque leurs innombrables chatons sont épanouis, secouons un Pin, un Cyprès, un Noisetier; nous verrons s'envoler de l'arbre comme une fumée que la moindre agitation de l'air emporte au loin. Cette fumée, cette poussière pollinique, livrée aux hasards de l'atmosphère, rencontrera peut-être dans sa chute les inflorescences à pistils d'autres Pins, d'autres Cyprès, d'autres Noisetiers, et éveillera la vie dans leurs ovules à plusieurs lieues de son point de départ. Dans une prairie, dans un champ de blé en floraison, chaque souffle d'air qui agite les foins et les chaumes soulève pareillement une fine nuée pollinique, dont la poussière, arrêtée au passage par les stigmates, fertilise les fleurs de même espèce qui la reçoivent.

Certaines conditions sont indispensables pour que le vent ait un rôle efficace. Le pollen doit être très-abondant à cause de son énorme déperdition à travers les étendues parcourues au hasard. Sur un tourbillon de poussière staminale qu'un coup de vent balaie, combien de grains arriveront-ils à destination? Très-peu sans doute, et point peut-être. Aussi la quantité doit-elle compenser les innombrables chances défavorables. Le pollen doit être aussi très-fin, sec, aride, pour obéir au premier souffle et se disperser aisément. Ces conditions d'abondance, de finesse, d'aridité, se trouvent réalisées dans les arbres à chatons, notamment dans les Conifères, qui abandonnent à l'air des nuages de pollen. Ces nuages de poussière jaune, semblable à de la fleur de soufre, sont parfois transportés par la tempête à des distances considérables, et en retombant soit seuls, soit mélangés aux pluies d'orage, suscitent de puériles terreurs parmi les populations ignorantes, qui croient voir tomber du ciel une averse de soufre. Les Graminées avec leurs trois anthères pendantes hors de la fleur et très-mobiles à l'extrémité de longs filets, se prêtent également à la dispersion facile du pollen par le vent. Ces anthères que rien n'abrite, que la plus légère agitation de l'air secoue vivement, livrent leur poussière pollinique aux caprices de l'atmosphère dès que les loges s'ouvrent. Pour arrêter au passage les grains de pollen que la brise promène à travers les sommités des chaumes et des gazons, les stigmates sont découpés en longues houppes plumeuses qui tamisent l'air dans leur duvet. Enfin le secours du vent est nécessaire à la plupart des végétaux dont les fleurs, n'ayant pour périanthe que des écailles sans éclat, sans coloris, sans parfum, sans nectar, sont dépourvues de tout ce qui pourrait leur attirer la visite des insectes.

12. **Action des insectes.** — Les insectes sont, par excellence, les auxiliaires de la fleur ; mouches, guêpes, abeilles, bourdons, scarabées, papillons, taons, à qui mieux mieux, lui viennent en aide pour transporter le pollen des étamines sur le stigmate. Ils plongent dans la fleur, affriandés par une goutte mielleuse expressément préparée au fond de la corolle. Dans leurs efforts pour l'atteindre, ils secouent les étamines et se barbouillent de pollen qu'ils transportent d'une fleur à l'autre. Qui n'a vu les abeilles et les bourdons sortir enfarinés du sein des fleurs? Leur

corps velu, poudré de pollen, n'a qu'à toucher en passant un stigmate pour lui communiquer la vie.

Les fleurs à qui l'insecte est nécessaire possèdent, au fond de la corolle, une goutte de liqueur sucrée, appelée *nectar*. Cette liqueur entre dans la composition du miel des abeilles. Pour la puiser dans les corolles façonnées en profond entonnoir, les papillons ont une longue trompe roulée en spirale pendant le repos; ils la déroulent et la plongent dans la fleur à la manière d'une sonde quand il faut atteindre le délicieux breuvage. Mais les insectes dépourvus d'un tel siphon, et ce sont les plus nombreux, descendent eux-mêmes, avec effort, au fond du tube, secouent les anthères en se démenant et font tomber le pollen sur leur passage, puis ressortent à reculons couverts de poussière staminale. Ces visites affairées ont inévitablement pour résultat la fertilisation de l'ovaire, soit que l'insecte, en sortant, effleure de sa toison poudreuse la tête du pistil, soit que les étamines ébranlées laissent directement tomber le pollen sur le stigmate.

Plus fréquemment encore peut-être, il y a échange d'une fleur à l'autre, sur la même plante ou sur des plantes différentes mais de même espèce. Tout jauni de pollen, l'insecte sort d'une première fleur et va butiner sur une seconde, qui reçoit ainsi la poussière pollinique étrangère et fournit elle-même la sienne pour une troisième; de cette manière, en très-peu de temps, toutes les fleurs épanouies d'une même grappe, d'une même plante, d'un parterre entier, sont fertilisées l'une par l'autre. Cet échange de pollen, délicate répartition que l'insecte seul peut accomplir par son nombre et son activité, est d'une haute importance, car elle prévient les causes de dépérissement dans les générations successives où le moindre trouble vital irait s'aggravant par une hérédité que nul secours étranger ne viendrait interrompre. Il est reconnu, en effet, que fertilisée par son propre pollen, une fleur donne des semences en général moins robustes que lorsque la poussière vivifiante lui vient d'une autre fleur. Au moyen de ce concours, la plante qui fournit le pistil associe ses propres énergies aux énergies de la plante qui fournit l'étamine, et la vitalité de sa descendance se maintient indéfiniment vigoureuse. A ce point de vue, l'insecte est le distributeur par excellence du pollen.

13. **Nectar.** — Si l'on déchire en deux une fleur de Narcisse, de Primevère, de Chèvre-feuille et d'une foule d'autres plantes, on trouve au fond de la corolle un liquide sucré qu'on appelle *nectar* [1]. Tel est l'appât qui allèche les insectes et les attire au fond des fleurs. Tantôt le nectar consiste en une faible exsudation qui humecte simplement la base de l'ovaire, tantôt il s'amasse en une gouttelette semblable à une larme de rosée. Ce liquide suinte d'organes variables suivant les familles, les genres, les espèces. Il transpire du calyce dans la Capucine, de l'onglet des pétales dans les Renoncules, de la base des étamines dans les Plombaginées, du pourtour de l'ovaire dans les Jacinthes. Dans la Fritil-

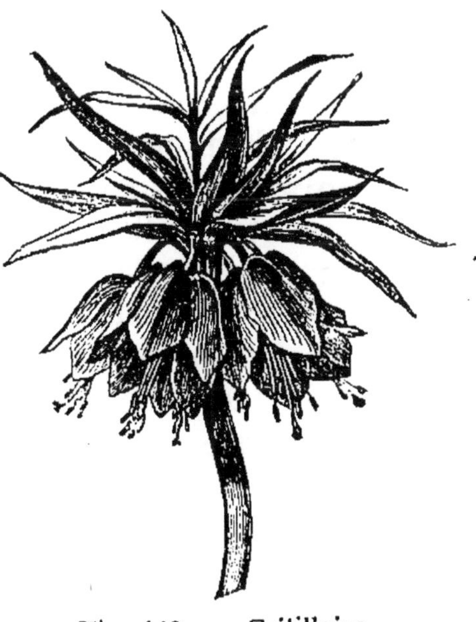

Fig. 149. — Fritillaire. Couronne impériale.

1. Du grec : *nectar*, boisson des dieux.

laire que la disposition de ses fleurs fait vulgairement nommer Couronne impériale, les six pièces du périanthe sont creusées à la base d'une fossette glanduleuse qui secrète le nectar. Des réservoirs sont parfois ménagés pour le dépôt de la liqueur sucrée : ce sont en général des bosses, des éperons, des sachets, des fossettes que l'on remarque à la base soit des sépales soit des pétales. Ainsi les Crucifères ont pour organes producteurs du nectar les supports glanduleux des deux courtes étamines, et pour récipients les sachets ou bosses des deux sépales opposés à ces étamines. La Capucine amasse son nectar au fond de l'éperon unique du calyce, et l'Ancolie dans les cinq éperons de sa corolle. La sécrétion de cette liqueur commence rarement avant que la fleur soit épanouie; elle se fait avec le plus d'abondance à l'époque de l'émission du pollen, précisément lorsque la plante a besoin du concours des insectes; elle cesse dès que le fruit commence à se développer : la source sucrée tarit du moment qu'elle est inutile.

14. **Points-voyants.** — Une goutte de nectar, expressément distillée dans ce but, attire les insectes au fond de la corolle; un point-voyant leur indique la route à suivre pour atteindre la liqueur sucrée en frôlant les étamines. On nomme *point-voyant* une tache de coloration vive, fréquemment jaune ou orangée, c'est-à-dire de la teinte douée du plus grand pouvoir lumineux. Cette tache se trouve à l'entrée de la corolle, au voisinage immédiat des anthères; elle frappe la vue par son éclat et certainement guide les insectes dans leurs recherches. Ce point indicateur, qui amène l'abeille et le bourdon précisément là où ils sont nécessaires, c'est-à-dire aux anthères, est surtout remarquable dans

les fleurs closes. Citons-en une paire d'exemples.
15. Muflier. — La corolle du Muflier ou Gueule-

Fig. 150. — Muflier ou Gueule-de-Loup.

de-loup est exactement fermée, ses deux lèvres rapprochées ne laissent aucun passage libre. Sa couleur
est d'un rouge-violet, uniforme, mais tout au milieu

de la lèvre inférieure se trouve une tache d'un jaune très-vif. Or surveillons un bourdon tandis qu'il butine sur un Muflier, nous le verrons toujours s'abattre sur la tache jaune et jamais ailleurs. Forcée par le poids de l'insecte, la lèvre s'abaisse et la gorge de la corolle baille; l'insecte entre, brosse en passant les anthères, se poudre de pollen, lèche le nectar et va sur d'autres fleurs distribuer à son insu la poussière staminale de sa toison.

16. **Iris.** — La fleur de l'Iris est encore plus remarquable. Son périanthe comprend six pièces, trois étalées en dehors et courbées en arc, trois relevées et se rassemblant dans le haut en un dôme. Ces dernières sont d'un bleu-violet uniforme; les autres ont au milieu une large bande hérissée de papilles et semblable à un grossier velours jaune. Ces bandes, qui par leur teinte safranée tranchent vivement sur le violet du reste de la fleur sont les points-voyants qui mènent aux étamines, invisibles de l'extérieur et difficiles à trouver pour un œil inexpérimenté. Au centre de la fleur sont trois larges lames violettes ayant toute l'apparence de pétales; mais l'apparence est trompeuse car ces lames sont en réalité les styles du pistil. Chacune d'elles se courbe en une voûte et vient s'appliquer contre un pétale à bande safranée, de manière que les deux pièces forment, par leur assemblage, une chambre close. Dans chaque chambre est placée une étamine, dont l'anthère s'applique étroitement contre la voûte, et dont les deux loges, par une exception peu commune, mais ici nécessaire, s'ouvrent par la face extérieure au lieu de s'ouvrir, suivant la règle générale, par la face intérieure. Enfin, à l'entrée même de la chambre, la lame pétaloïde du style se double d'un étroit rebord membraneux. Ce

rebord, c'est le stigmate, c'est le point où le pollen doit parvenir.

Complétons par la vue de la fleur même ce que la parole est impuissante à rendre, et nous verrons que, sans le secours d'un aide, il est impossible au pollen d'arriver au stigmate. L'anthère est située au fond de la chambre, à l'abri des agitations de l'air; le stigmate est placé au dehors, à l'entrée. Si le pollen tombe, sa chute se fera sur le plancher de la cavité et non sur le rebord stigmatique, situé à l'extérieur.

Qu'un insecte survienne et la difficulté disparaît pour faire place à d'admirables combinaisons. Le point-voyant, la bande de velours jaune est la voie qui mène à l'entrée de la chambre; c'est là que se posent invariablement abeilles, mouches et bourdons à la recherche du nectar; aucun ne se méprend sur la route à suivre dans la fleur qui, par ses étamines cachées et ses styles pétaloïdes, trompe notre propre regard. L'insecte soulève la lame du style, et de son dos velu brosse la voûte où est appliquée l'anthère, dont les loges s'ouvrent par la face externe; il s'avance jusqu'au fond de l'étroite galerie, boit le nectar et sort poudré de pollen. Suivons-le sur une autre fleur. Maintenant le rebord stigmatique de l'entrée agit comme un rateau sur le dos de l'insecte pénétrant dans la chambre, et cueille du pollen sur sa toison. Qui ne reconnaîtrait dans ces merveilleuses harmonies entre la fleur et son auxiliaire l'insecte, des arrangements combinés par l'éternelle Raison!

17. Mouvement des étamines. — Pour assurer l'arrivée du pollen sur le stigmate bien des plantes, au moment de la floraison, animent leurs étamines de mouvements spontanés semblables à ceux que nous avons déjà reconnus dans certaines feuilles.

La Rue, plante nauséabonde des collines arides, a des fleurs tantôt à quatre tantôt à cinq pétales, et des étamines au nombre soit de huit, soit de dix, opposées par moitié aux pétales et par moitié aux intervalles qui séparent ces derniers. Dans la fleur récemment épanouie, toutes les étamines sont étalées horizontalement, et couchées les unes dans la cavité du pétale correspondant, les autres dans les intervalles. Bientôt, d'un mouvement lent, insensible, une étamine se dresse debout, infléchit son filet et vient appliquer son anthère sur le stigmate. Pendant ce contact, longtemps prolongé, les loges anthériques s'ouvrent et abandonnent leur pollen. Cela fait, l'étamine lentement se retire et vient se recoucher dans sa position première, la position horizontale; mais sa voisine en même temps se redresse et lui succède sur le stigmate. Et ainsi de suite, l'une après l'autre, jusqu'à ce que tout le verticille staminal ait déposé sur le pistil son tribut de pollen. La fleur alors se fane : le rôle de ses enveloppes florales et de ses étamines est fini. A cause de la lenteur des mouvements, un examen soutenu des jours entiers peut seul constater dans leur ensemble les faits que nous venons de décrire; mais un simple coup d'œil suffit pour reconnaître le redressement des étamines une par une, car on voit toujours dans les fleurs de Rue une seule étamine appliquer son anthère sur le stigmate, tandis que les autres sont couchées horizontalement.

D'autres fois l'élan est soudain. Dans l'Epine-Vinette chaque filet d'étamine est saisi à la base entre deux fines glandes situées sur l'onglet du pétale opposé. Celui-ci en s'étalant entraîne donc l'étamine captive dans son frein et la force à s'étaler avec lui. Mais bientôt, sous les rayons du soleil, le filet s'amin-

cit par l'évaporation, et les glandes qui le retiennent
se dégonflent un peu. Alors l'étamine, abandonnée à
sa propre élasticité, revient brusquement à sa position
première ainsi que le ferait un ressort tendu, et se
jette sur le pistil en lançant un petit nuage de pollen.
On peut artificiellement provoquer cette détente : il
suffit de gratter le filet avec la pointe d'une épingle,
ou bien d'agiter le rameau. A la moindre secousse,
au plus léger contact, le délicat équilibre est rompu,
les étamines échappent à leur frein glanduleux et s'a-
battent sur le pistil.

L'Ortie et la Pariétaire ont les filets staminaux en-
roulés dans les folioles du périanthe. Effleurons-les
très-légèrement de la pointe d'une aiguille; nous les
verrons soudain se dérouler, se redresser et secouer
leurs anthères, d'où s'échappe un jet de poussière
pollinique.

Dans les grandes fleurs jaunes de la plante grasse
vulgairement nommée Figuier de Barbarie, les étamines sont au nombre de quelques centaines. En l'é-
tat d'épanouissement, elles sont étalées à peu près
à angle droit avec l'axe de la fleur. Qu'un insecte en
passant vienne à les effleurer, qu'un léger choc les
ébranle, qu'un nuage intercepte tout-à-coup la lumière
du soleil, et aussitôt elles se relèvent en tumulte, en-
trechoquant leurs anthères d'où vole le pollen, elles
se recourbent et se rejoignent en une voûte serrée
au-dessus du pistil. La tranquillité revenue, elles s'é-
talent de nouveau pour se rassembler encore au
moindre accident. Chaque fois, une pluie de pollen
tombe sur le stigmate.

18. **Maintien des espèces.** — Les vents en ba-
layant une prairie où croissent les plantes les plus
variées, les insectes en butinant d'une fleur à l'autre

sans distinction d'espèces, amènent nécessairement sur les stigmates des grains de pollen de toute nature : le Sainfoin reçoit le pollen du Trèfle, le Trèfle reçoit le pollen du Froment. Que résulte-t-il de cette multitude infinie d'échanges entre les végétaux les plus disparates? Il n'en résulte absolument rien : le pollen d'une espèce végétale est sans effet aucun sur les fleurs d'une autre espèce. Vainement, par exemple, on déposerait sur le stigmate du Lis la poussière pollinique du Narcisse, ou sur le stigmate du Narcisse celle du Lis; si chaque fleur ne reçoit pas son propre pollen ou celui d'une fleur de même espèce, l'ovaire se fanera sans donner des graines fertiles.

Il faut à chaque espèce le pollen de son espèce; tout autre pollen reste aussi inactif que la poussière du grand chemin. Les recherches expérimentales les plus concluantes ont mis en pleine lumière l'inflexibilité de cette grande loi, qui sauvegarde les espèces contre toute profonde altération et les maintient aujourd'hui telles qu'elles étaient au début, telles qu'elles seront dans un avenir indéfini. L'action du pollen ne se borne pas, en effet, à éveiller la vie dans les ovules; elle imprime aussi aux graines les caractères de la plante qui a fourni l'anthère. Le pistil et l'étamine, chacun à sa manière, communiquent à la semence les traits devant se révéler dans le végétal qui en proviendra; ils contribuent l'un et l'autre à déterminer dans la plante née de la graine la ressemblance avec la plante d'où provient soit l'ovule, soit le pollen. Qu'adviendrait-il donc si le stigmate était indifféremment influencé par la poussière d'une anthère quelconque? Les graines issues d'un tel mélange ne reproduiraient pas les plantes primitives, mais donneraient de nouvelles formes rappelant par certains caractères la plante origine du pollen, et par certains autres la plante origine des ovules ; l'espèce ne se maintiendrait pas fixe, la végétation présente ne serait pas la pareille de la végétation passée ; chaque année verrait apparaître des formes inconnues, étranges, que rien d'analogue ne précéderait, à qui rien de semblable ne succéderait ; enfin toujours plus mélangé, plus bizarrement défiguré, le monde végétal perdrait l'ordre harmonieux qui préside à sa distribution et s'éteindrait dans un stérile chaos. Tout se maintient, au contraire, dans une immuable régularité et le semblable succède toujours au semblable, du moment que chaque espèce n'est influencée que par le pollen de sa propre espèce.

19. **Hybrides.** — Néanmoins lorsque deux espèces sont extrêmement voisines par leur organisation, le pollen de l'une peut agir sur les ovules de l'autre. Les graines issues de cette association donnent des plantes qui ne sont exactement, pour leurs divers caractères, ni la plante d'où vient l'ovule, ni celle d'où vient le pollen ; intermédiaires entre les deux, elles ont avec l'une et l'autre des ressemblances et des dissemblances. Ces végétaux à double origine sont qualifiés d'*hybrides*[1].

L'*hybridation*, c'est-à-dire le dépôt artificiel d'un pollen étranger sur le stigmate d'une fleur, est fréquemment utilisé en horticulture pour obtenir de nouvelles variétés de coloration, de port, de feuillage, de fruits ; c'est une des plus puissantes ressources pour l'amélioration des plantes en vue de nos usages. En dehors des soins de l'homme, elle s'effectue quelquefois, par le concours des insectes ou des vents,

---

1. Du grec : *hybris, hybridos,* né de deux espèces différentes.

entre végétaux croissant ensemble et d'organisation aussi semblable que possible.

La plupart du temps les hybrides sont stériles; leurs fleurs, quoique pourvues d'étamines et de pistils, ne peuvent produire des semences aptes à germer. La nature met ainsi brusquement fin, par un arrêt infranchissable, à l'altération de l'espèce qu'une première association avait ébauchée. Pour conserver ces formes hybrides, quand elles ont de la valeur, nous avons les ressources de la greffe, de la bouture, de la marcotte, mais le semis s'y refuse absolument.

Plus rarement, les hybrides sont fertiles, ainsi que leur descendance; leurs graines germent et donnent des plantes également aptes à germer. Néanmoins la forme nouvelle est loin d'être stable : d'une génération à l'autre, les traits mixtes s'effacent, le mélange de caractères est moins accusé tandis que les caractères primitifs s'affirment davantage; enfin, tôt ou tard, le semis donne, par proportions variables, d'une part la plante qui a fourni les ovules au début, et d'autre part la plante qui a fourni le pollen, sans aucun intermédiaire entre les deux. Séparant ce que l'hybridation avait associé, la plante revient d'elle-même à ses origines premières et nous donne ainsi le plus frappant exemple de l'inflexible puissance préposée par le Créateur au maintien des espèces.

QUESTIONNAIRE.

1. Que deviennent les grains de pollen sur le stigmate? — De combien s'allonge le tube pollinique? — Quel temps faut-il au tube pollinique pour parcourir tout le style ? — 2. Que devient le tube pollinique arrivant à un ovule? — Où s'organise le germe de la graine? — 3. Citez l'exemple du Caroubier au sujet de la nécessité du pollen. — Quelle est la pratique des Arabes relativement aux Dattiers ? — 5. Quelle expérience peut-on faire avec les fleurs de la Citrouille? — 6. Qu'arrive-t-il dans une fleur dont on retranche les étamines avant l'émission du pollen? — Quelle précaution faut-il prendre pour que l'expérience réussisse? — 7. Que présentent de remarquable les Tulipes et les Fuchsia relativement à l'arrivée du pollen sur le stigmate? — Comment, dans les Campanules, le stigmate recueille-t-il le pollen? — 8. Qu'arrive-t-il quand les grains de pollen sont en contact avec l'eau? — En quoi consiste la coulure des récoltes ? — 9. Une fleur peut-elle sans inconvénient s'épanouir dans l'eau? — Comment la Vallisnérie évite-t-elle pour son pollen le contact de l'eau ? — 10. Décrivez les appareils flotteurs de l'Utriculaire. — 11. Quelle est l'action du vent relativement à la fleur? — Citez l'observation de Bernard de Jussieu. — Quelles conditions doit remplir le pollen pour que l'action du vent soit efficace? — Citez les principaux végétaux dont les fleurs ont besoin du concours du vent. — En quoi consistent les prétendues pluies de soufre? — Que présentent de remarquable les étamines et les pistils des Graminées sous le rapport de l'action du vent? — Quelles sont en général les fleurs auxquelles le vent est nécessaire? — 12. Comment les insectes prennent-ils part au transport du pollen? — Le concours des insectes est-il important? — Le transport du pollen d'une fleur à une autre est-il favorable à la graine? — 13. Par quoi les insectes sont-ils attirés dans les fleurs? — Qu'est-ce que le nectar? — Quels organes le produisent? — Où s'amasse-t-il ? — A quelle époque est-il produit? — 14. Qu'appelle-t-on points-voyants? — Quel est le rôle de ces points? — 15. Décrivez la fleur du Muflier et démontrez l'utilité de son point-voyant. — 16. Décrivez la fleur de l'Iris. — Où sont les points-voyants?

— Où sont les étamines? — Est-il nécessaire que ces étamines s'ouvrent par la face externe et non par la face interne suivant la règle générale? — Où est le stigmate? — Comment le pollen arrive-t-il au stigmate? — 17. Décrivez le mouvement des étamines dans la Rue, dans l'Epine-Vinette, dans l'Ortie et la Pariétaire, dans le Figuier de Barbarie. — 18. Le pollen d'une espèce exerce-t-il une action sur le pollen d'une autre espèce? — Q'adviendrait-t-il si le stigmate était indifféremment influencé par le pollen d'une espèce quelconque? — Comment les espèces se maintiennent-elles sans altération? —'19. Y a-t-il des cas où le pollen d'une espèce peut agir sur une autre? — Qu'appelle-t-on hybrides? — Quelle utilité retire-t-on de l'hybridation? — Les hybrides donnent-ils des graines aptes à germer? — Comment multiplie-t-on les hybrides? — Les hybride qui donnent des graines fertiles se maintiennent-ils ns-définiment? — Qu'arrive-t-il après un certain nombre de semis?

<hr>

CHAPITRE XXVI

LE FRUIT

1. Péricarpe. — Lorsque les tubes polliniques ont atteint les ovules et déterminé dans ceux-ci l'apparition du *germe* ou *embryon*, but final de la fleur, les enveloppes florales, dont le rôle est alors fini, ne tardent pas à se flétrir et à tomber. Les étamines se détachent également, les styles se dessèchent, et il ne reste sur le pédoncule que l'ovaire. Animé par le pollen d'une nouvelle vie, celui-ci grossit en mûrissant dans ses loges les ovules devenus semences fécondes. L'ovaire développé, avec son contenu de graines, s'appelle le *fruit*.

Le fruit se forme en vue des graines, destinées à perpétuer l'espèce ; tout ce qui accompagne les semences, quelle que soit son importance pour nos propres usages, est chose accessoire dans l'économie de la plante et constitue une simple enveloppe dont la fonction est de protéger les graines jusqu'à leur maturité. Cette enveloppe porte le nom de *péricarpe*[1]. Elle est formée par les feuilles carpellaires, qui, tantôt isolées une à une dans chaque fleur, tantôt groupées plusieurs ensemble, libres ou soudées entre elles, composent le pistil.

2. Structure du péricarpe. — Un carpelle, comme toute feuille, comprend dans sa structure une lame épidermique sur chaque face, et entre les deux une couche cellulaire ou parenchyme. Le péricarpe, résultant d'une feuille carpellaire ou de plusieurs, reproduit cette structure, mais parfois avec des modifications qui dénaturent complétement les caractères primitifs.

Considérons, par exemple, une pêche, une cerise, une prune, un abricot. Ces quatre fruits proviennent l'un et l'autre d'un carpelle unique, contenant une seule graine dans sa loge. Le robuste noyau qui défend la semence jusqu'à l'époque de la germination, la chair succulente qui pour nous est une précieuse ressource alimentaire, la fine peau qui recouvre cette chair, tout cela réuni forme le péricarpe et provient d'une feuille métamorphosée. L'épiderme intérieur de la feuille carpellaire est devenu le noyau, son parenchyme est devenu la chair, et son épiderme extérieur est devenu la peau du fruit.

1. Du grec : *péri*, autour de ; *carpos*, fruit, semence.

Trois couches analogues, mais très-variables pour la nature, l'aspect, la consistance, l'épaisseur de leur tissu, se retrouvent dans tout péricarpe. La couche extérieure se nomme *épicarpe* [1] ; la couche moyenne, *mésocarpe* [2] ; la couche interne, *endocarpe* [3]. La première représente l'épiderme extérieur de la feuille carpellaire ; la seconde, le parenchyme ; la troisième, l'épiderme intérieur. Dans les quatre fruits que nous venons de citer, l'épicarpe est la peau qui revêt la chair, le mésocarpe est la chair elle-même et l'endocarpe est le noyau.

Les fruits de l'Amandier et du Noyer ont une organisation pareille, avec cette différence que le mésocarpe est sans valeur pour nous et que la partie comestible se réduit à la semence. La coque ligneuse de la noix et de l'amande est l'endocarpe ; le brou, si âpre dans la noix, mangeable à la rigueur dans l'amande jeune, est le mésocarpe, qui se détache à la complète maturité du fruit et laisse la coque à nu ; enfin l'épiderme du brou est l'épicarpe, lisse dans la noix, un peu velouté dans l'amande.

D'autres fois, la nature foliacée se maintient reconnaissable dans la feuille carpellaire mûrie en péricarpe. Ainsi la gousse du Pois et du Haricot rappelle assez bien une feuille repliée en sac allongé. Son endocarpe et son épicarpe sont des lames épidermiques peu différentes de l'épiderme des feuilles ; son mésocarpe, médiocrement épaissi, est presque le parenchyme ordinaire.

3. **Péricarpes composés de plusieurs carpelles.** — Si plusieurs carpelles soudés entre eux concourent à la formation du fruit, chacun d'eux résulte

---

1. Du grec : *épi*, à l'extérieur, sur. — 2. Du grec : *méson*, au milieu. — 3. Du grec : *endon*, à l'intérieur.

pareillement de trois couches auxquelles s'appliquent les mêmes dénominations. Ainsi la pomme est formée de cinq feuilles carpellaires assemblées en un tout unique en apparence, mais dont on reconnait la composition d'après le nombre de loges. La paroi coriace de ces loges ou l'étui cartilagineux renfermant les pépins, est l'endocarpe du carpelle correspondant; la chair de la pomme est le mésocarpe des cinq carpelles réunis, et sa peau est l'épicarpe. Dans la nèfle, également à cinq carpelles soudés, l'endocarpe devient cinq noyaux comparables à celui de la cerise; la partie charnue et comestible est toujours le mésocarpe, enveloppé de son épiderme ou épicarpe.

Dans l'orange et le citron, composés de nombreux carpelles dont chacun forme une tranche du fruit, l'épicarpe est la couche extérieure, jaune et parsemée de petites glandes qui sécrètent une huile essentielle odorante; le mésocarpe est la couche blanche, un peu spongieuse et dépourvue de saveur; l'endocarpe enfin est la fine pellicule qui revèt chaque tranche et contient dans son fourreau la partie comestible et les graines. Cette partie comestible, que représente-t-elle? On reconnaît aisément, surtout dans une orange peu juteuse, que la partie comestible se compose d'un amas de petits sachets allongés, de vésicules pleines de suc et assemblées côte à côte. L'endocarpe est l'épiderme intérieur de la feuille carpellaire; or nous savons que, dans la feuille, l'épiderme se couvre fréquemment de prolongements cellulaires nommés poils. Eh bien, dans l'orange et le citron, les poils de l'épiderme carpellaire, les poils de l'endocarpe enfin prennent un développement excessif, et deviennent de longues vésicules pleines de jus. La chair de ces fruits est donc un amas de poils gonflés en cellules juteuses.

Ces quelques exemples nous montrent quelle variété d'aspects peut acquérir, dans le fruit, le même organe. L'épiderme intérieur du carpelle reste épiderme ordinaire dans la gousse du Pois; il devient un noyau très-dur dans la pêche et l'abricot, une coque solide dans la noix et l'amande, un étui coriace dans la pomme, une délicate membrane tout hérissée de succulentes vésicules dans l'orange et le citron. Malgré ces différences d'organisation, la partie considérée est toujours l'endocarpe. Enfin celui-ci peut disparaître sans presque laisser de trace; c'est ce qui a lieu dans la plupart des fruits des Cucurbitacées, melon, citrouille, pastèque, cornichon, gourde. Le melon, par exemple, présente au dehors des lambeaux d'un mince épicarpe, déchiré par les rugosités du fruit; tout le reste est formé par le mésocarpe, vert et immangeable à l'extérieur, fondant et sucré à l'intérieur. Par delà l'endocarpe fait défaut: l'ovaire, en grossissant, n'a pas développé l'épiderme intérieur des feuilles carpellaires.

4. **Fruits charnus et fruits secs.** — Lorsque le péricarpe est transformé en un parenchyme abondant, le fruit est dit *charnu*; s'il est à parois minces et de consistance aride, le fruit est dit *sec* à cause de son aridité quand il est mûr. La pomme, la prune, la pêche, la citrouille, l'orange, sont des fruits charnus; les coques du Muflier, du Tabac, du Mouron, de la Violette, sont des fruits secs.

5. **Fruits apocarpés et fruits syncarpés.** — Le fruit peut résulter soit d'un seul carpelle, soit de plusieurs carpelles, tantôt libres entre eux et tantôt soudés. Dans le cas d'un carpelle unique ou de plusieurs carpelles libres, le fruit est qualifié d'*apo-*

carpé[1]; et dans le cas de plusieurs carpelles réunis, il est qualifié de *syncarpé*[2]. La prune, la pêche, la cerise, l'amande, sont des fruits apocarpés, provenant d'un carpelle unique. Les fruits de la Pivoine, du Pied d'Alouette, de la Clématite, sont également apocarpés, mais comprennent, pour l'ensemble d'une même fleur, plusieurs carpelles sans union l'un avec l'autre. La pomme, l'orange, la capsule du Muflier, sont au contraire des fruits syncarpés; la première résulte de cinq carpelles réunis, la seconde en comprend autant qu'elle renferme de tranches, la troisième se compose de deux.

6. **Fruits déhiscents et indéhiscents.** — Nous savons qu'un carpelle provient de la métamorphose d'une feuille, qui, pliée en long, suivant sa nervure médiane, soude ses bords l'un à l'autre du côté de l'axe de la fleur, et forme de la sorte une cavité close nommée loge, où se développent les graines. La ligne de jonction des deux bords de la feuille carpellaire se nomme *suture ventrale*[3]. C'est elle qui, dans la pêche, l'abricot, la prune, la cerise, se traduit par un sillon allant, en manière de demi-méridien, de l'extrémité supérieure du fruit au point d'attache du pédoncule. Enfin la nervure médiane du carpelle, toujours située à l'opposite de l'axe de la fleur, tantôt est indistincte, comme dans les fruits que nous venons de citer, et tantôt se montre sous forme d'un pli, d'un cordon spécial imitant une seconde suture. Elle prend alors le nom de *fausse suture* ou de *suture dorsale* à cause de sa situation sur le dos du carpelle. On en voit un exemple très-net dans les gousses du Pois, du Haricot, de la Fève.

1. De la préposition grecque : *apo*, qui marque la séparation. — 2. De la préposition grecque *syn*, qui marque la réunion. — 3. Du latin : *sutura*, couture.

A la maturité, beaucoup de fruits secs, mais non tous, s'ouvrent spontanément pour livrer passage aux graines et les disséminer. Pour chaque espèce de plante, les ruptures du péricarpe s'opèrent d'une invariable manière, et d'habitude suivant les lignes de moindre résistance, c'est-à-dire suivant l'une ou l'autre suture, ou même suivant les deux à la fois. Les parois du fruit se sé-parent ainsi en pièces ou *valves*[1], dont le nombre est égal à celui des carpelles si une seule su-ture s'ouvre, et au double si les deux s'ouvrent à la fois. Ainsi le fruit à trois carpelles de la Violette se partage en trois val-

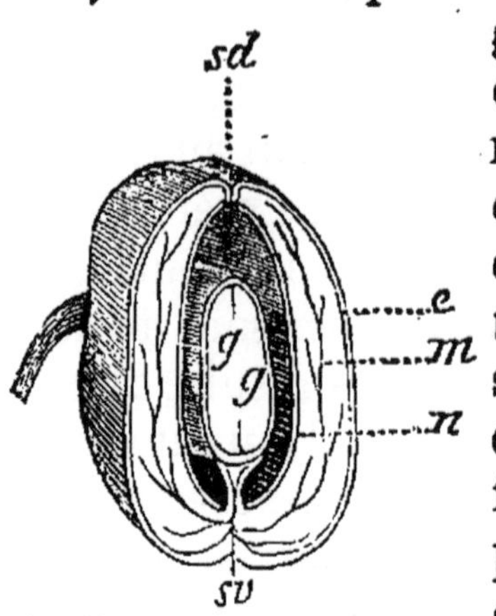

Fig. 151. — Coupe transver-sale de la gousse de la Fève *sv*, suture ventrale; *sd*, suture dorsale; *g*, grai-ne; *e*, épicarpe; *m*, méso-carpe; *n*, endocarpe.

ves par des fentes dirigées suivant les sutures dorsales, tandis que le fruit à un seul carpelle du Pois se divise en deux valves par la rupture simultanée de ses deux sutures. Plus rarement, pour donner issue aux graines, le fruit se rompt en des points qui ne correspondent pas aux sutures. Ainsi la capsule du Muflier se perce au sommet de trois pores ou larges trous, dont l'un correspond à la loge supérieure, et les deux autres à la loge inférieure.

L'ouverture spontanée du péricarpe, de quelque manière qu'elle s'opère, se nomme *déhiscence*[2], et les fruits doués de cette propriété sont qualifiés de *déhis-cents*. Ceux qui ne s'ouvrent pas d'eux-mêmes sont nommés *indéhiscents*[3]. Parmi les fruits secs, il y en

1. Du latin : *valva*, battant de porte. — 2. Du latin : *dehiscere*, s'ouvrir. — 3. *In*, dans les mots venus du latin, marque la négation.

a qui appartiennent soit à l'une soit à l'autre de ces deux catégories ; mais les fruits charnus sont toujours indéhiscents, leur péricarpe tombe en décomposition pour donner issue aux graines.

7. Classification des fruits. — En combinant les caractères de la séparation ou de la réunion des carpelles, de la nature sèche ou charnue du péricarpe, de la déhiscence ou de la non-déhiscence, on arrive à la classification suivante des fruits.

FRUITS APOCARPÉS.	Indéhiscents.	secs.	Caryopse. (*Blé*.)
			Achaine. (*Clématite*).
			Samare. (*Frêne*.)
		charnus.	Drupe. (*Pêche*.)
	Déhiscents.		Follicule. (*Pivoine*.)
			Légume. (*Pois*.)
FRUITS SYNCARPÉS.	Déhiscents.		Silique. (*Chou*.)
			Pyxide. (*Mouron*.)
			Capsule. (*Muflier*.)
	Indéhiscents.		Gland. (*Chêne*.)
			Hespéridie. (*Oranger*.)
			Balauste. (*Grenadier*.)
			Pépon. (*Melon*.)
			Pomme. (*Pommier*.)
			Baie. (*Groseillier*.)

8. Fruits apocarpés indéhiscents. — Cette subdivision comprend quatre genres de fruits, trois à péricarpe sec, un à péricarpe charnu.

1º Le *caryopse*[1] est le fruit du Blé et des Graminées en général. Il est caractérisé par l'intime adhérence du péricarpe avec l'enveloppe même de la graine. Le son qui sous la meule se détache du froment contient, confondus en une mince pellicule, la paroi du

1. Du grec : *caryon*, noix, et tout fruit semblable à une noix par sa dureté ; et *opsis*, aspect.

péricarpe et les téguments de l'unique semence renfermée dans sa loge. Dans ce genre de fruit, la feuille
carpellaire est tellement réduite, qu'on a cru d'abord
le caryopse dépourvu de péricarpe et qu'on lui a
donné, pour ce motif, le nom de graine nue.

2° *L'achaine* [1] diffère du caryopse en ce que son
péricarpe est distinct et séparable des téguments propres à la semence unique qu'il renferme. Les fruits
du Soleil, du Pissenlit, de la Chicorée, de la Laitue,
du Chardon, enfin de toute la famille des Composées,

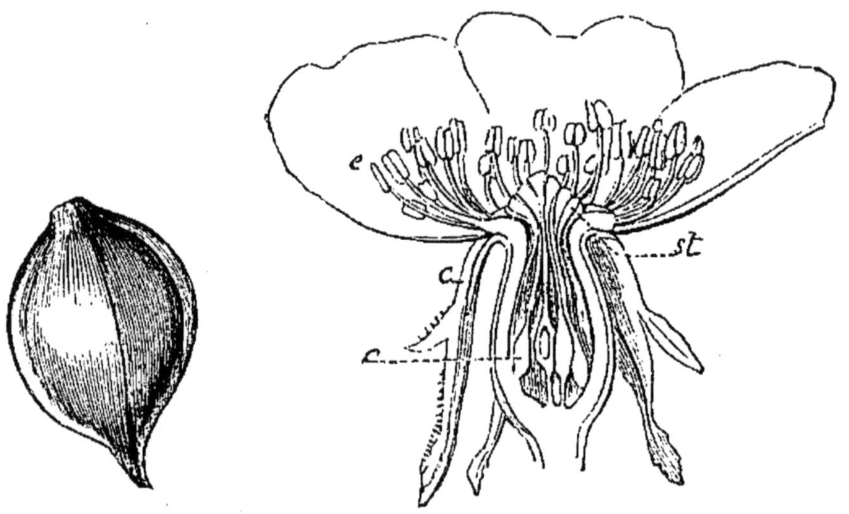

Fig. 152. — Achaine   Fig. 153.—Fleur du Rosier sauvage. *a*, acha
de Renoncule.   nes; — *c*, calyce ; — *st*, styles; — *e*, étamines.

sont des achaines. Une aigrette les surmonte et favorise leur transport dans les airs, pour la dissémination. Les fruits triangulaires du Sarrasin ou Blé noir,
ceux de la Clématite prolongés par un long style plumeux, ceux des Renoncules groupés en tête globuleuse, appartiennent également à cette division. Il en
est de même de ceux du Rosier et du Fraisier, auxquels nous accorderons une mention spéciale.

1. Du grec *a*, qui marque la privation; et *chaïnein*, s'ouvrir.

Dans son ensemble, l'ovaire du Rosier est un corps ovoïde, de couleur rouge à la maturité. Il est ouvert supérieurement d'un orifice autour duquel sont étalés les sépales et les filets des étamines ; enfin il est creusé en profond godet plein de semences à poils courts et roides, qui provoquent sur la peau de tenaces démangeaisons. Or ces semences sont en réalité des fruits distincts, composés chacun de son péricarpe hérissé de poils, et de sa graine incluse dans ce péricarpe ; en un mot ce sont autant d'achaines. Quant à l'enveloppe commune, rouge et charnue, elle provient du calyce ; ce n'est donc pas réellement un péricarpe puisqu'il n'entre pas de feuilles carpellaires dans sa formation. La partie comestible de la Fraise ne provient pas davantage de carpelles. A la superficie de la masse charnue sont disséminés de petits points bruns et noirs ; chacun d'eux est un achaine, avec un péricarpe et la semence incluse ; et le renflement charnu où ils sont enchâssés, n'est autre chose que l'extrémité du pédoncule, que le réceptacle de la fleur.

Fig. 154. — Fraise.

3° La *Samare* [1] est facile à reconnaître à l'aile membraneuse qui forme le péricarpe. Cette aile tantôt fait le tour entier du fruit comme dans l'Orme, tantôt se prolonge longuement à une seule extrémité comme dans le Frêne, tantôt se dilate latéralement comme dans l'Erable dont les samares sont associées deux par deux.

1. De *samara*, nom latin du fruit de l'Orme.

4° On comprend sous le nom de *drupe*[1] tous les fruits apocarpès indéhiscents, à une seule semence.

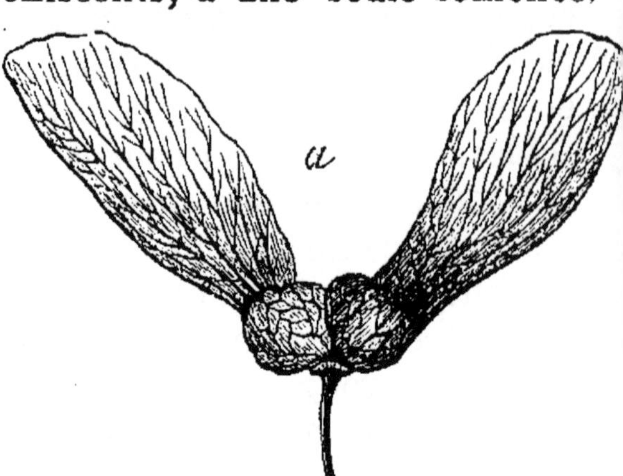

Fig. 155. — Samare de l'Orme.

Fig. 156. — Samare de l'Érable.

dont le mésocarpe est charnu et l'endocarpe organisé en un noyau ligneux. Tels sont l'abricot, la pêche, la prune, la cerise, l'olive, l'amande.

9. Fruits apocarpés déhiscents. — Deux genres de fruits, l'un et l'autre à péricarpe mince et d'aspect foliacé, sont compris dans cette subdivision.

1° Le *follicule*[2] a pour caractère de s'ouvrir, quant il est mùr, par la suture ventrale, dont les deux bords portent chacun une série plus ou moins nombreuse de graines. Habituellement à une même fleur succèdent plusieurs follicules, deux, trois ou davantage. La Pivoine, le Pied-d'Alouette, l'Hellébore nous offrent des exemples de ce genre de fruit.

Fig. 157. — Follicule d'Ancolie

1. Du latin : *drupa*, olive. — 2. Du latin : *folliculus*, petit sac, enveloppe.

2° Le *légume* [1] auquel on donne aussi le nom de *gousse*, est le fruit des Pois, des Haricots, de la Fève et de la famille entière des Légumineuses. Par la rupture des deux sutures à la fois, sa feuille carpellaire

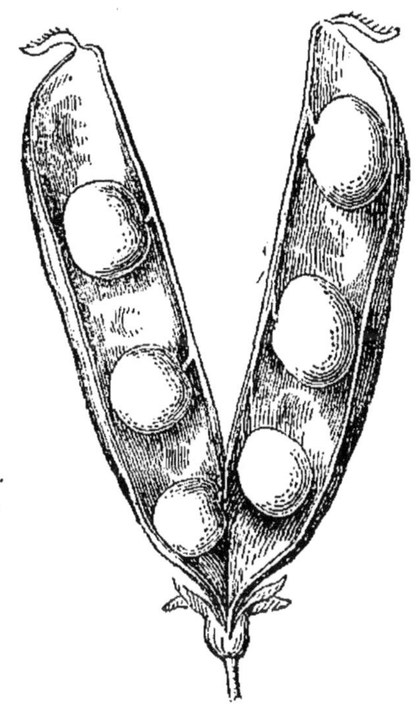
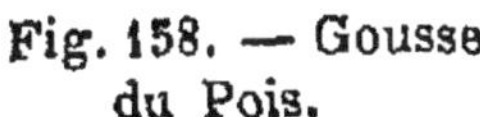

Fig. 158. — Gousse du Pois.

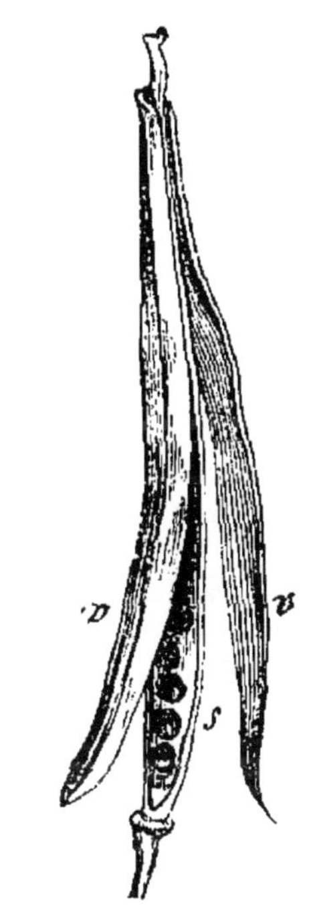

Fig. 159. — Silique du Colza. *vv*, valves; *s*, cloison.

se divise en deux valves dont chacune porte des graines le long de la suture ventrale seulement.

10. Fruits syncarpés déhiscents. — Tous les fruits compris dans cette subdivision sont à péricarpe sec.

1° La *Silique* [2] ou fruit du Chou, de la Giroflée, du Colza, est formée de deux carpelles groupés en deux loges que sépare une cloison médiane. A la maturité,

1. *Legumen,* nom latin des gousses. — 2. *Siliqua,* nom latin du même fruit.

elle s'ouvre de bas en haut en deux valves, tandis que la cloison reste en place avec une rangée de graines à chaque bord sur l'une et l'autre face. Ce genre de fruit garde le nom de silique lorsqu'il est beaucoup plus long que large, comme dans le Colza ; il prend celui de *silicule,* diminutif de silique, lorsque sa longueur ne diffère pas beaucoup de sa largeur, comme dans le Thlaspi. La silique et la silicule appartiennent à la famille des Crucifères.

2° On nomme *pyxide*[1] un fruit sec qui s'ouvre à la maturité par une fente circu-

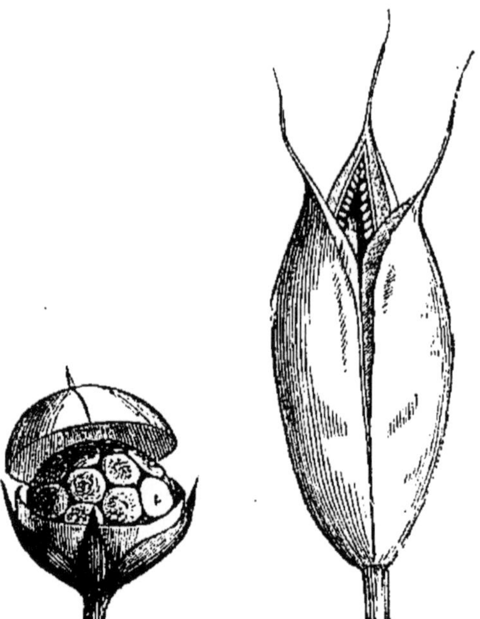

Fig. 160. — Pyxide de Mouron.

Fig. 161. — Capsule du Colchique.

laire transversale et se divise ainsi en deux moitiés, dont l'inférieure reste en place avec son contenu de graines, tandis que la supérieure s'enlève à la manière du couvercle d'une boîte à savonnette. Tels sont les fruits du Mouron et de la Jusquiame.

3° On comprend sous le nom de *capsule*[2] tous les fruits syncarpés déhiscents qui ne rentrent pas dans les deux précédentes divisions. Leur forme est très-variable ainsi que leur mode de déhiscence. Nous mentionnerons la capsule du Pavot, qui s'ouvre par une rangée d'orifices situés sous le rebord d'un large

1. Du grec : *pyxis,* boîte. — 2. Du latin : *capsula,* boîte.

disque terminal; celle du Muflier, percée au sommet de trois pores; celles des Œillets et des Silènes, dont l'extrémité bâille en s'étoilant d'un certain nombre de denticulations; celle de la Violette qui se partage en trois valves.

11. Fruits syncarpés indéhiscents. — Le gland excepté, les fruits de cette subdivision sont charnus.

1° Le *gland*, dont le fruit du Chêne est le type, paraît résulter d'un carpelle unique, puisque sa cavité est simple et entièrement remplie par une seule graine; cependant si l'on étudie ce fruit à l'époque de sa première apparition, on lui reconnaît trois ou quatre carpelles soudés entre eux. Plus tard, ces carpelles dépérissent sauf un seul, et le fruit, en réalité complexe à ses débuts, est simple à la maturité. C'est pour rappeler son originelle structure qu'on l'inscrit parmi les fruits syncarpés bien qu'il ait, à l'état mûr, toutes les apparences d'un fruit apocarpé. Le gland est facile à reconnaître à sa base enchâssée dans un réceptacle concave ou godet nommé *cupule* [1]. La cupule est écailleuse pour le gland du Chêne.

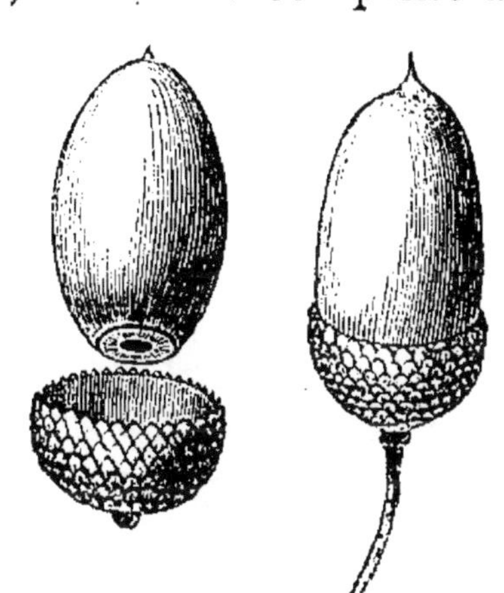

Fig. 162. — Gland de Chêne avec sa cupule.

Dans le Châtaignier, dont le fruit appartient à la même classe, la cupule est épineuse et enveloppe d'abord les châtaignes à la manière d'un péricarpe.

2° L'*Hespéridie* [2] est le fruit de l'Oranger et du Citronnier. Nous avons déjà décrit sa structure et la

1. Du latin : *cupula*, cuvette. — 2. Pour l'antiquité, les oranges étaient les fruits du jardin des Hespérides

formation de sa pulpe juteuse au moyen des poils de l'endocarpe.

3° On appelle *balauste*[1] le fruit du Grenadier. Ce fruit est couronné par le calyce, son péricarpe est coriace et divise la cavité en deux étages de loges dissemblables, où se trouvent de nombreuses graines revêtues chacune d'une enveloppe épaisse et succulente.

4° Le *pépon*[2] a pour types le melon et la citrouille ; c'est le fruit des Cucurbitacées. Il provient d'un ovaire généralement à trois loges. Son caractère essentiel est de diminuer en consistance de l'extérieur à l'intérieur, et d'être creusé au centre d'un grand vide contre la paroi duquel sont attachées les graines.

5° Le nom de *pomme* s'applique, en botanique, non-

Fig. 163. — Grenade.   Fig. 164. — Pomme.

seulement aux fruits du Pommier, mais encore aux fruits du Poirier, du Cognassier, du Sorbier, enfin de

1. *Balausticum*, nom latin de la grenade. — 2. Du latin : *pepo*, melon.

nos divers arbres à pépins. La pomme considérée à ce point de vue général, présente au sommet une dépression ou *œil* qu'entoure le calyce desséché; elle se divise habituellement en cinq loges dont l'endocarpe est cartilagineux, ou plus rarement durci en noyau comme dans la nèfle.

Fig .165. — Baies du Groseillier.

6° On groupe sous le nom de *baie* les fruits syncarpés, charnus ou pulpeux, dont l'endocarpe n'est pas distinct du mésocarpe. Dans cette catégorie se classent les raisins, les groseilles, les tomates.

12. Fruits anthocarpés. — Outre leur enveloppe formée par le péricarpe, quelques fruits en présentent une seconde provenant d'une partie de la fleur autre que l'ovaire. C'est ainsi que le fruit de la Belle-de-Nuit est inclus dans la base du périanthe, durcie en

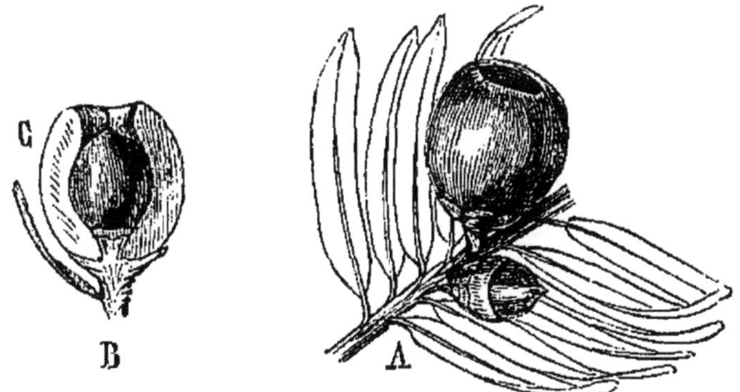

Fig. 166. — A, fruit anthocarpé de l'If, B, le même ouvert en long pour montrer son enveloppe C.

une solide coque ; et que celui de l'If est contenu dans

une capsule rouge et charnue représentant le calyce. Pour rappeler cette présence d'organes floraux qui n'entrent pas dans la composition de l'ovaire lui-même, on donne à de tels fruits la qualification *d'anthocarpés* [1].

13. Fruits agrégés. — Puisque le fruit est l'ovaire mûri, un fruit, dans la rigoureuse acception des mots, ne peut provenir que d'une seule fleur. Cependant il est d'usage d'employer le même terme pour désigner la production de certains groupes de fleurs qui par le rapprochement, l'adhérence et même la soudure de leurs ovaires, semblent donner un fruit unique lorsque en réalité il y en a autant que le groupe contenait de fleurs. Ces agglomérations prennent le nom de fruits agrégés. On distingue les trois genres suivants.

1° La *sorose* résulte de fruits soudés entre eux par leur périanthe très-développé et devenu charnu. Tels sont les fruits de l'Ananas et du Mûrier. Le premier ressemble à un gros cône transformé en une masse succulente; il est couronné par un faisceau de feuilles. Le second rappelle par sa forme la mûre de la Ronce et la framboise, mais son origine est bien différente. Le fruit de la Ronce et celui du Framboisier proviennent l'un et l'autre d'une seule fleur, dont les nombreux carpelles, changés en petites drupes, se sont soudés par leu.

Fig. 167. — Sorose de l'Ananas.

1. Du grec : *anthos*, fleur.

péricarpe charnu ; tandis que celui du Mûrier a pour
origine un groupe de fleurs à pistil, et pour faux péricarpe le périanthe de ces fleurs gonflé en mamelon
pulpeux.

2° Le *cône* est un ensemble de fruits secs, achaines
ou samares, situés à l'aisselle d'écailles très-rapprochées, tantôt épaisses et ligneuses, tantôt minces et
foliacées, parfois même charnues comme dans le Ge-
névrier. Le cône appartient à la famille des Conifères,
Pin, Sapin, Cèdre, Mélèze, Cyprès ; on le trouve
aussi dans l'Aulne, le Bouleau, le Houblon.

Fig. 168. — Cône de Houblon.

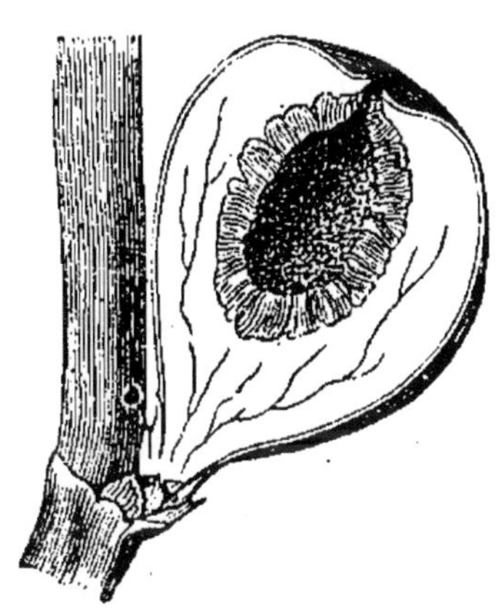

Fig. 169. — Figue.

3° La *figue* est un rameau, renflé et creusé en un
profond réceptacle qui, sur sa paroi charnue, porte les
véritables fruits consistant en petites drupes très-nombreuses.

14. Parties comestibles des fruits. — Pour venir en aide à la mémoire au moyen d'exemples qui
nous soient familiers et rappeler ainsi les principaux
traits de l'organisation des fruits, nous consacrerons
ce paragraphe à la revue des parties comestibles dans
les fruits qui apparaissent sur nos tables.

La pêche, la prune, l'abricot, la cerise, sont des

drupes; on en mange le mésocarpe. — L'amande et la noix appartiennent au même genre de fruits, mais on rejette tout le péricarpe pour ne conserver que la graine. — La pomme ordinaire, la poire, le coing, la sorbe, appartiennent au genre *pomme.* Le mésocarpe en est la partie comestible. C'est le mésocarpe également que l'on mange dans la nèfle, dont l'endocarpe, au lieu d'être cartilagineux, forme un groupe de noyaux ligneux. — L'olive (*drupe*) fournit son mésocarpe. — Le melon et la pastèque (*pépon*) ont pour partie comestible le mésocarpe; leur endocarpe est à peu près nul. — Dans l'orange et le citron (*hespéridie*), c'est l'endocarpe qui fournit la chair au moyen de ses poils devenus cellules pleines de suc. — La grenade (*balauste*) nous donne les téguments mêmes des graines, transformés en pulpe succulente. — Les raisins et les groseilles (*baie*) nous fournissent leur mésocarpe, non distinct de l'endocarpe. — La framboise est un amas de petites drupes dont le mésocarpe est la partie nutritive. — De la châtaigne et de la noisette (*gland*) nous utilisons la semence. — Dans la fraise, la partie comestible est le réceptacle de la fleur, l'extrémité même du rameau floral renflée en une masse succulente; les fruits véritables (*achaines*) sont les petits corps durs et brunâtres enchassés dans la chair pulpeuse. — La chair sucrée de la figue est pareillement fournie par le rameau floral, creusé en un profond réceptacle. A cette chair s'ajoute la pulpe des innombrables petites drupes contenues dans la cavité de la figue.

QUESTIONNAIRE.

1. Qu'est-ce que le fruit ? — Qu'est-ce que le péricarpe ? — D'où provient-il ? — **2.** Combien de parties distingue-t-on dans le péricarpe ? — En quoi consistent l'épicarpe, le mésocarpe et l'endocarpe dans la pêche. l'amande, la gousse du Pois ? — **3.** Où se trouvent ces mêmes parties dans la pomme, dans l'orange, le melon ? — **4.** Qu'appelle-t-on fruits secs et fruits charnus ? — **5.** Qu'appelle-t-on fruits apocarpés et fruits syncarpés ? — **6.** Qu'est-ce que la suture ventrale d'un carpelle ? — Qu'est-ce que la suture dorsale ou fausse suture ? — En quoi consiste la suture ventrale dans l'abricot ? — En quoi consistent les deux sutures dans la gousse du Haricot ? — Qu'appelle-t-on déhiscence ? — Qu'appelle-t-on valves ? — En combien de valves se partage un fruit ? — Décrivez la déhiscence de la Violette. — Comment s'ouvre le fruit du Muflier ? — Qu'est-ce qu'un fruit déhiscent et un fruit indéhiscent ? — **7.** Sur quels caractères est basée la classification des fruits ? — **8.** Décrivez le caryopse, l'achaine, la samare, la drupe. — En quoi consistent les fruits du Rosier et du Fraisier ? — **9.** Donnez les caractères du follicule, du légume ? — Quelle est la famille caractérisée par le légume ? — **10.** Décrivez la silique, la silicule, la pyxide, la capsule ? — A quelle famille de plantes se rapportent la silique et la silicule ? — Donnez quelques exemples de capsules. — **11.** Quels sont les caractères du gland ? — Pourquoi ce fruit est-il classé parmi les fruits syncarpés ? — Décrivez la structure de l'hespéridie. — Comment appelle-t-on le fruit des Cucurbitacées ? — A quel fruit donne-t-on le nom de pomme ? — Quels sont les caractères de la baie ? — **12.** Qu'appelle-t-on fruits anthocarpés ? — Que présentent de particulier les fruits de la Belle-de-Nuit et de l'If ? — **13.** En quoi consistent les fruits agrégés ? — Quels sont les caractères de la sorose, du cône, de la figue ? — **14.** Quelle est la partie comestible des divers fruits qui paraissent sur nos tables ?

CHAPITRE XXVII

LA GRAINE

1. Téguments. — Considérons le fruit de l'Aman dier, mûr et à l'état frais. Après avoir cassé la coque ligneuse constituant l'endocarpe, nous obtenons la graine, vulgairement amande; sur celle-ci, nous reconnaîtrons aisément deux enveloppes, faciles à isoler si l'amande est fraîche: l'une extérieure, grossière et roussâtre; l'autre intérieure, fine et blanche. Ces deux enveloppes prennent dans leur ensemble le nom de *téguments*[1] de la graine; l'extérieure se nomme *testa*[2], à cause de sa consistance qui, pour certaines graines autres que celle de l'amandier, est comparable à la dureté d'une coque; la seconde se nomme *tegmen*[3].

Pour second exemple, prenons le pois et le haricot. Nous y reconnaîtrons les deux enveloppes trouvées dans l'amande, un tegmen à l'état de fine membrane un testa plus robuste, verdâtre dans le pois, blanc ou bariolé de rouge, de brun dans le haricot. Sur l'une et sur l'autre graine se dessine très-nettement une tache ovalaire blanche que l'on nomme *hile*[4]. C'est là qu'adhérait le cordon nourricier ou *funicule*, qui tenait la graine appendue à la paroi du carpelle et lui distribuait la séve nécessaire à son accroissement. Enfin, dans le pois, au voisinage du hile, on distingue, avec un peu d'attention, un très-petit ori-

---

[1.] Du latin : *tegumen*, couverture, vêtement. — 2. Du latin : *testa*, écaille, coquille. — 3. Du latin : *tegmen*, enveloppe. — 4. Du latin: *hilum*, ayant même signification.

fice comme pourrait en faire la pointe d'une fine
aiguille : c'est le *micropyle*, par où le tube pollinique
a pénétré dans le sac embryonnaire de l'ovule.

Tels sont les traits les plus saillants que l'extérieur
de toute graine présente, mais avec des modifications
de détail extrêmement variables. Ainsi le hile, si distinct dans le pois et le haricot, manque de netteté
dans l'amande, et le micropyle ne peut être aisément
reconnu que dans un petit nombre de semences, dans
le pois en particulier. Quant au testa, il y en a de
mous et de flexibles, de charnus même comme dans le
Grenadier; il y en a de durs et de cassants, d'épaissis
en solides coques. Les uns sont polis, brillants et
comme vernissés; les autres sont ternes, rugueux,
burinés de sillons, armés d'arêtes, de papilles, de
côtes. Quelques-uns ont des teintes vives, comme on
le voit dans certaines variétés de nos haricots; d'autres, et ce sont les plus nombreux, sont de couleur
mate, fréquemment brune ou noire. Enfin le testa de
quelques semences se hérisse de cils raides, ou bien
se couvre de longs poils soyeux qui forment autour
des graines une enceinte d'ouate. Telle est l'origine
du duvet blanc qui s'épanche au printemps des petites
capsules du Peuplier et du Saule; telle est aussi la
provenance du coton ou bourre contenue dans les
capsules du Cotonnier (fig. 170).

2. **Embryon.** — Si l'on dépouille de leurs téguments
l'amande, le pois, la fève, il reste l'*embryon*, c'est-à-
dire la plante en son état naissant. La presque totalité de l'embryon est formée de deux corps charnus,
égaux, accolés l'un à l'autre; ce sont les *cotylédons*,
ou premières feuilles de la petite plante. Dans leur
épaisseur disproportionnée sont amassées des réserves
alimentaires qui doivent servir au développement

futur. A la base des cotylédons fait légèrement saillie
au dehors un petit mamelon conique qui prend le

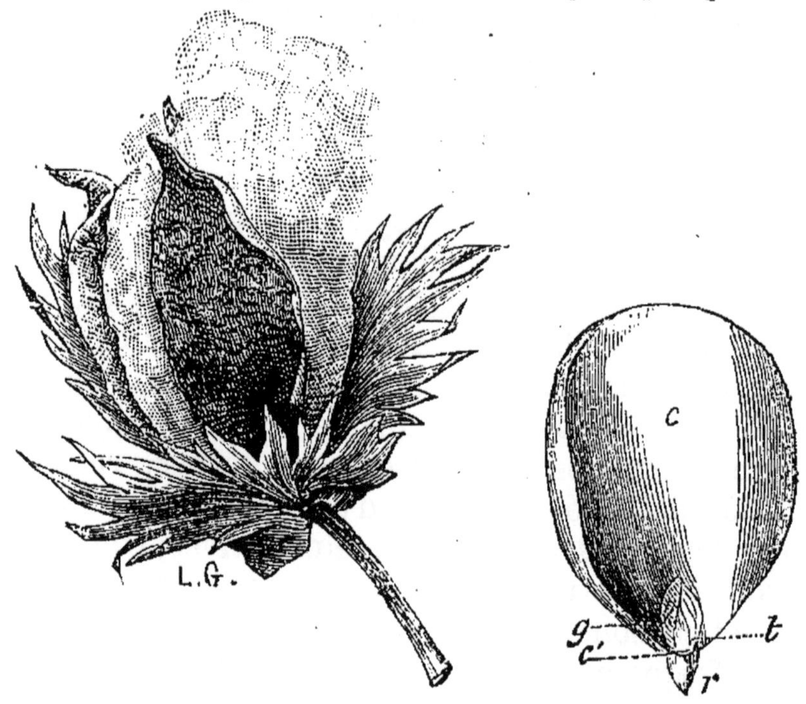

Fig. 170. — Capsule du
Cotonnier.

Fig. 171. — Embryon d'Amandier
c, cotylédon, *g*, gemmule, *r*, radicule, *t*, tigelle, *c'*, point d'attache
du second cotylédon.

nom de *radicule* [1] et représente les rudiments de la
racine; au-dessus, entre les deux cotylédons, se montre la *gemmule* [2], consistant en un faisceau de très-
petites feuilles appliquées l'une sur l'autre. La gemmule est le bourgeon initial de la plante, c'est elle
qui se déployant et se développant donnera le premier
feuillage. Enfin l'étroite ligne de démarcation entre
la radicule et la gemmule porte le nom de *tigelle* [3]; de

1. Diminutif de *radix, radicis*, racine. — 2. Diminutif de *gemma*,
bourgeon. — 3. Diminutif de tige.

là doit provenir le premier jet de la tige. Pareille structure se retrouve dans toute graine appartenant aux végétaux dicotylédonés.

Le Blé, la Tulipe, l'Iris, enfin les végétaux monocotylédonés ont l'embryon en général cylindrique. Sur le flanc de ce germe on distingue une étroite fente par où se fait jour la gemmule; ce qui est au-dessus de cette fente constitue l'unique cotylédon; ce qui est au-dessous représente la tigelle et la radicule. Ces diverses parties ne sont bien visibles qu'après un commencement de germination.

3. **Périsperme ou albumen**. — D'après la figure, on voit que l'embryon du Blé ne forme qu'une petite fraction de

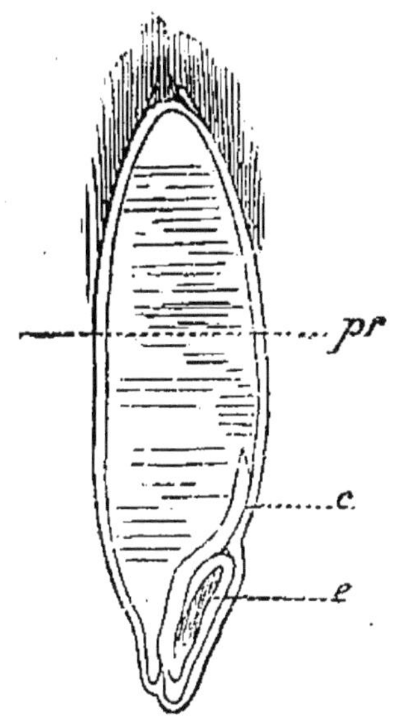

Fig. 172. — Graine du Blé.

c, cotylédon, e, gemmule, pr, périsperme.

la graine. Il y a en outre, sous les téguments de la semence, une abondante masse farineuse qui n'existe pas dans les graines du Pois, du Haricot, de l'Amandier. On lui donne le nom de *périsperme*[1]. C'est une réserve alimentaire qui, au moment de la germination, devient fluide et de ses sucs imbibe et nourrit la jeune plante. On peut comparer le périsperme au blanc de l'œuf ou *albumen*[2] qui entoure le germe d'une couche nourricière et dont les matériaux servent à la formation des organes naissants de l'oiseau. La comparaison est d'autant plus fondée, que l'œuf est la graine de l'animal, comme la graine est

1. Du grec : *péri*, autour; *sperma*, grain. — 2. Du latin : *albus*, blanc.

l'œuf de la plante. Cette étroite analogie n'a pas échappé à l'observation vulgaire, qui donne aux œufs du Bombyx du Mûrier le nom de graines de ver à soie.

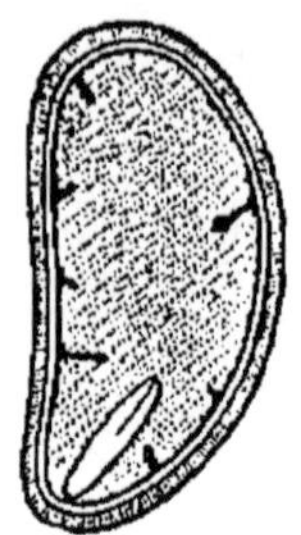 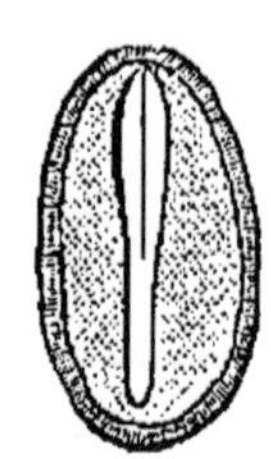

Fig. 173. — Graines dont l'embryon est entouré d'un périsperme.

Œuf et graine sont d'organisation semblable : sous le couvert d'une paroi défensive, coquille ou testa, est un germe avec un amas de vivres, périsperme ou albumen. L'incubation et la germination appellent le nouvel être à la vie; le réservoir nourricier fournit les premiers matériaux de ses organes. A cause de la parité des fonctions, on donne au périsperme de la graine le même nom qu'au blanc d'œuf, c'est-à dire le nom d'albumen.

L'albumen n'a aucune adhérence avec le germe de la plante; il forme un amas distinct, nettement séparable de l'embryon, qui est enchâssé dans son épaisseur ou accolé à sa surface. Sa coloration est fréquemment blanche. Sa substance est tantôt farineuse et riche en fécule, comme dans les Céréales; tantôt imprégnée d'huile, comme dans les Euphorbiacées; tantôt coriace et cartilagineuse, comme dans les Ombellifères; tantôt pareille d'aspect à la corne, comme dans les semences du Caféier. Le périsperme du Froment nous donne la meilleure des farines; celui du Ricin nous fournit une huile médicinale du même nom; celui du Caféier, torréfié puis réduit en poudre, n'est autre chose que le café.

4. Présence ou absence du périsperme. — Deux amas nourriciers approvisionnent le germe dans la graine : celui des cotylédons et celui de l'albumen.

Les cotylédons existent toujours, mais l'albumen ne se trouve pas dans toutes les graines. Il n'y en a pas dans les semences de l'Amandier, du Chêne, du Châtaignier, de l'Abricotier, de la Fève, du Pois, du Haricot; en compensation, les cotylédons y sont d'une grosseur considérable. Le Ricin, au contraire, en est pourvu, ainsi que le Blé; mais le premier a ses deux cotylédons très-minces, et le second n'a qu'un seul cotylédon, trop peu développé pour venir efficacement en aide à l'alimentation du germe. Cette observation doit être généralisée. Les cotylédons et l'albumen ont des fonctions similaires, ils se suppléent mutuellement pour nourrir la jeune plante en ses premiers débuts. Mais l'excès d'un organe entraînant l'amoindrissement et même le défaut d'un autre, on voit qu'à des cotylédons volumineux doit correspondre un albumen très-réduit ou même nul; et qu'inversement à des cotylédons de peu de volume doit correspondre un albumen abondant. Ce sont donc, en général, les graines à gros cotylédons qui manquent de périsperme; exemples : le gland, l'amande, la fève; et ce sont les graines à minces cotylédons qui en sont pourvues, exemple : le Ricin. Enfin les végétaux monocotylédonés, dont le germe n'a qu'un seul cotylédon, presque toujours de petit volume, sont approvisionnés d'un albumen bien plus fréquemment que les dicotylédonés.

5. **Dissémination.** — Une fois mûres dans leurs fruits, les graines doivent être dispersées à la surface du sol pour germer en des points encore inoccupés et peupler toutes les étendues où se trouvent réalisées des conditions favorables. Examinons ici quelques-unes des précautions admirables qui assurent la dispersion des graines ou la *dissémination*.

Sur les décombres, au bord des chemins, croît une

Cucurbitacée, l'*Ecbalium élastique*[1], vulgairement *Concombre d'âne*, dont les fruits, âpres et petits concombres d'une amertume extrême, ont la grosseur d'une datte. A la maturité, la chair centrale se résout en un liquide dans lequel nagent les semences. Comprimé par la paroi élastique du fruit, ce liquide presse sur la base du pédoncule qui, peu à peu refoulée en dehors, cède à la manière d'un tampon, se désarticule et laisse libre un orifice par où s'élance brusquement un jet vigoureux de semences et de pulpe fluide. Lorsque, d'une main inexpérimentée, on ébranle la plante chargée de fruits jaunis par un soleil ardent, ce n'est jamais sans une certaine émotion que l'on entend bruire dans le feuillage et que l'on reçoit à la figure les projectiles du Concombre.

Le fruit d'une Euphorbiacée des Antilles, le Sablier, se compose de douze à dix-huit coques ligneuses assemblées en couronne comme le sont les carpelles de nos Mauves. A la maturité, ces coques se disjoignent et s'ouvrent en deux valves lançant leurs graines avec une telle soudaineté, une telle violence, qu'il en résulte une sorte d'explosion. Pour empêcher ces fruits d'éclater, et les conserver intacts dans les collections, il faut les cercler d'un fil de fer.

Les fruits de la Balsamine des jardins, pour peu qu'on les touche lorsqu'ils sont mûrs, se partagent brusquement en cinq valves charnues, qui s'enroulent sur elles-mêmes et projettent au loin les semences. Le nom botanique d'Impatiente que l'on donne à la Balsamine fait allusion à cette soudaine déhiscence des capsules, qui ne peuvent, sans éclater, souffrir le moindre attouchement. Dans les lieux humides et ombragés des forêts croît une plante de même famille

1. Du latin : *ecballein*, lancer.

qui, pour des motifs semblables, porte le nom encore plus expressif d'*Impatiente ne me touchez pas*.

La capsule de la Pensée s'étale en trois valves creusées en nacelle et chargées au milieu d'une double rangée de graines. Par la dessication, les bords de ces valves se recroquevillent en dedans, pressent sur les graines et les expulsent.

6. **Rôle des aigrettes et des ailes.** — Les semences légères, celles des Composées surtout, ont des appareils aérostatiques, aigrettes, volants et panaches, qui les soutiennent dans l'air et leur permettent de lointains voyages. C'est ainsi qu'au moindre souffle les semences du Pissenlit, surmontées d'une aigrette plumeuse, s'envolent de leur réceptacle desséché et flottent mollement dans l'atmosphère.

Après l'aigrette, l'aile est l'appareil le plus favorable à la dissémination par les vents. A la faveur de leur rebord membraneux, qui les fait ressembler à de minces écailles, les semences de la Giroflée jaune atteignent les hautes corniches des édifices, les fentes des rochers inaccessibles, les crevasses des vieux murs, et germent dans le peu de terre provenant des mousses qui les ont précédées. Les samares de l'Orme formées d'un large et léger volant au centre duquel est enchâssée la graine, celles de l'Erable associées deux par deux et figurant

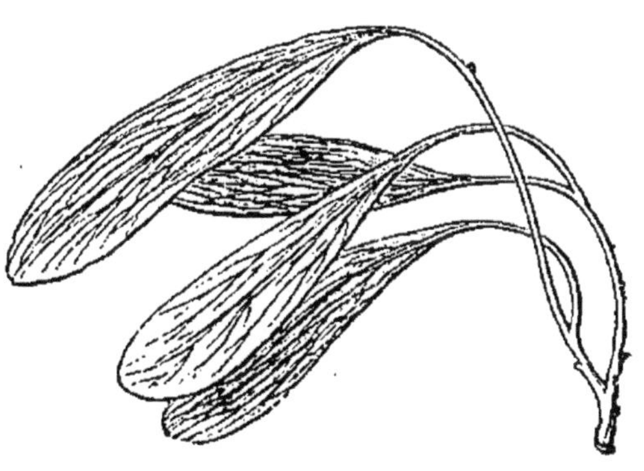

Fig. 174. — Samare du Frêne.

les ailes déployées d'un oiseau, celles du Frêne taillées

comme la palette d'un aviron, accomplissent, chassées par la tempête, les plus lointaines migrations.

D'autres semences voyagent par eau, le germe protégé par un imperméable appareil de navigation. Le Noyer a sa graine enfermée entre deux pirogues soudées l'une à l'autre; le Noisetier a la sienne dans un tonnelet d'une seule pièce. Le Cocotier, qui peuple toutes les îles des mers équatoriales, confie sa dissémination aux flots. Ses énormes semences, matelassées d'étoupe et cuirassées d'une robuste coque, bravent longtemps l'âcreté des vagues, et vont, d'un archipel à l'autre, échouer et germer sur de nouvelles terres.

7. Rôle des animaux. — Diverses graines se font transporter par les animaux et sont dans ce but armées de crochets, qui harponnent la toison des troupeaux ou le poil des bêtes fauves traversant un hallier. La Bardane, au bord du chemin, le Gaillet-Grateron, dans les haies, cramponnent leurs fruits à la laine du mouton qui passe, à nos vêtements même, avec une solidité qui défie les plus longs voyages. Les drupes, les baies et les divers fruits que leur poids semble destiner à rester au pied de l'arbre d'où ils sont tombés, sont parfois ceux dont les semences arrivent le plus loin. Des oiseaux, des mammifères en font leur nourriture; mais les graines, revêtues d'une coque indigestible, résistent à l'action de l'estomac et sont rejetées intactes, propres à germer, en des lieux très-éloignés du point de départ. Telle semence qui voyage dans le jabot d'un oiseau, peut traverser des chaînes de montagnes et des bras de mers. Enfin divers rongeurs, mulots, loirs, campagnols, amassent sous terre des provisions d'hiver. Si le propriétaire du grenier d'abondance périt, si la cachette est oubliée, si les vivres sont trop abondants, les semences intactes germent quand revient la chaleur. C'est ainsi que par un admirable échange de services, chaque espèce animale concourt à la dissémination de la plante qui le nourrit.

C'est l'homme cependant qui contribue le plus à propager les espèces végétales, soit qu'il les sème pour son agrément ou sa nourriture, soit qu'il transporte leurs graines, sans le vouloir, avec les objets de son activité commerciale.

8. Germination. Influence de l'eau. — A la somnolence du germe tel qu'il est dans la graine, succède, sous le stimulant de certaines conditions, un réveil actif pendant lequel l'embryon se dégage de ses enveloppes, se fortifie avec son approvisionnement alimentaire, développe ses premiers organes et apparaît au jour. Cette éclosion de l'œuf végétal se nomme *germination*. L'humidité, la chaleur et l'oxygène de l'air en sont les causes déterminantes; sans leur concours, les graines persisteraient un certain temps dans leur état de torpeur et perdraient enfin l'aptitude à germer.

En l'absence de l'humidité, aucune graine ne germe. L'eau remplit un rôle multiple. D'abord elle imbibe l'albumen et l'embryon, qui, se gonflant plus que ne le fait l'enveloppe, déterminent la rupture de celle-ci, serait-elle une coque très-dure. Par les crevasses des téguments éclatés, la gemmule sort d'un côté, la radicule de l'autre, et la petite plante est désormais sous l'influence directe des agents extérieurs. L'embryon est plus ou moins tardif à se dégager suivant le degré de résistance des parois de la graine. S'il est enfermé dans un noyau compacte, ce n'est qu'avec une lenteur extrême qu'il s'imbibe d'humidité et qu'il parvient enfin à rompre sa cellule. Aussi, pour abréger la durée de la germination est-on dans l'usage d'user sur une pierre les téguments des semences trop dures.

A ce rôle mécanique de l'eau pour faire entr'ouvrir les graines en succède un autre relatif à la nutrition. Les actes chimiques par lesquels les matériaux alimentaires du périsperme et des cotylédons se liquéfient et se transforment en substances absorbables, ne peuvent se passer qu'en présence de l'eau ; d'autre part ce liquide est indispensable à la dissolution des principes nutritifs et à leur circulation dans les tissus de la jeune plante. On conçoit donc que, dans un milieu sec, toute graine serait absolument incapable de germer; et que, pour conserver des semences, la première condition est de les garantir de l'humidité. C'est ainsi que les Arabes conservent leurs céréales dans des *silos*, c'est-à-dire dans des cavités souterraines soigneusement closes et à l'abri de l'eau.

9. **Influence de la chaleur.** — Avec de l'eau il faut de la chaleur. C'est en général à la température de 10 à 20° que la germination s'accomplit le mieux ; cependant quelques plantes des régions tropicales germent plus activement avec une température supérieure. En dehors de ces limites, soit en dessus, soit en dessous, la germination se ralentit, puis cesse quand l'écart est trop fort. En voici un exemple dû aux recherches d'Alphonse de Candolle. — La germination du Cresson alénois exige trente jours à la température de 2° environ, seize jours à 3°, cinq jours à 6°, trois jours à 9°, près de deux jours à 13°, un jour et demi à 17°. Si la température s'élève à 28°, la plupart des graines ne germent pas ; enfin aucune ne germe à 40°.

10. **Influence de l'oxygène.** — Le concours de l'air ou plutôt de l'oxygène n'est pas moins nécessaire. Exposons des graines à la température et à l'humidité

convenables sous des cloches pleines d'un autre gaz, comme l'hydrogène, l'azote, l'acide carbonique; si longtemps que l'expérience se prolonge, la germination ne s'effectuera pas; mais si cette atmosphère est remplacée par de l'air ou de l'oxygène seulement, les graines se mettent à germer et suivent les phases habituelles de leur évolution. On reconnaît encore que, dans de l'eau privée d'air par l'ébullition, la germination est impossible, et qu'elle n'a pas même lieu sous l'eau ordinaire, si ce n'est pour les semences des végétaux aquatiques. On constate enfin que, pendant la germination, les graines consomment de l'oxygène et dégagent de l'acide carbonique. L'embryon, dès son premier réveil, est donc soumis à la combustion vitale, caractéristique de tous les êtres vivants, de la plante aussi bien que de l'animal, ainsi que nous l'avons établi dans un autre chapitre; il respire, c'est-à-dire il vit en se consumant, et tel est le motif qui rend indispensable la présence de l'oxygène.

Cette nécessité du principe comburant de l'air nous explique pourquoi les graines trop profondément enfouies ne parviennent pas à germer; pourquoi la germination est plus facile dans un sol meuble et perméable à l'air que dans un terrain compacte; pourquoi les semences délicates doivent être couvertes de très-peu de terre ou même simplement déposées à la surface du sol humide; pourquoi enfin les terrains remués se couvrent parfois d'une végétation nouvelle au moyen des semences qui sommeillaient inactives depuis des siècles peut-être, et que le contact de l'air fait germer quand nos fouilles les ramènent des profondeurs à la surface.

11. Phénomènes chimiques de la germination. — La substance la plus communément répandue et la

plus abondante de l'albumen et des cotylédons, réser
voirs alimentaires du germe, est la fécule, qui ne peut
directement servir à la nutrition de la jeune plante
à cause de son insolubilité dans l'eau. Pour imbiber
les tissus et leur distribuer des matériaux d'accroissement, elle doit devenir substance soluble. A cet effet,
l'embryon est accompagné d'un composé quaternaire
azoté, la *diastase* qui, par sa seule présence, sans rien
prendre à la fécule, sans rien lui céder, transforme
celle-ci en une matière sucrée ou *glucose*, soluble dans
l'eau en toute proportion. Pour provoquer ce merveilleux changement, il faut une douce température et de
l'eau. Tant que la graine ne peut germer, la provision
de fécule se conserve donc intacte; mais dès que la
germination se déclare, avec le concours de la chaleur, de l'air et de l'humidité, la diastase agit et résout
l'amas farineux en liquide sucré. C'est ce liquide, formé
aux dépens soit de l'albumen, soit des cotylédons, qui
pénètre par imbibition dans les tissus et les alimente
jusqu'à ce que la racine et les premières feuilles puissent suffire à la nutrition. Métamorphose de la fécule
en matière sucrée par l'action de la diastase, absorption d'oxygène pour la combustion vitale et dégagement d'acide carbonique, tels sont en résumé les faits
chimiques les plus saillants accomplis dans une graine
qui germe [1].

12. **Temps nécessaire à la germination.** —
Avec les conditions les plus favorables de température,
d'humidité et d'aération, toutes les semences sont
loin d'employer le même laps de temps pour germer.
Les graines des Mangliers et de quelques autres arbres

---

1. Voy. dans le *Cours de Chimie* comment l'industrie utilise la
métamorphose de la fécule en glucose, pour obtenir la bière et l'eau-
de-vie de grains.

qui, dans les régions tropicales, peuplent les rivages
fangeux de la mer, germent au sein même du fruit
encore suspendu à sa branche. Quand la chute a lieu,
l'embryon, déjà développé, s'implante dans la vase et
continue son évolution sans intervalle d'arrêt. Le
Cresson alénois germe, en moyenne, au bout de deux
jours; l'Epinard, le Navet, les Haricots mettent trois
jours à lever; la Laitue, quatre; le Melon et la Citrouille, cinq; la plupart des Graminées, environ une
semaine. Il faut deux années et parfois davantage au
Rosier, à l'Aubépine et aux arbres fruitiers à noyau.
En général, les semences à téguments épais et durs
sont les plus lentes à lever à cause de l'obstacle
qu'elles opposent à la pénétration de l'humidité. Enfin, semées dans l'état de fraîcheur où elles sont immédiatement après leur maturité, les graines germent
plus vite que semées vieilles, parce qu'elles doivent
reprendre, par un séjour prolongé dans le sol, l'humidité que leur a fait perdre une longue dessication.

13. **Durée de l'aptitude à la germination.** —
Les graines, suivant leur espèce, conservent plus ou
moins longtemps la faculté de germer; mais rien encore ne peut nous renseigner sur les causes qui déterminent la durée de cette persistance vitale. Ni le
volume, ni la nature si diverse des enveloppes, ni la
présence ou l'absence d'un albumen, ne paraissent
décider de la longévité; telle semence se maintient vivante des années entières, des siècles même, telle
autre cesse de pouvoir lever au bout de quelques
mois sans motifs accessibles à notre observation. Les
graines de quelques Rubiacées, du Caféier notamment,
et celles de diverses Ombellifères, de l'Angélique en
particulier, ne germent que si le semis est fait aussitôt après la maturité. Mais on a vu germer des graines

de Sensitive après soixante ans de conservation, des Haricots après plus de cent ans, du Seigle après cent quarante ans. A l'abri de l'air, certaines semences traversent les siècles, toujours aptes à germer lorsque les conditions favorables se présentent. C'est ainsi que des semences de Framboisier, de Bleuet, de Mercuriale, de Romarin, de Camomille, retirées de sépultures gallo-romaines ou même celtiques, sont entrées en germination comme l'auraient fait des semences de l'année même. Enfin on a fait lever des graines de Jonc retirées des profondeurs du sol dans l'île de la Seine, primitif emplacement de Paris. Ces graines dataient sans doute de l'époque où Paris, sous le nom de Lutèce, consistait en quelques huttes de boue et de roseaux sur les rives marécageuses du fleuve.

QUESTIONNAIRE.

1. En quoi consistent les téguments de la graine? Qu'est-ce que le hile, le micropyle, le funicule? — Quelles apparences prend le testa ? — Quelle est l'origine du coton? — 2. Quels sont les organes dont se compose l'embryon dicotylédoné? — Quelle est la structure de l'embryon monocotylédoné ? — 3. Qu'est-ce que le périsperme ou albumen? — D'où provient le nom d'albumen ? — Quelle analogie y a-t-il entre l'albumen de la graine et le blanc de l'œuf? — Quelle ressemblance remarquez-vous entre la graine et l'œuf? — De quelle nature est le périsperme? — D'où provient la farine des céréales? — D'où provient le café ? — D'où retire-t-on l'huile de ricin? — 4. Toutes les semences ont-elle un albumen ? — Quelles sont en général les graines qui possèdent un périsperme, et celles qui en sont dépourvues ? — Pourquoi le périsperme est-il plus fréquent dans les graines monocotylé-

donées que dans les graines dicotylédonées? — 5. Qu'appelle-t-on dissémination? — Décrivez le mode de dissémination de l'Ecbalium élastique, du Sablier des Antilles, de la Balsamine, de la Pensée? — 6. Quel est le rôle des aigrettes? — Quel rôle remplissent les ailes des samares de l'Orme, de l'Erable, du Frêne? — Quelle structure présentent les graines disséminées par les eaux? — Comment se dissémine le Cocotier? — 7. Quel rôle remplissent les animaux dans la dissémination? — Comment voyagent les graines des drupes et des baies? — Quelle structure présentent les semences de la Bardane et du Gratteron? — L'intervention de l'homme est-elle importante pour la dissémination? — 8. Qu'appelle t-on germination? — Quels sont les agents nécessaires à la germination? — Pourquoi l'eau est-elle nécessaire? — Comment favorise-t-on la germination des graines à tégument épais et dur? — Qu'appelle-t-on silos? — 9. A quelle température la germination se fait-elle en général le mieux? — Qu'advient-il si la température est au-dessus ou au-dessous de ces limites? — 10. En l'absence de l'air, les graines peuvent-elles germer? — Quelles expériences peut-on faire à ce sujet? — Pourquoi la présence de l'oxygène est-elle indispensable? —Quelles conséquences résultent de la nécessité de l'air? — 11. Comment la fécule de l'albumen et des cotylédons devient-elle substance absorbable pendant la germination? — Qu'est-ce que la diastase? — Qu'est-ce que le glucose? — 12. Citez quelques exemples du temps nécessaire à la germination. — En général, quelles sont les graines les plus lentes à germer? — Pourquoi une graine récente germe-t-elle plus vite qu'une graine vieille? — 13. Citez quelques graines qui perdent rapidement l'aptitude à germer? — Citez-en d'autres où cette aptitude se conserve longtemps. — Y a-t-il des caractères qui permettent de reconnaître les semences qui peuvent vieillir en conservant leur faculté germinatrice? — Qu'a-t-on observé au sujet des semences du Framboisier, du Bleuet, du Jonc?

TABLE DES MATIÈRES

CHAPITRE PREMIER

ORGANES ÉLÉMENTAIRES

CHAPITRE II

DIVISIONS PRIMORDIALES DU RÈGNE VÉGÉTAL

CHAPITRE III

STRUCTURE DE LA TIGE DICOTYLÉDONÉE

CHAPITRE IV

STRUCTURE DE L'ECORCE

CHAPITRE V

FORMES DE LA TIGE

CHAPITRE VI

RACINE

CHAPITRE VII

BOURGEONS

CHAPITRE VIII

BULBES ET TUBERCULES

CHAPITRE XIII

SÉVE ASCENDANTE

CHAPITRE XIV

TRANSPIRATION

CHAPITRE XV

DÉCOMPOSITION DE L'ACIDE CARBONIQUE PAR LES PLANTES

CHAPITRE XVI

SÉVE DESCENDANTE

CHAPITRE XVII

RESPIRATION DES PLANTES

CHAPITRE XVIII

MOUVEMENTS DES FEUILLES

CHAPITRE XIX

SOMMEIL DES PLANTES

CHAPITRE XX

MÉTAMORPHOSES

CHAPITRE XXI

LA FLEUR

CHAPITRE XXVI

LE FRUIT

CHAPITRE XXVII

LA GRAINE

FIN DE LA TABLE

8500-94. — Corbeil, Imprimerie Crété.